校企"双元"深度合作成果系列

慢走丝线切割机床操作与加工

卓良福 欧阳笑梅 伍端阳 主编
周旭光 主审

化学工业出版社
·北京·

本书介绍了当前先进的数控慢走丝线切割加工应用技术。以基于实际生产的任务为导向，将慢走丝线切割加工应掌握的知识点与实践方法结合起来进行讲解，循序渐进介绍了慢走丝线切割加工的基本操作及维护保养、加工原理及工艺，重点讲解了典型零件慢走丝线切割编程与加工的方法。

本书可作为职业教育数控、模具相关专业的教材，也可供企业培训以及相关技术人员参考使用。

图书在版编目（CIP）数据

慢走丝线切割机床操作与加工 / 卓良福，欧阳笑梅，伍端阳主编 .—北京：化学工业出版社，2020.4（2023.3 重印）
ISBN 978-7-122-35970-4

Ⅰ. ①慢…　Ⅱ. ①卓… ②欧… ③伍…　Ⅲ. ①数控线切割 - 机床 - 操作②数控线切割 - 机床 - 加工　Ⅳ. ① TG481

中国版本图书馆 CIP 数据核字（2020）第 008453 号

责任编辑：贾　娜　　文字编辑：陈　喆
责任校对：赵懿桐　　装帧设计：刘丽华

出版发行：化学工业出版社（北京市东城区青年湖南街 13 号　邮政编码 100011）
印　　装：涿州市般润文化传播有限公司
787mm×1092mm　1/16　印张 16　字数 386 千字　2023 年 3 月北京第 1 版第 2次印刷

购书咨询：010-64518888　　售后服务：010-64518899
网　　址：http://www.cip.com.cn
凡购买本书，如有缺损质量问题，本社销售中心负责调换。

定　　价：89.00 元

前言

随着“中国制造2025”制造强国战略的提出，国内制造业加快了向智能制造发展的进程。数控电加工技术是先进制造业的重要组成部分，数控电加工机床已成为模具行业、机械制造行业必不可少的设备，在现代制造企业中的普及率越来越高，企业对能熟练掌握数控电加工机床操作与加工的技能人才的需求量越来越大。

培养大批量高技能人才已成为职业教育的当务之急，职业教育重要地位和作用越来越凸显。大力发展职业教育离不开一流的教学设备，更离不开一流的教学队伍和优秀教材，编者在长期的职业教育过程中，深切领会到一本好的图书对教学的重要性。

为了适应行业智能制造转型升级对新型技能人才的培养要求，我们率先使用当前先进的数控电加工技术作为教学内容。根据中等职业学校、技工学校、技师学院及高职高专院校“模具设计与制造专业”的学习计划和教学大纲，以“电切削工国家职业技能标准”为依据，以企业生产一线的典型工作任务为载体，针对企业对电加工技能人才岗位能力的需求，确立了以行动为导向，专业教学、技能训练和职业资格考证相结合的编写思路。

以“行动引导，任务驱动”和“实用、典型”为出发点，每个任务主要内容用加工流程图来展示、以简短精炼文字来讲解，便于读者理解学习。本书编写力求突出以下特点：

1. 执行新标准。以最新的“电切削工国家职业技能标准”为依据，反映企业用人要求，体现新理念、新方法、新工艺。

2. 找准新特色。本教材多图少字，遵循中高职学生认知规律，所有实操内容皆以流程图配少许文字讲解的形式，按照实际工作流程生动讲解实操过程。

3. 体现新理念。创新内容呈现形式，适应项目教学、任务学习、工作过程导向教学等多元化教学模式，突出“做中学、学中做”的职业教育特点。

本书由深圳宝安职业技术学校、瑞士GF加工方案中国区培训中心及其联盟院校合作编写。由卓良福、欧阳笑梅、伍端阳担任主编，张飞、郑佳丽、梁凯文、王佳、王洋参与编写，由深圳职业技术学院周旭光副教授主审。本书在编写过程中还得到了“GF加工方案全国职业院校智能制造联盟院校”（名单见下页）的支持，在此一并表示感谢。

由于编者水平有限，时间仓促，书中难免会有一些疏漏和不足之处，欢迎广大读者批评指正。

主编

GF 加工方案全国职业院校智能制造联盟院校

深圳职业技术学院

成都航空职业技术学院

天津轻工职业技术学院

宁波职业技术学院

浙江机电职业技术学院

广西机电职业技术学院

江苏信息职业技术学院

上海市工业技术学校

金华职业技术学院

山东工业技师学院

目录

项目一

慢走丝线切割机床操作员岗位认知

近年来，随着模具制造加工要求的不断提高，快走丝线切割机床已不能满足精密模具的加工要求，这种现状促进了慢走丝线切割加工技术的迅速发展，其各方面技术指标已达到相当高的水平，这是其他加工技术不可代替的。通过本项目的学习，使学生对慢走丝线切割机床操作员这一工作岗位有初步的认知，为后面的学习奠定基础。

知识目标

① 能正确理解慢走丝线切割机床操作员工作岗位要求。
② 掌握慢走丝线切割机床安全文明生产相关知识。
③ 掌握慢走丝线切割机床相关基础知识。
④ 了解车间整理、整顿、清理、清扫、素养、安全、节约 7S 管理相关制度。

技能目标

① 掌握慢走丝线切割机床安全文明生产相关技能。
② 掌握慢走丝线切割车间环境安全性的基本技能。
③ 能正确存放车间工具、设备、刀具、仪器。
④ 能正确使用车间相关加工设备。

情感目标

① 培养学生良好的工作作风。
② 培养学生良好的安全意识。
③ 培养学生的责任心和团队精神。

建议课时分配表

名　　称	课时（节）
慢走丝线切割机床操作员岗位认知	6
合计	6

【工作任务】

① 参观慢走丝线切割机床实训车间。

② 介绍慢走丝线切割机床。

③ 介绍常用工具。

④ 介绍车间安全规程。

图 1-1 是慢走丝线切割机床生产车间。

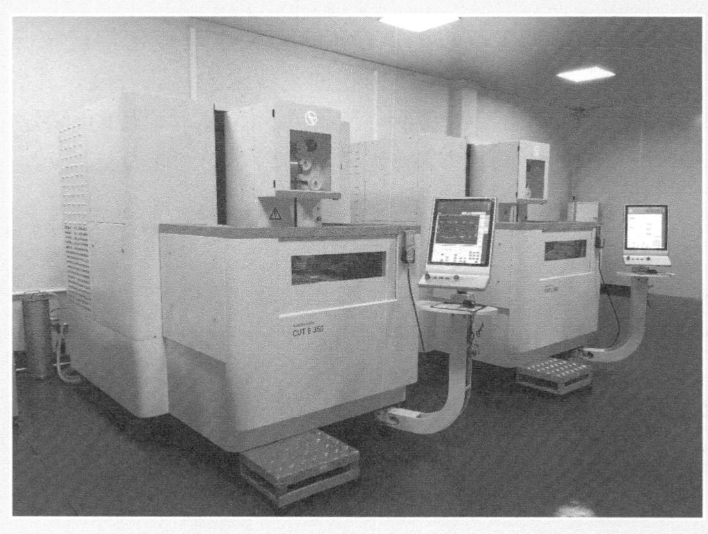

图 1-1　慢走丝线切割机床生产车间

【知识技能】

知识点 1　慢走丝线切割机床的基本组成及主要技术参数

（1）CUT E350 慢走丝线切割机床基本组成

CUT E350 慢走丝线切割机床由床身、电柜、操作台、手控盒、运丝系统、工作液循环系统等部分组成，如图 1-2 所示。

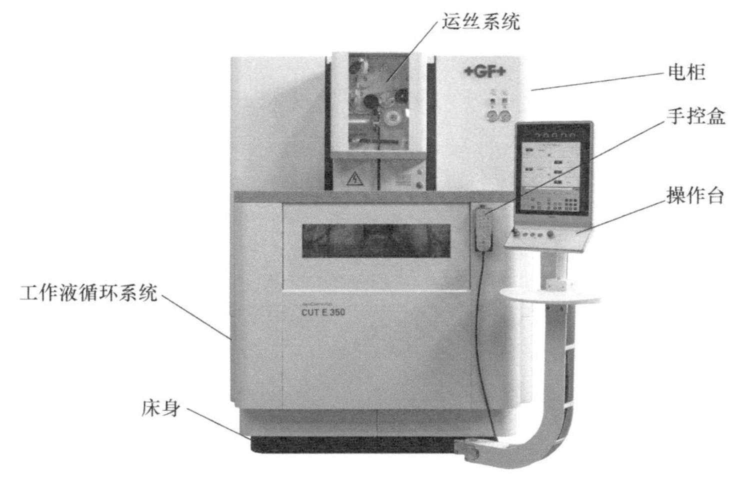

图 1-2　CUT E350 慢走丝线切割机床的基本组成

① 主机　慢走丝线切割机床主机是其机械部分，用于安装及支承工件，保证它们的相对位置，并实现在加工过程中的稳定的进给运动。机床主机主要由床身、工作台、运丝系统、工作液循环系统等组成。

a. 床身　床身是慢走丝线切割机床的基础结构，起到支撑的作用。*X*/*Y*、*U*/*V* 轴作为构件安装在 T 形床身上，构成短“C”形结构，这一设计减少了占地面积，精度不受工件重量和工作液重量的影响，如图 1-3 所示。床身和立柱是整个机床的主要机械部分，床身和立柱的制造、装配必须满足各种几何精度与力学精度，才能保证加工过程中电极丝与工件的相对位置，保证加工精度。

b. 运丝系统　运丝系统是慢走丝线切割机床的一个关键部件，它的功能是：安装、更换电极丝；手动、自动穿丝；测量工件，确定工件的基准零点；在加工中保证电极丝运丝平稳，正常放电。

c. 工作台　工作台固定在 T 形床身上，主要用来支承和装夹工件，工作台上开有螺纹孔，方便装夹与固定工件。工作台应具有耐用、平面度精度高等特点。

d. 工作液循环系统　慢走丝线切割加工是在液体介质中进行的，因此必须要有工作液循环过滤系统，用于工作液的储存、循环、过滤、净化和冷却。

② 电柜　慢走丝线切割机床的电柜包括脉冲电源、轴驱动系统和 CNC 控制系统。

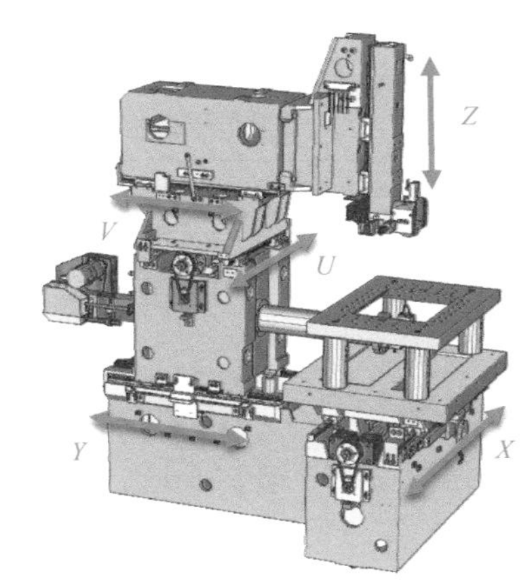

图 1-3　CUT E350 床身结构

脉冲电源是电柜的核心部分，它将输入的交流电转换为可精确控制时间的脉冲电源输出。先进的慢走丝线切割机床其技术核心主要集中在脉冲电源，脉冲电源性能直接关系到慢走丝线切割机床加工的工艺指标。

轴驱动系统通过控制伺服电动机的转速、动作，来完成加工位置的定位，加工速度的进给、短路的检测。其最重要的作用就是在放电加工中随时能够保持电极丝与工件之间合理的间隙，使放电加工处于最佳状态。使用带光栅尺的全闭环系统可以实现微米级的精度控制。

CNC 控制系统负责将操作命令发送给机床的脉冲电源、轴驱动系统及其他部件。

③ 操作台　操作台是实现人机对话的重要媒介。操作者可以通过人机界面将操作指令或程序、图形等输入，使机床执行实现相应的动作。

（2）CUT E350 慢走丝线切割机床主要技术参数（见表 1-1）

表 1-1　CUT E350 慢走丝线切割机床主要技术参数

项　目		技术参数
床身	机床型号	CUT E350
	机床尺寸	2470mm×1750mm×2220mm
	机床空载重量	2525kg
加工范围	最大工件重量	400kg
	最大工件尺寸	820mm×680mm×250mm
	X、*Y*、*Z* 轴最大行程	350mm×250mm×250mm
	U、*V* 轴行程	±45mm
	最大切割锥度	±30°/77mm
X、*Y*、*Z* 轴	轴移动速度	3m/min
	X、*Y*、*Z* 轴测量分辨率	0.1μm
放电电源	放电电源类型	IPG
	最佳表面粗糙度	*Ra*0.12μm
工作液	工作液箱容积	760L
	过滤纸芯	2 个
电极丝	标配导丝嘴	ϕ0.25mm 或 ϕ0.20mm
	可调控运丝张力	0.2 ～ 30N
	可调控运丝速度	1 ～ 30m/min
	自动穿丝预备孔最小直径	ϕ0.8mm
	0.25mm 电极丝自动穿丝最大高度	220mm
控制系统	操作系统	Windows
	用户界面	AC CUT HMI

知识点 2　慢走丝线切割机床安全生产和操作规程

慢走丝线切割机床是精密加工设备，在企业生产中有着至关重要的地位。操作者应该养成文明生产的良好工作习惯和严谨的工作作风，具有良好的职业素质、责任心，做到安全文明生产，严格遵守以下慢走丝线切割机床安全操作规程。

① 操作者必须经过操作培训，掌握机床的使用方法。并且应仔细阅读机床使用说明书，充分了解各部分工作原理、结构性能、操作程序、电源开关和急停开关。

② 如果长时间关机，开机后，机床需要预热，使其达到热平衡状态，才能保证加工精度。

③ 装卸电极丝时应按要求操作。定期清理储丝桶，防止电极丝溢出储丝桶，落在床身和地面，造成短路。

④ 执行加工前，应确认工件位置已安装正确。必须在机床允许范围内加工，防止出现干涉或超行程。

⑤ 机床附近不得放置易燃、易爆、易腐蚀物品，防止对机床造成损害。

⑥ 加工时，操作者不得将身体任何部位伸入加工区域，以防触电。不要把身体靠在机床上。不要把工具和量具放在移动的工件或部件上。

⑦ 加工中发生紧急问题时，可按紧急停止按钮停止机床的运行。

⑧ 禁止用湿手按开关或触电气部分，防止触电。

⑨ 严禁移动或损坏安装在机床上的警告标牌、铭板。

⑩ 操作者必须严格遵守劳动纪律，不能擅离岗位，设备在运行中不得从事与工作无关的其他工作，非操作人员不得乱动机床的任何按钮和装置。

⑪ 加工完成后，应拆除夹具、工件，清理工作台和液槽。

⑫ 机床有故障情况或加工中不允许动时要作出警示。

⑬ 定期润滑导轨、丝杠，清理废丝桶中的废丝，对上、下导电块和导丝嘴维护保养。

知识点 3　车间 7S 管理

（1）7S 管理含义及内容

整理（Seiri）——将工作场所的任何物品区分为有必要和没有必要的，把没有必要的清除掉。目的是腾出空间，防止误用，塑造清爽的工作场所。

整顿（Seiton）——把留下来的必要的物品依规定位置摆放，并放置整齐加以标识。目的是使工作场所一目了然，减少寻找物品的时间，营造整整齐齐的工作环境，消除过多的积压物品。

清扫（Seiso）——将工作场所内看得见与看不见的地方清扫干净，保持工作场所干净、亮丽。目的是稳定品质，减少工业伤害。

清洁（Seiketsu）——将整理、整顿、清扫进行到底，并且制度化，经常保持环境处在美观的状态。目的是创造整洁现场，维持以上 3S 成果。

素养（Shitsuke）——每位成员养成良好的习惯，遵守规则做事，培养积极主动的精神（也称习惯性）。目的是培养具有好习惯、遵守规则的员工，营造团队精神。

安全（Security）——重视成员安全教育，每时每刻都有安全第一的观念，防患于未然。目的是建立起安全生产的环境，所有的工作应建立在安全的前提下。

节约（Save）——合理分配实训、学习、生活的时间，合理利用物料。目的是发挥最大的效能。

（2）7S 管理目的

整理：要与不要，一留一弃。

整顿：科学布局，取用快捷。

清扫：清除垃圾，美化环境。

清洁：清洁环境，贯彻到底。

素养：形成制度，养成习惯。

安全：安全操作，以人为本。

节约：物尽其用，提高效率。

【任务实施】

（1）基本要求

① 学习慢走丝线切割机床安全文明生产相关技能。

② 熟悉慢走丝线切割车间环境安全性的基本要素。

③ 熟悉工具、设备、夹具、仪器仪表存放方法。

④ 掌握慢走丝线切割车间相关加工设备的使用方法。

（2）内容与步骤

① 认识生产车间相关设备（见表 1-2）。

表 1-2　生产车间相关设备

名称	示意图	说明
慢走丝线切割机床	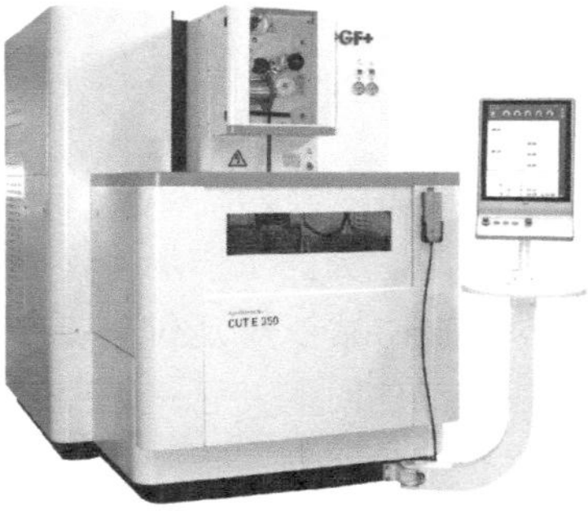	加工精密模具或零件上的贯通部位
电火花成形机床	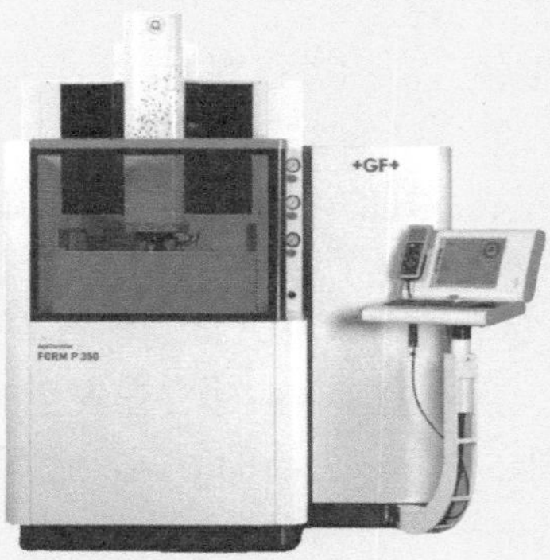	加工模具或零件的型腔、沟槽拐角等部位

续表

名称	示意图	说明
电火花穿孔机		加工穿丝孔
五轴加工中心	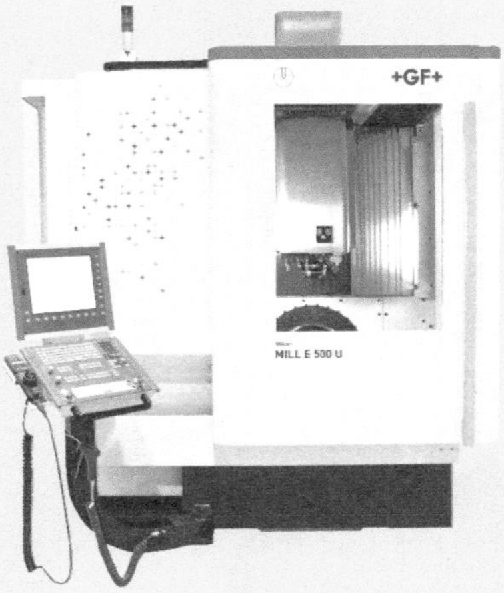	加工复杂型面的模具、精密零部件、电火花成形机电极
数控车床		加工轴类、套类零件
磨床	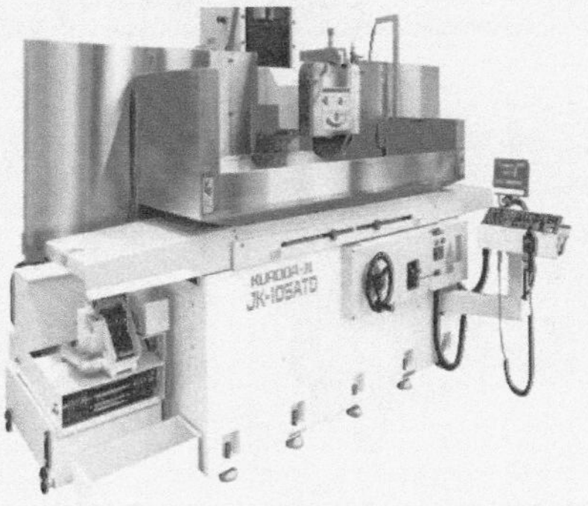	高精度磨削加工

续表

名称	示意图	说明
稳压器	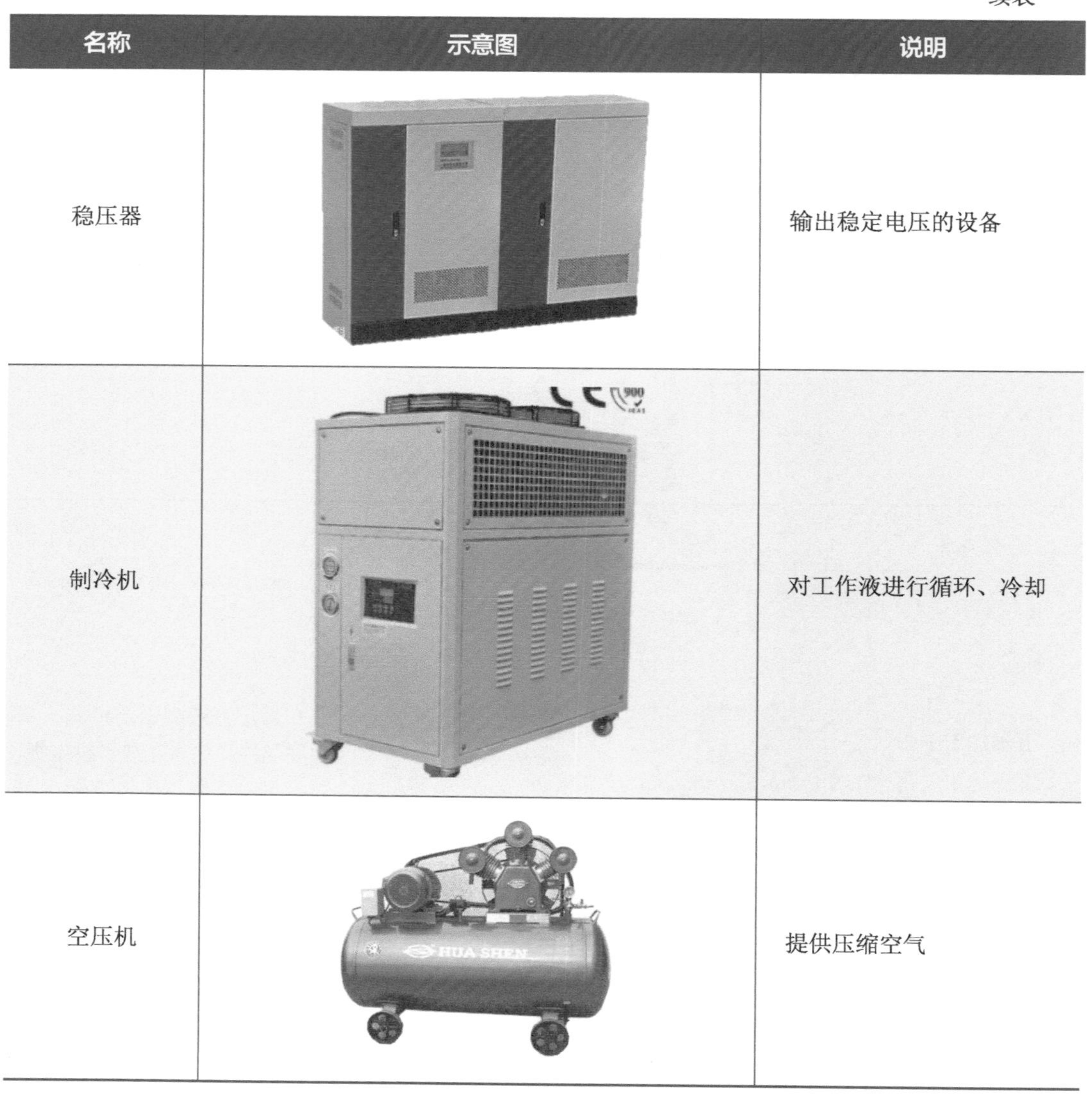	输出稳定电压的设备
制冷机		对工作液进行循环、冷却
空压机		提供压缩空气

② 认识慢走丝线切割加工常用工具（见表 1-3）。

表 1-3　慢走丝线切割加工常用工具

名称	示意图	说明
工具柜		存放工具、量具、刀具

续表

名称	示意图	说明
活动扳手		紧固、拆卸六角螺母
六角扳手		紧固、拆卸内六角螺钉
毛刷		清理机床
铁钩		清理机床
气枪		清理机床

③ 认识慢走丝线切割加工常用量具（见表 1-4）。

表 1-4　慢走丝线切割加工常用量具

名称	示意图	说明
千（百）分表及表座		校正工件

续表

名称	示意图	说明
带表卡尺	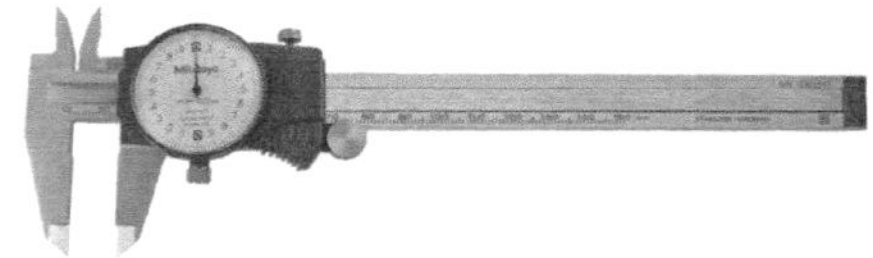	测量工件外径、内径、深度、长度
外径千分尺	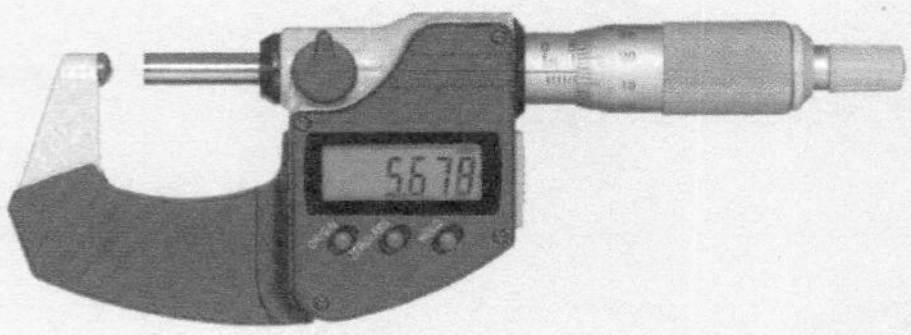	测量工件外径
内径千分尺	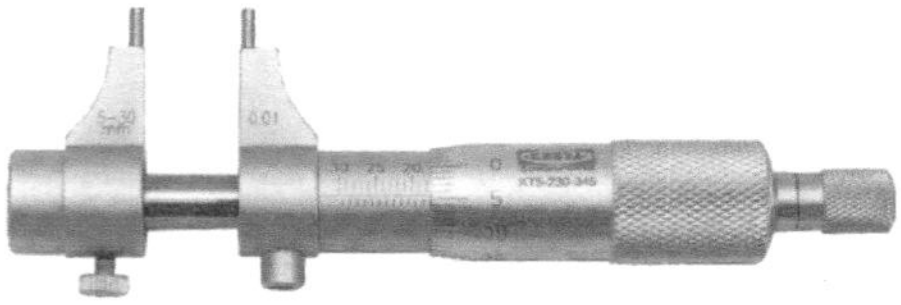	测量工件内径
钢直尺		测量工件长度
三坐标测量机	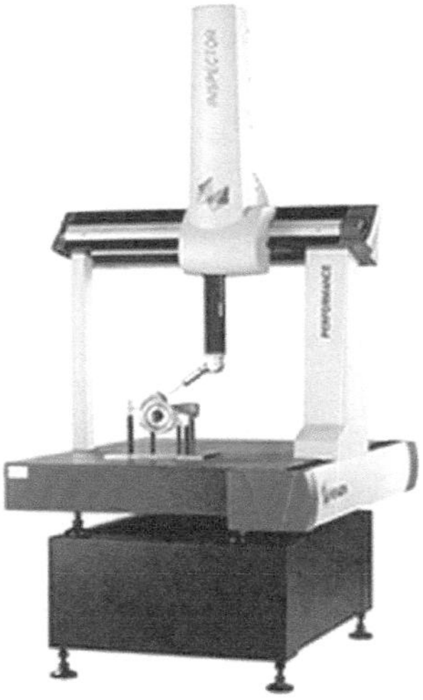	测量零件的几何尺寸、形状和位置
粗糙度测量仪		测量零件的表面粗糙度

④ 认识慢走丝线切割加工常用夹具（见表 1-5）。

表 1-5　慢走丝线切割加工常用夹具

名称	示意图	说明
压板		固定工件
桥式夹具	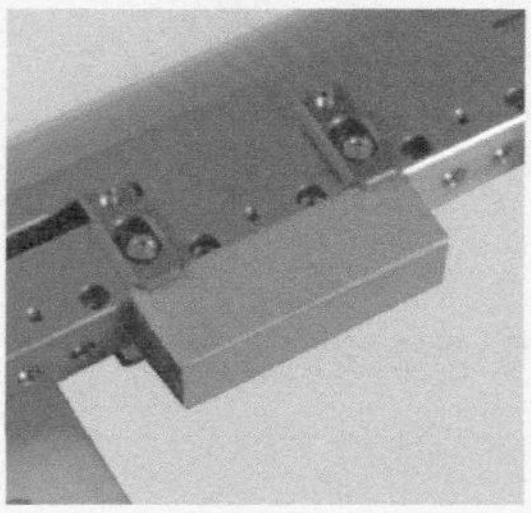	固定工件
角架	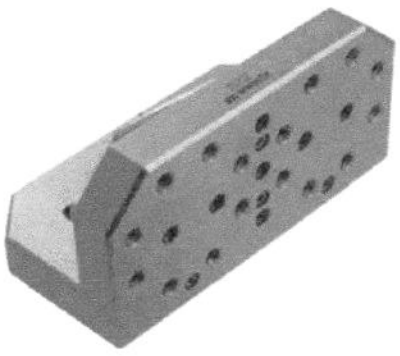	侧向装夹
分度夹头		按照 90°、180°、270° 旋转工件
平口钳	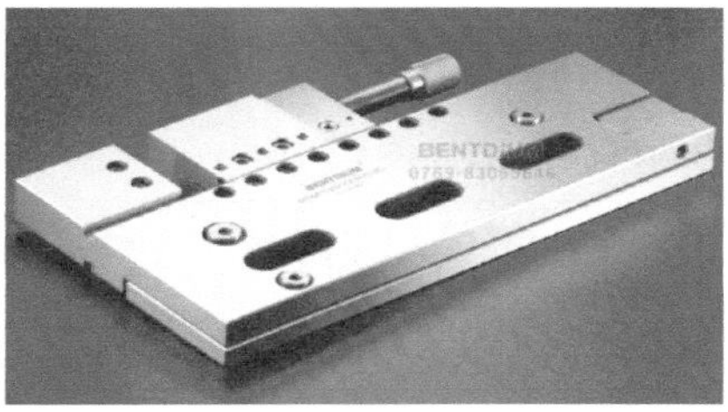	装夹矩形工件
三点夹圆		装夹圆形工件

续表

名称	示意图	说明
3R 夹具	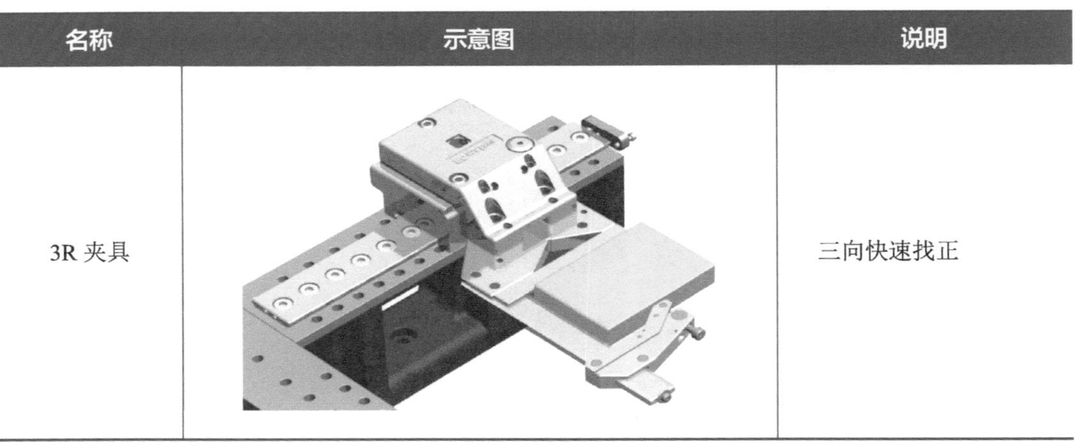	三向快速找正

⑤ 7S 管理制度学习

结合参观车间，学习相关知识及慢走丝线切割机床实训车间 7S 管理知识。

【任务评价】

根据掌握情况填写学生自评表，见表 1-6。

表 1-6　学生自评表

项目	序号	考核内容及要求	能	不能	其他
了解车间设备	1	正确说出各设备名称及用途			
	2	正确叙述车间安全文明生产相关条例			
了解工具、量具、夹具	3	正确说出工具名称及用途			
	4	正确说出量具名称及用途			
	5	正确说出夹具名称及用途			
了解车间 7S 管理	6	正确叙述车间 7S 管理相关条例			
	7	提出 7S 管理中个人见解			
签名	学生签名（　　） 教师签名（　　）				

【任务反思】

总结归纳学习所得，发现存在的问题，并填写学习反思内容，见表 1-7。

表 1-7　学习反思内容

类型	内　容
掌握知识	
掌握技能	
收获体会	
需解决问题	
学生签名	

【课后练习】

一、判断题

(　　) 1. 慢走丝线切割机床是一种特种加工机床。

(　　) 2. 慢走丝线切割机床长时间停机，在开机后，可以直接加工，不影响加工精度。

(　　) 3. 机床出现故障停机时，应加以警示。

(　　) 4. 禁止在机床附近放置易燃、易爆、易腐蚀的化学品。

(　　) 5. 在放电加工过程中，操作人员可以触摸电极丝。

二、选择题

(　　) 1. ______不属于电火花加工机床。

A. 慢走丝线切割机床　　B. 电火花成形机床

C. 电火花穿孔机床　　D. 数控车床

(　　) 2. 操作慢走丝线切割机床，操作人员应当______。

A. 经过培训，掌握机床的基本操作。

B. 了解机床的加工参数，在加工性能范围内加工。

C. 按照操作规程加工，避免发生安全事故。

D. 定期维护保养机床，保证机床加工效率和加工精度。

三、简答题

慢走丝线切割机床的基本组成是什么，分别有什么作用？

项目二

慢走丝线切割机床基本操作与维护保养

慢走丝线切割机床的切割效率、加工精度、设备的故障率和使用寿命，在很大程度上取决于操作人员是否能够正确操作和维护保养机床。正确操作与维护保养机床能保证加工效率和加工精度，保证设备长期稳定的运行，延长机床的使用寿命。

通过本项目的学习，学会正确操作 CUT E350 慢走丝线切割机床，并能对机床进行正确的维护保养。

知识目标

① 掌握慢走丝线切割机床电极丝、工作液相关知识。
② 理解慢走丝线切割机床工件零点的作用。
③ 理解工件坐标系和 MDI（手动输入方式）程序编辑。

技能目标

① 能更换、激活电极丝。
② 能正确装夹、校正工件。
③ 会设置工件坐标系零点，会正确编辑程序。
④ 会慢走丝线切割机床的基本维护保养。

情感目标

① 培养学生良好的工作作风。
② 培养学生良好的安全意识。
③ 培养学生在机床操作中一丝不苟、细致认真的工作态度。

建议课时分配表

名　称	课时（节）
任务 1　慢走丝线切割机床基本操作	12
任务 2　慢走丝线切割机床基本维护保养	6
合计	18

慢走丝线切割机床基本操作

【工作任务】

通过一例简单的慢走丝线切割加工任务来熟悉机床的基本操作。CUT E350 慢走丝线切割机床的人机交互界面及操作台、手控盒如图 2-1 所示。

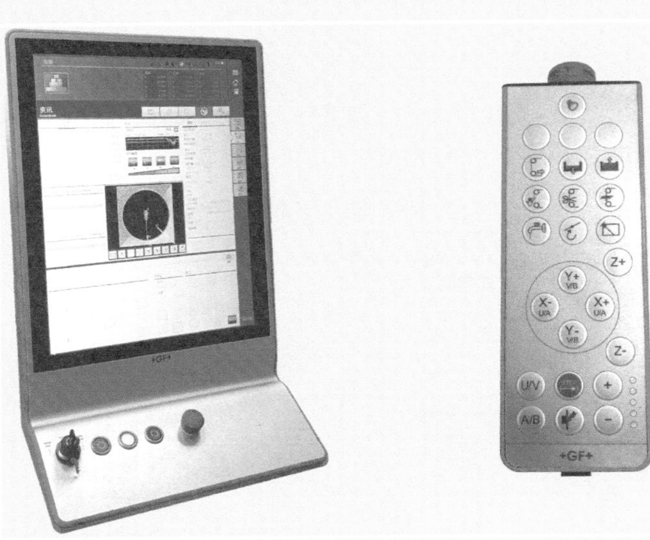

图 2-1　人机交互界面及操作台、手控盒

【知识技能】

知识点1 人机交互界面的构成

人机交互界面是操作者和机床对话的窗口。通过人机交互界面，利用触摸屏、鼠标、键盘，创建新的加工任务；使用 MDI 功能和测量循环，实现找边、找中心、设置工件参考点等工件定位功能，并最终实现放电加工。CUT E350 慢走丝线切割机床的人机交互界面分为功能模式区、常规功能区、访问功能区、常规状态区四个部分，如图 2-2 所示。

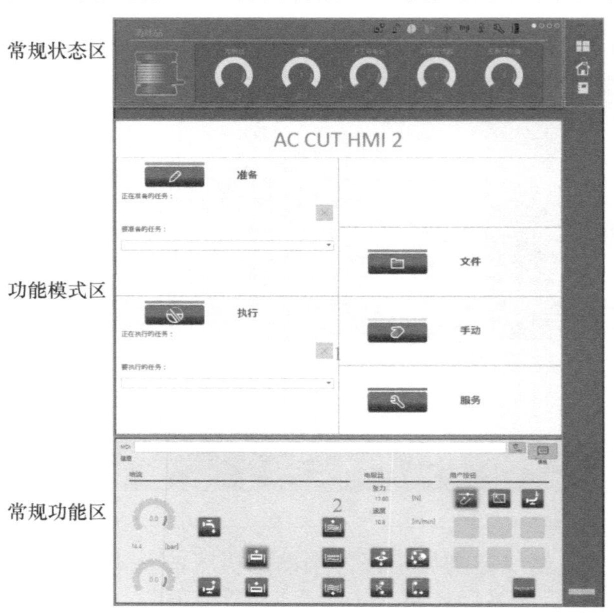

图 2-2 人机交互界面

（1）功能模式区

功能模式区（见图 2-3）包括文件、准备、手动、执行、服务五个功能模式，每个功能模式包含了不同的功能页面。

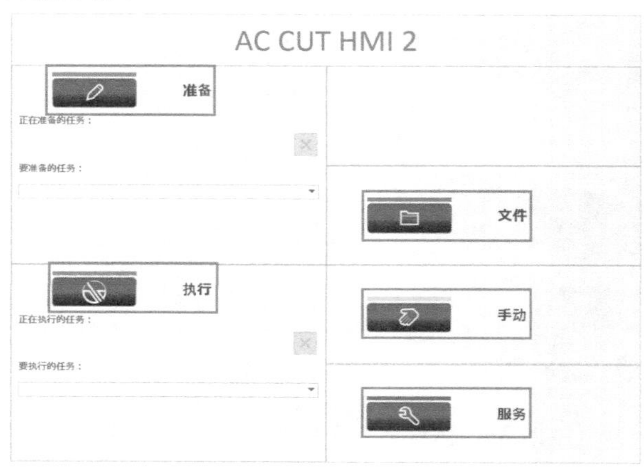

图 2-3 功能模式区

（2）常规功能区

常规功能区（见图 2-4）包括 1：MDI 手动功能；2：报警提示信息查询；3：常用功能按钮。

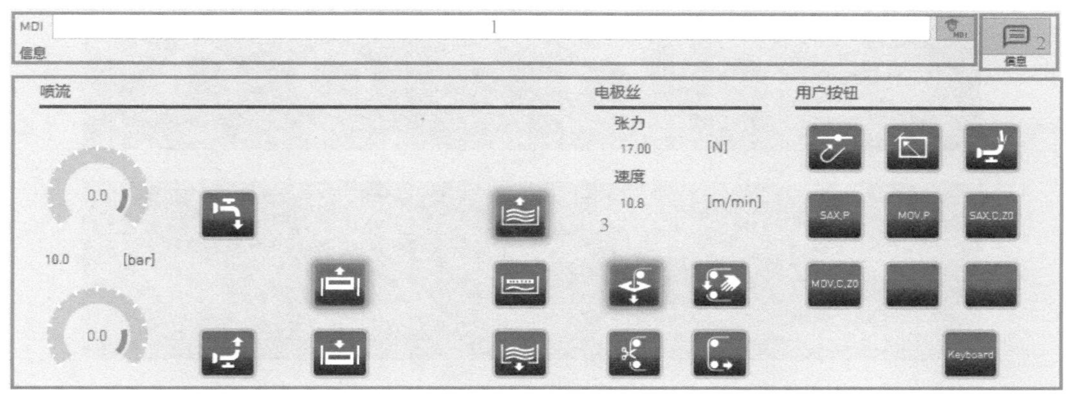

图 2-4　常规功能区

（3）访问功能区

：返回 Windows 桌面。

：返回主页面。

：在线帮助。在系统任意界面，点击此图标，系统即弹出当前界面的说明，如图 2-5 所示。

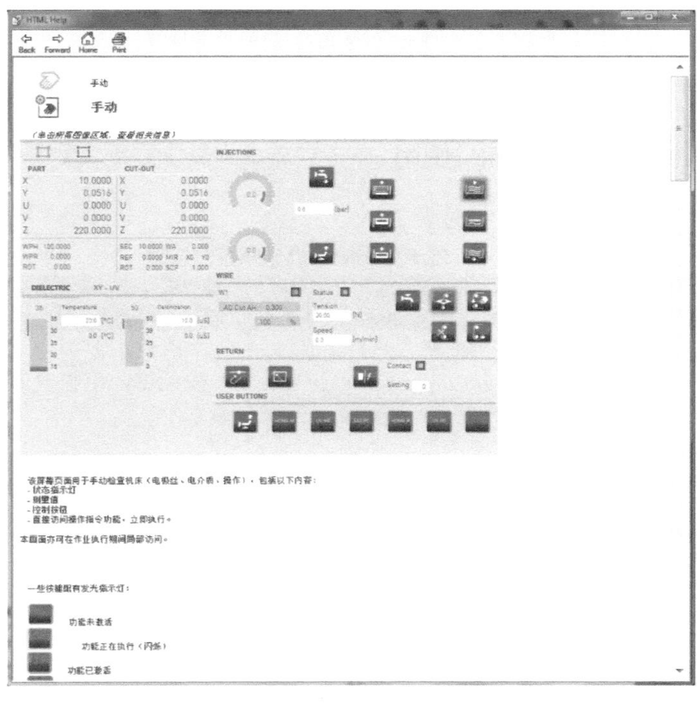

图 2-5　在线帮助

（4）常规状态区

常规状态区（见图 2-6）包含四个页面：消耗品、执行、位置、信息。

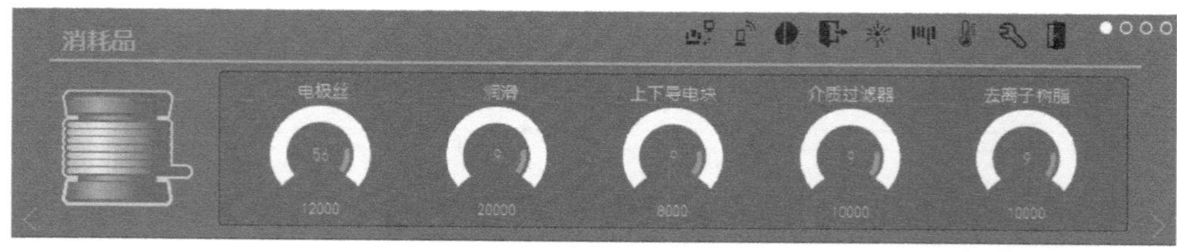

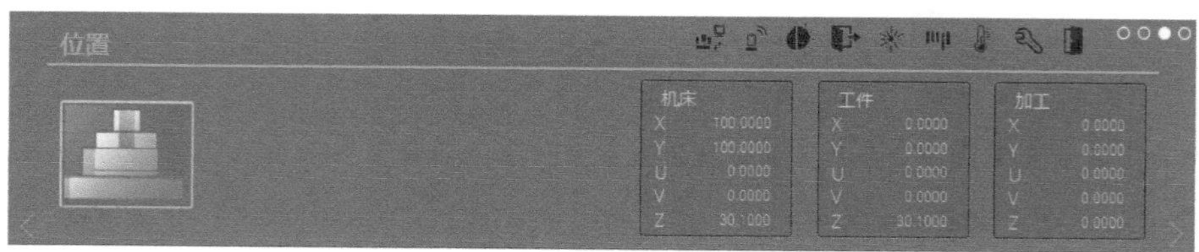

图 2-6　常规状态区

知识点 2　机床手控盒功能及使用

慢走丝线切割机床手控盒按键见表 2-1。

表 2-1　慢走丝线切割机床手控盒按键

步骤	示意图	说明
工作灯		按此键，手控盒背后 LED 灯亮，起照明作用
手动运丝		按此键，送丝电动机工作，电极丝开始走丝
手动穿丝		按此键，执行手动穿丝

续表

步骤	示意图	说明
穿丝射流		按此键，穿丝射流打开
液槽排水		加工完成后，按此键，工作液降到安全液位，才能打开液槽门
液槽上水		按此键，工作液槽上水，水位上升到安全液位
自动剪丝		打开液槽门的情况下，钥匙转到 Manual Mode，按此键，机床自动剪丝 关闭液槽门的情况下，钥匙转到 Automatic Mode，按此键，机床自动剪丝
自动穿丝		关闭液槽门的情况下，钥匙转到 Automatic Mode，按此键，机床自动穿丝
回暂停点		加工中暂停，移动轴之后，按此键，自动返回到暂停点
回起始点		加工中暂停，按此键，返回到当前加工的起始点
X(*U*)、*Y*(*V*)、*Z* 轴正/负向移动键	Z+ Y+ V/B X- U/A X+ U/A Y- V/B Z-	轴移动的方向

续表

步骤	示意图	说明
U/*V* 轴和 *X*/*Y* 轴切换	U/V	*U*/*V* 轴和 *X*/*Y* 轴切换： 灯亮，*U*/*V* 轴有效 灯灭，*X*/*Y* 轴有效
移动速度	+ −	手动移动轴的速度 1 → 5 个灯表示移动速度由慢→快
手动校火花		手动校火花，调整电极丝垂直
A/*B* 轴	A/B	机床选项
步进	STEP	单步移动 单步功能激活时，移动速度的 1 → 5 个灯分别对应：0.0001mm、0.001mm、0.01mm、0.1mm、1mm
急停		机床运行过程中，在紧急情况下，按“急停”按钮，机床进入急停状态；松开“急停”按钮（顺时针旋此按钮，自动跳起），自动复位

知识点 3　慢走丝线切割机床操作台按键说明

慢走丝线切割机床操作台按键见表 2-2。

表 2-2　慢走丝线切割机床操作台按键

步骤	示意图	说明
模式选择	Manual Mode　Automatic Mode　DAM Mode	Manual Mode（手动模式）：打开液槽门后，将钥匙转到 Manual Mode，才能手动移动轴和自动剪丝 Automatic Mode（自动模式）：关闭液槽门，将钥匙转到 Automatic Mode，才能执行自动移动、自动穿丝、剪丝、测量循环、手动放电、放电加工 DAM Mode（手动校火花）：工件端面无法打表校正垂直时，使用 DAM Mode，手动校正电极丝垂直

续表

步骤	示意图	说明
暂停		按此键，停止正在执行的指令或者放电加工
启动		按此键，执行指令、或者放电加工
取消		暂停后，按此键，取消正在执行的指令或者放电加工
急停		机床运行过程中，在紧急情况下，按“急停”按钮，机床进入急停状态；松开“急停”按钮（顺时针旋此按钮，自动跳起），自动复位

【任务目标】

① 掌握慢走丝线切割机床的基本操作。

② 能编制加工程序。

③ 会执行加工程序。

④ 会检查零件是否合格。

【任务实施】

（1）基本要求

① 培养学生良好的工作作风和安全意识。

② 培养学生的责任心和团队精神。

③ 学会慢走丝线切割机床操作流程。

（2）设备与器材

实训所需的设备与器材见表 2-3。

表 2-3　设备及器材清单

项目	名称	规格	数量
设备	慢走丝线切割机床	GF 加工方案 CUT E350	8 ～ 10 台
夹具	压板	配套	8 ～ 10 个
	3R 三向找正夹具	套装	一副
电极丝	电极丝	黄铜丝 ϕ0.25mm、5kg/ 卷	若干
配件	去离子树脂	5 升 / 包	若干
量具	外径千分尺 游标卡尺	0 ～ 25mm 0 ～ 150mm	若干
其他	过滤器	340mm×25mm×450mm	若干
	润滑油	Blasoluble 301 润滑脂	若干
	化学品（清洁，防腐蚀）	K-200	若干
	毛刷、内六角扳手	配套	一批

（3）内容与步骤

① 开机操作（见表 2-4）。

表 2-4　开机操作

步骤	示意图	说明
①检查机床	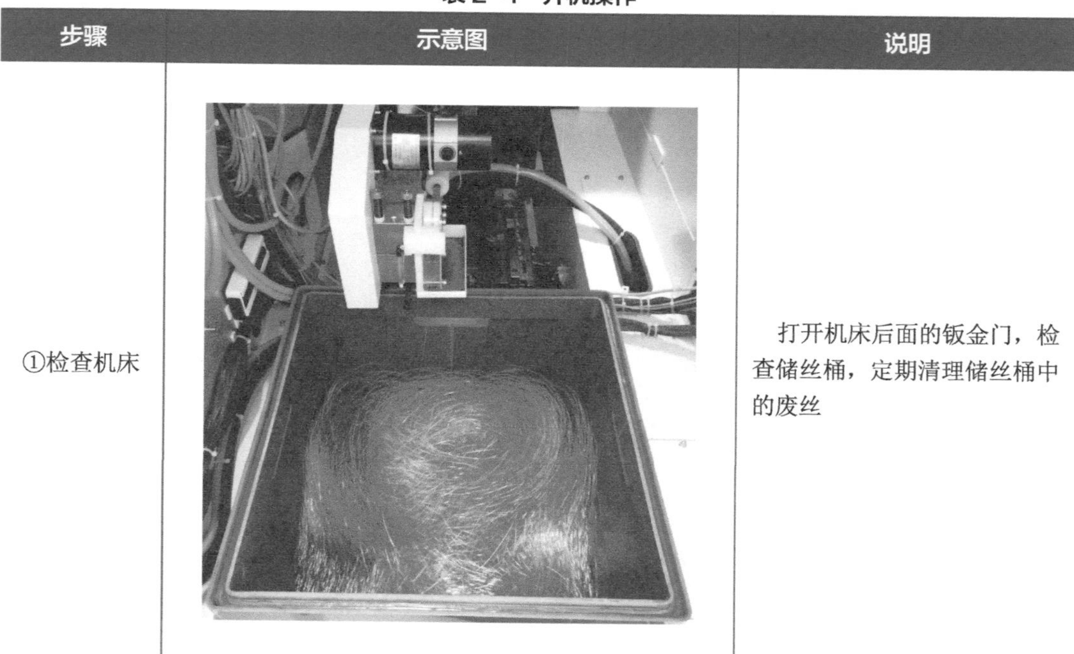	打开机床后面的钣金门，检查储丝桶，定期清理储丝桶中的废丝

续表

步骤	示意图	说明
	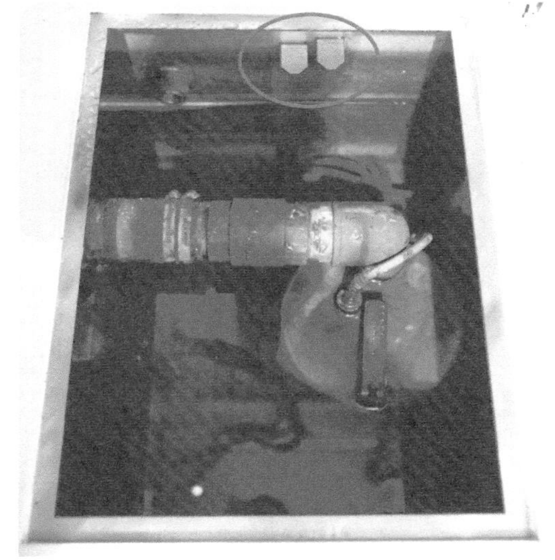	打开机床右侧的钣金门，观察污水箱中的水位，水位在低位和高位指示标识之间
①检查机床	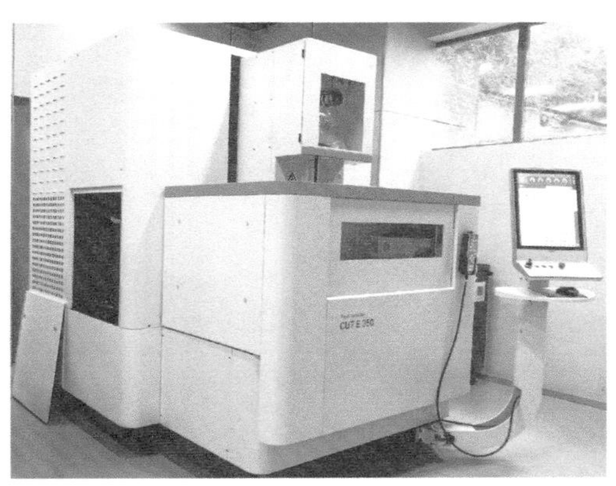	打开机床左侧的钣金门，检查净水箱的水位，净水箱必须充满

续表

步骤	示意图	说明
②启动设备	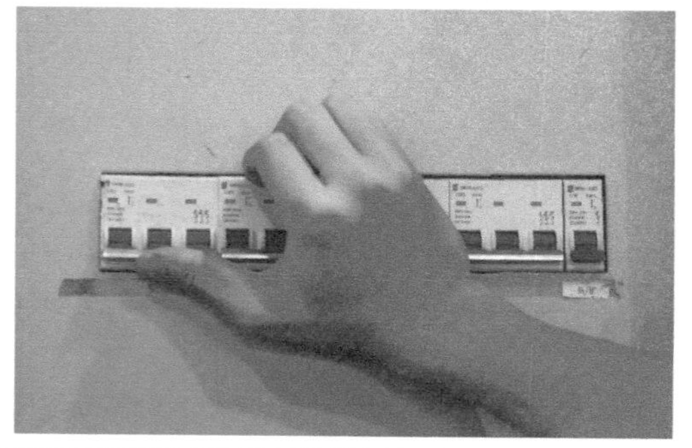	往上推，打开总电源开关
		顺时针旋转90°，打开机床右侧主开关，机床开始启动
		顺时针旋转90°，打开制冷机开关，制冷机启动

续表

步骤	示意图	说明
②启动设备		机床启动成功后，屏幕上显示人机交互界面，操作人员通过人机交互界面和机床进行对话
③检查压力表		检查气压表、过滤器压力表气压在 6 ～ 8 bar（1bar= 10^5Pa）；过滤器压力小于 2.8bar
④检查喷嘴		检查上、下喷水嘴，如果损坏，及时更换新的喷水嘴（喷水嘴损坏会影响冲水形状和压力，最终影响切割效率和精度）

续表

步骤	示意图	说明
⑤回机床零点	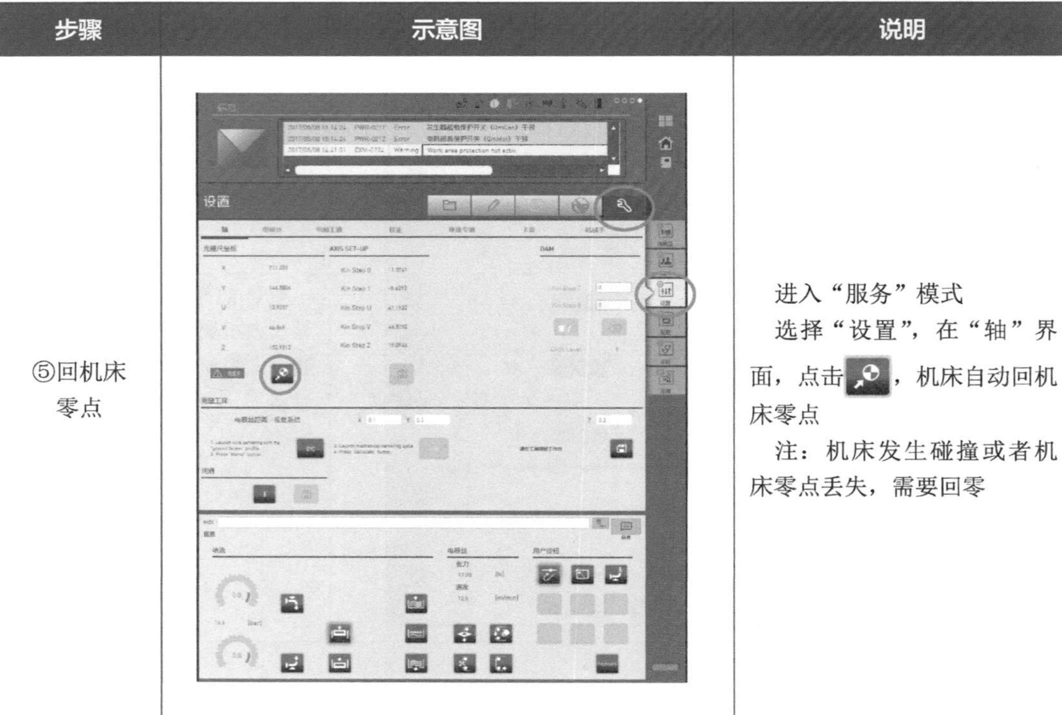	进入“服务”模式 选择“设置”，在“轴”界面，点击，机床自动回机床零点 注：机床发生碰撞或者机床零点丢失，需要回零

② 安装电极丝（见表 2-5）。

表 2-5　安装电极丝

步骤	示意图	说明
①安装电极丝	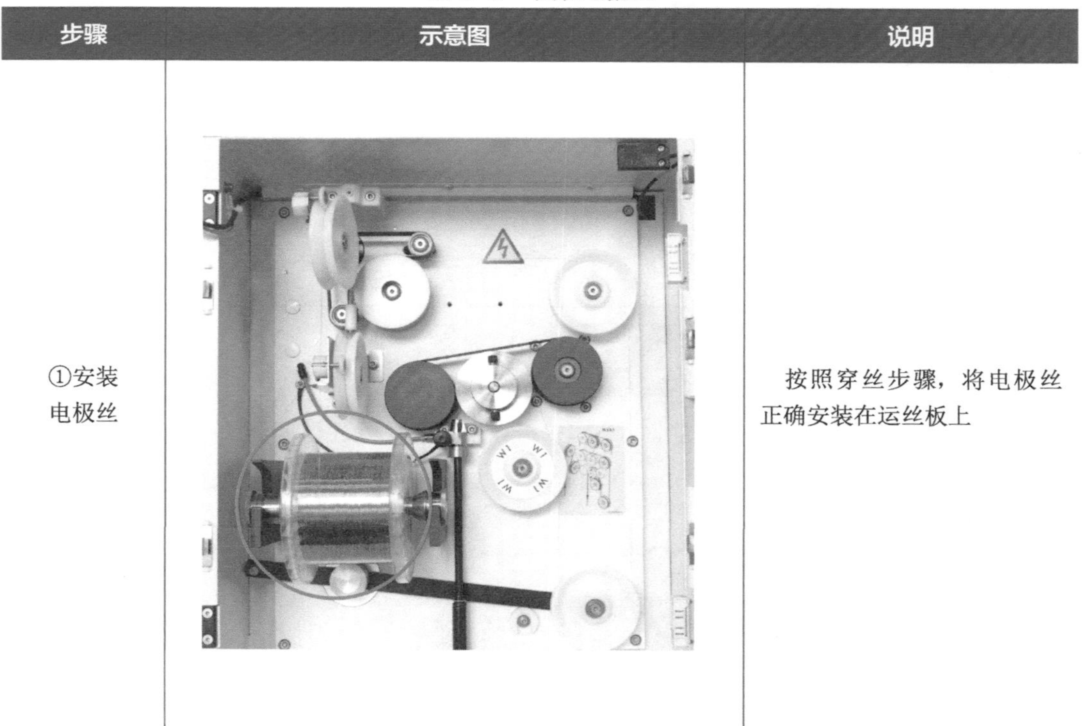	按照穿丝步骤，将电极丝正确安装在运丝板上

续表

步骤	示意图	说明
②激活电极丝	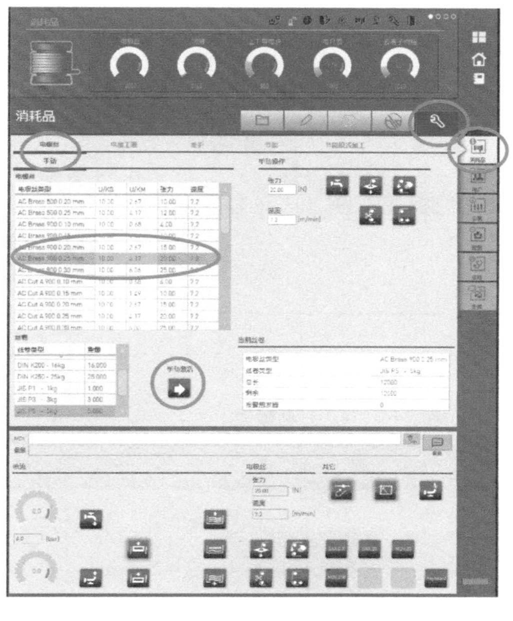	进入“服务模式” 选择“消耗品”，在“电极丝”界面，选择： 电极丝类型 :AC Brass 900 0.25mm 丝卷类型 :JIS P5-5kg 点击 ，手动激活电极丝

③ 穿丝（见表 2-6）。

表 2-6　穿丝

步骤	示意图	说明
穿丝		①手动穿丝（如左图）： 按手控盒上（手动穿丝），（穿丝射流）自动打开，顺时针转动皮带轮，直到电极丝到达机床后部压丝轮

续表

步骤	示意图	说明
穿丝	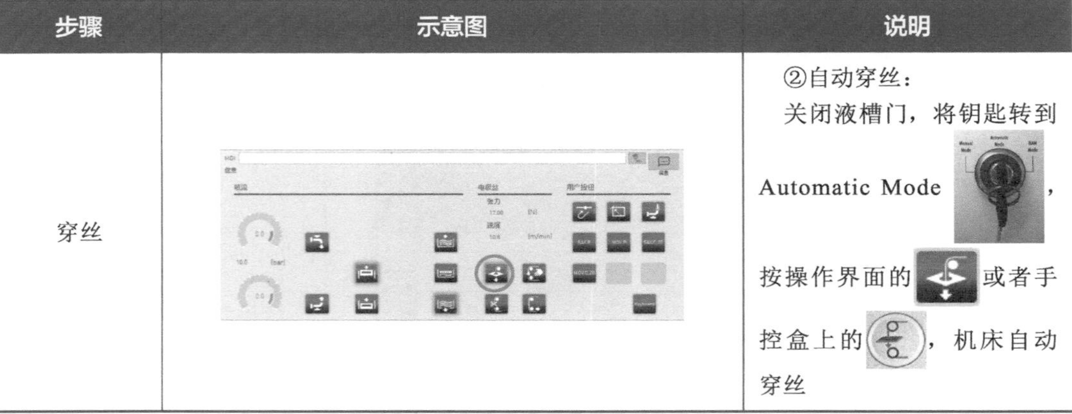	②自动穿丝： 关闭液槽门，将钥匙转到 Automatic Mode ，按操作界面的 或者手控盒上的 ，机床自动穿丝

④ 校正电极丝（见表 2-7）。

表 2-7　校正电极丝

步骤	示意图	说明
①安装丝校正器	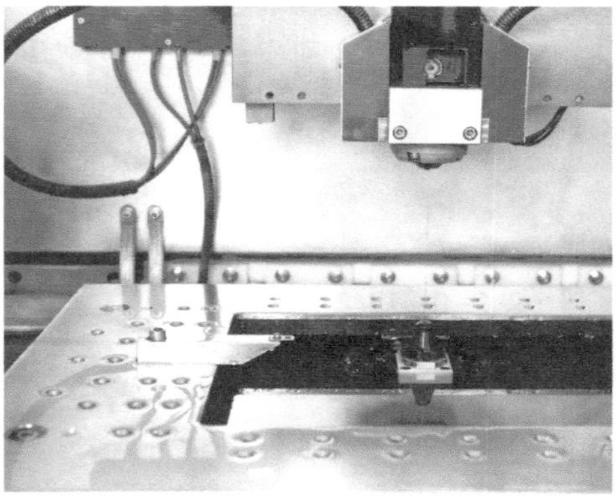	在工作台上固定好丝校正器
②移动到孔中心		穿丝，将丝移动到校正器的孔中心（大概中心位置，不短路即可）

续表

步骤	示意图	说明
③关闭液槽门	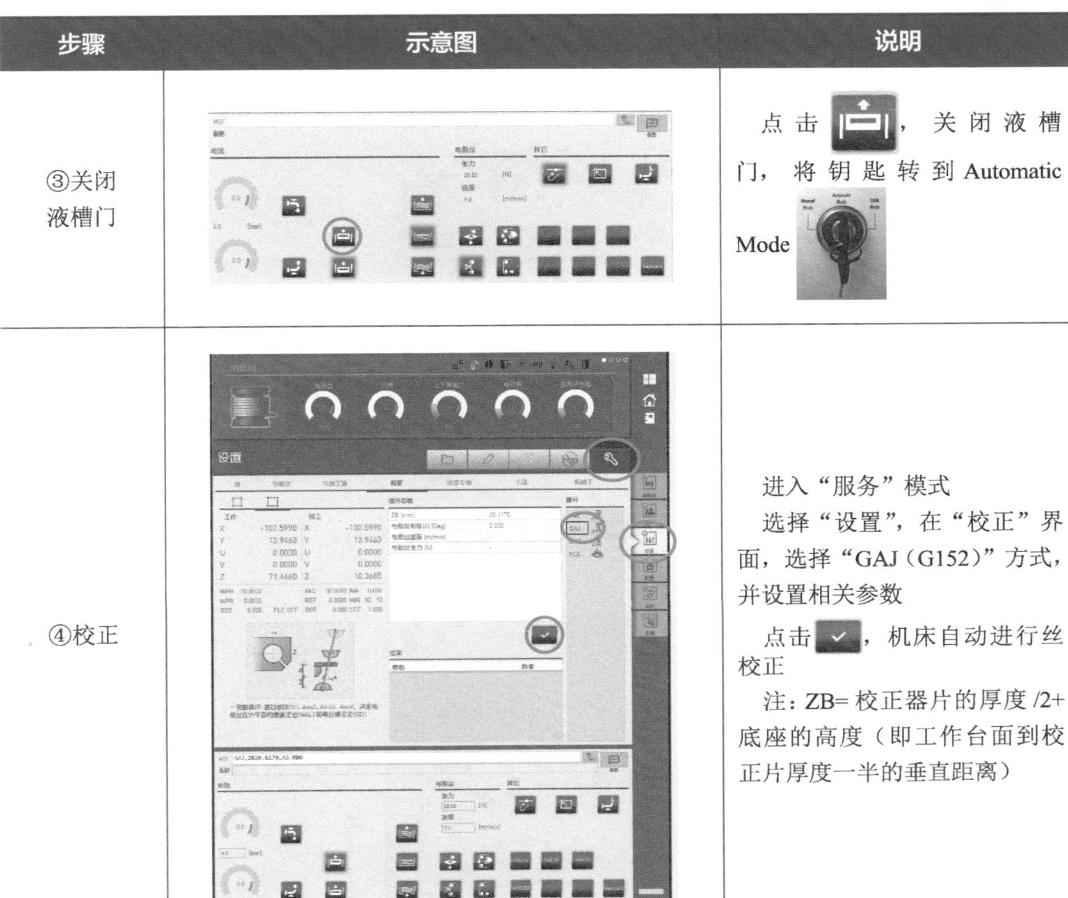	点击，关闭液槽门，将钥匙转到 Automatic Mode
④校正		进入“服务”模式 选择“设置”，在“校正”界面，选择“GAJ（G152）”方式，并设置相关参数 点击，机床自动进行丝校正 注：ZB= 校正器片的厚度 /2+ 底座的高度（即工作台面到校正片厚度一半的垂直距离）

⑤装夹及校正工件（见表 2-8）。

表 2-8 装夹及校正工件

步骤	示意图	说明
①测量毛坯		用游标卡尺测量工件外形尺寸，是否符合加工要求

续表

步骤	示意图	说明
②清理工作台	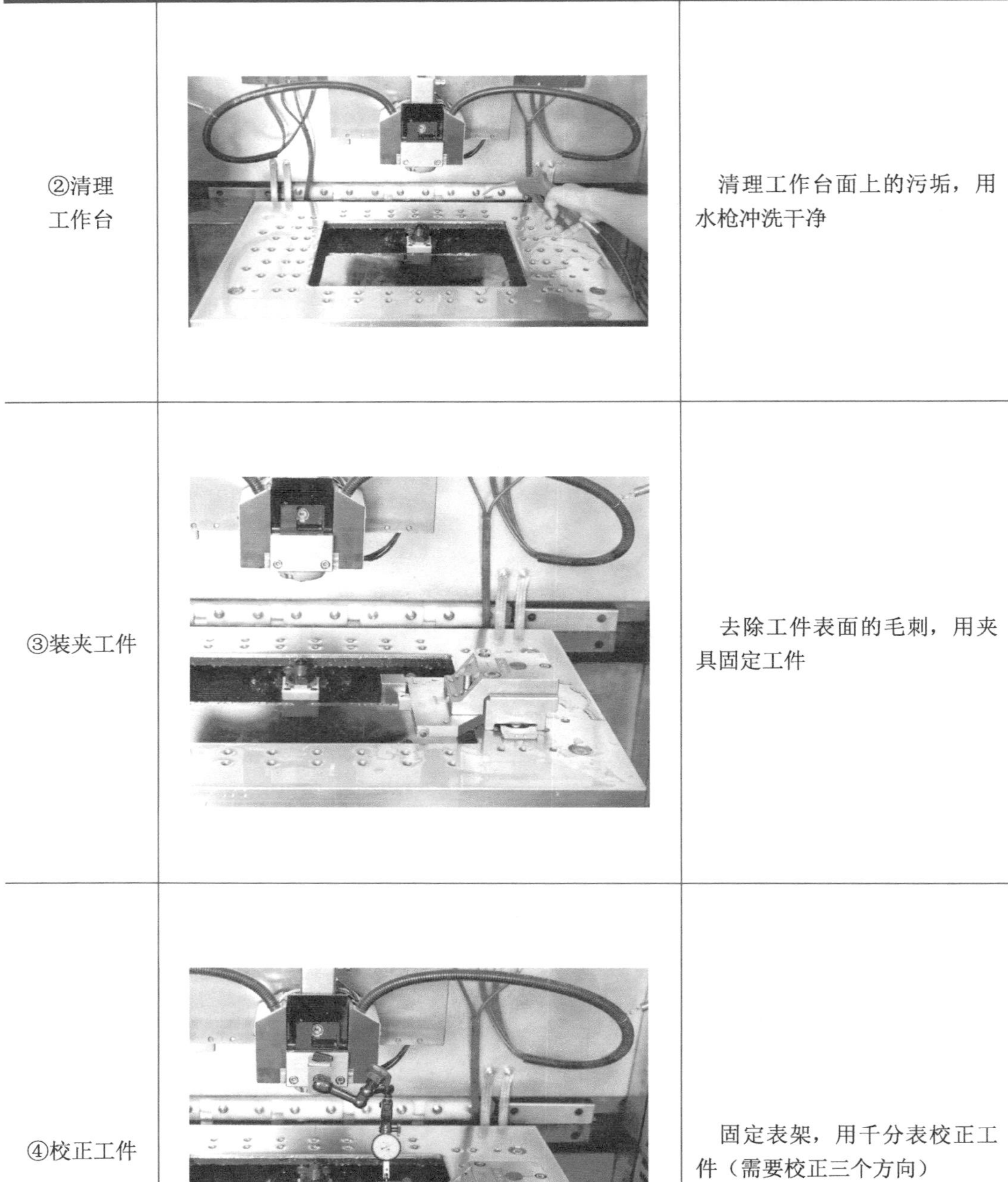	清理工作台面上的污垢，用水枪冲洗干净
③装夹工件		去除工件表面的毛刺，用夹具固定工件
④校正工件		固定表架，用千分表校正工件（需要校正三个方向）

⑥ 电极丝定位（见表 2-9）。

表 2-9　电极丝定位

<table>
<tr><th>步骤</th><th>示意图</th><th>说明</th></tr>
<tr><td rowspan="2">①设置喷嘴高度</td><td></td><td rowspan="2">对于磨床磨削过的平板类工件，尽量贴面加工
a. 用塞尺检查下喷水嘴与工件底面的间隙（以 0.1mm 的塞尺能自由移动通过为宜），避免发生碰撞
b. 用塞尺检查上喷水嘴与工件上表面的间隙（0.1mm 的塞尺能自由移动通过为宜），确定 Z 轴高度</td></tr>
<tr><td>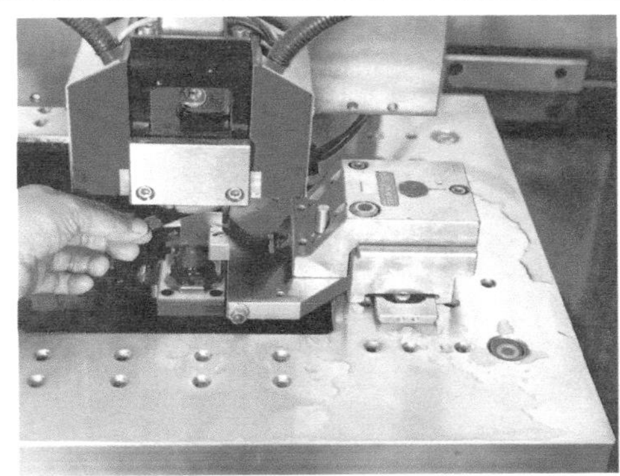</td></tr>
<tr><td>②加工坐标 Z 轴清零</td><td>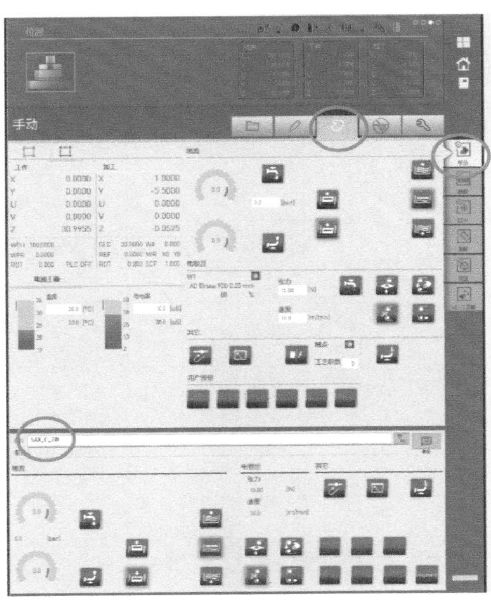</td><td>在 MDI 模式输入：SAX，C，Z0（或者 G92Z0），回车确认，按执行，将加工坐标系 Z 轴坐标清零</td></tr>
</table>

续表

<table>
<tr><th>步骤</th><th>示意图</th><th>说明</th></tr>
<tr><td>③ 设置 Z 轴软限位</td><td> 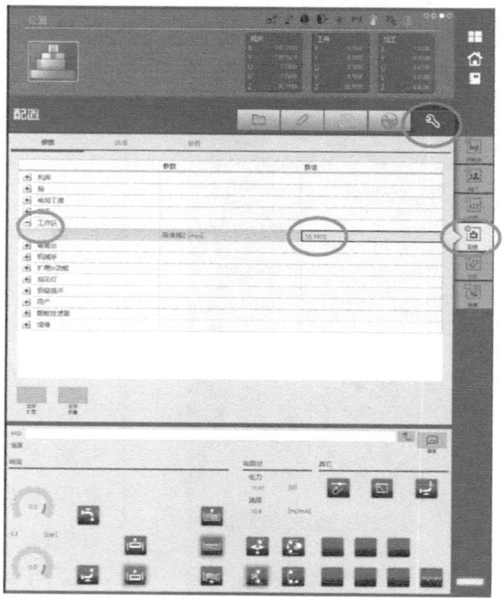</td><td>进入“服务”模式
选择“配置”，在“参数”界面，选择“工作区”，输入机床坐标系 Z 轴坐标值，回车确认</td></tr>
<tr><td rowspan="2">④设置工件零点</td><td></td><td>剪丝，移动 X、Y 轴到工件外形的大概中心位置</td></tr>
<tr><td>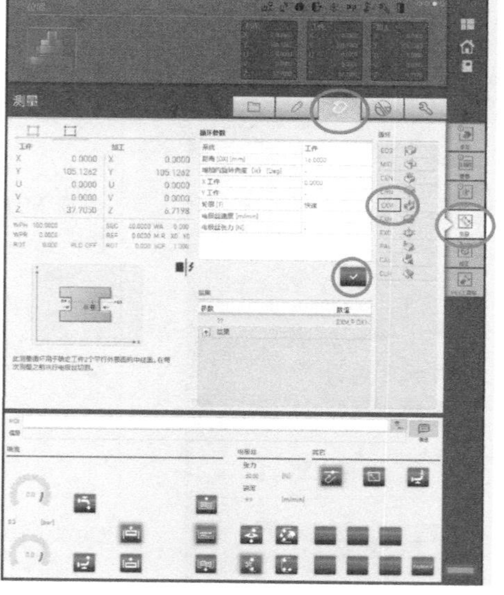</td><td>进入“手动”模式
在“测量”界面，选择“EXM（G142）”，设置参数：<table><tr><td>系统</td><td>工作</td></tr><tr><td>距离 [DX] [mm]</td><td>16.0000</td></tr><tr><td>增加的旋转角度（R） [Deg]</td><td>-</td></tr><tr><td>X 工件</td><td>0.0000</td></tr><tr><td>Y 工件</td><td>-</td></tr><tr><td>轮廓 [T]</td><td>研磨面 快速</td></tr><tr><td>电极丝速度 [m/min]</td><td>-</td></tr><tr><td>电极丝张力 [N]</td><td>-</td></tr></table>点击 ✓，执行 X 方向找中心</td></tr>
</table>

<table>
<tr><th>步骤</th><th>示意图</th><th>说明</th></tr>
<tr><td>④设置工件零点</td><td>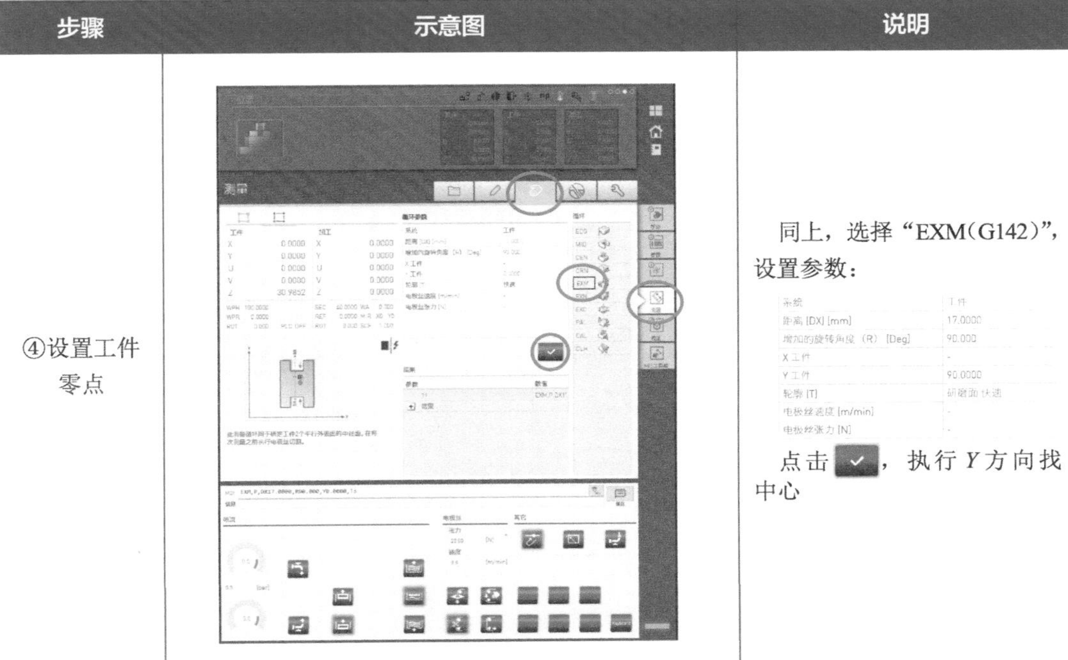</td><td>同上，选择“EXM(G142)”，设置参数：
<table>
<tr><td>系统</td><td>工件</td></tr>
<tr><td>距离 [DX] [mm]</td><td>17.0000</td></tr>
<tr><td>增加的旋转角度（R）[Deg]</td><td>90.000</td></tr>
<tr><td>X 工件</td><td>-</td></tr>
<tr><td>Y 工件</td><td>90.0000</td></tr>
<tr><td>轮廓 [T]</td><td>研磨面 快速</td></tr>
<tr><td>电极丝速度 [m/min]</td><td>-</td></tr>
<tr><td>电极丝张力 [N]</td><td>-</td></tr>
</table>
点击 ✓，执行 Y 方向找中心</td></tr>
</table>

⑦ 编写加工程序（见表 2-10）。

表 2-10　编写加工程序

步骤	示意图	说明
①新建 CAM 任务	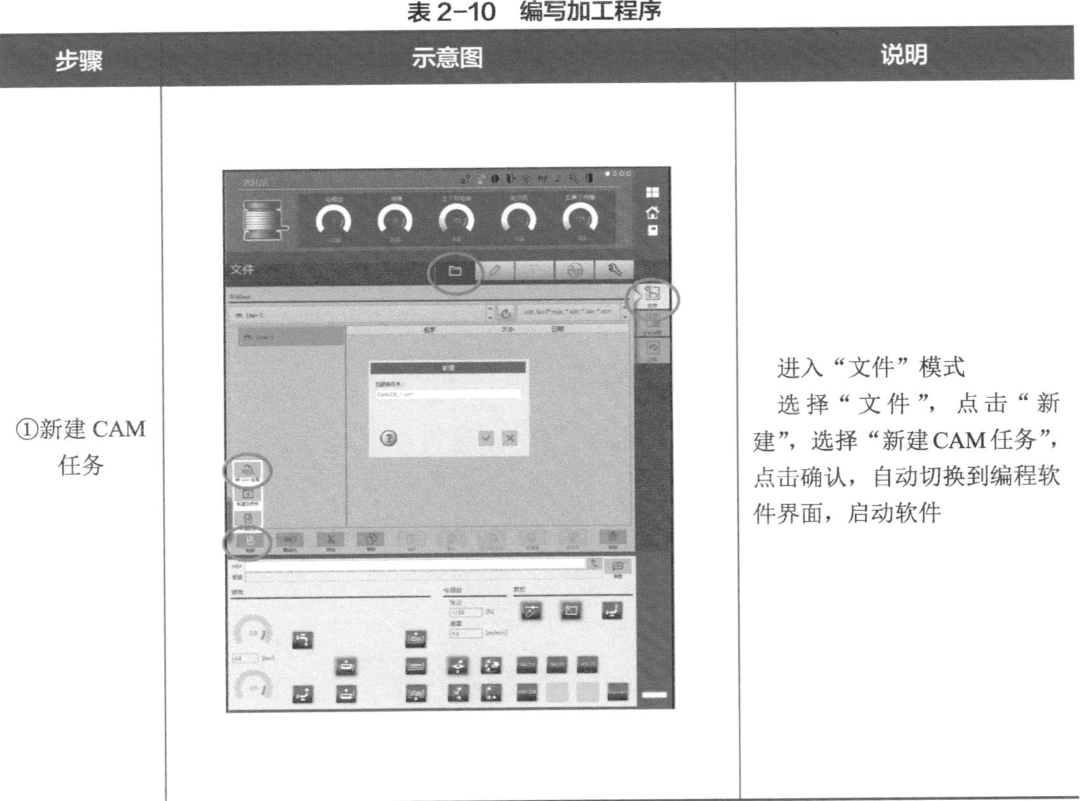	进入“文件”模式 选择“文件”，点击“新建”，选择“新建 CAM 任务”，点击确认，自动切换到编程软件界面，启动软件

续表

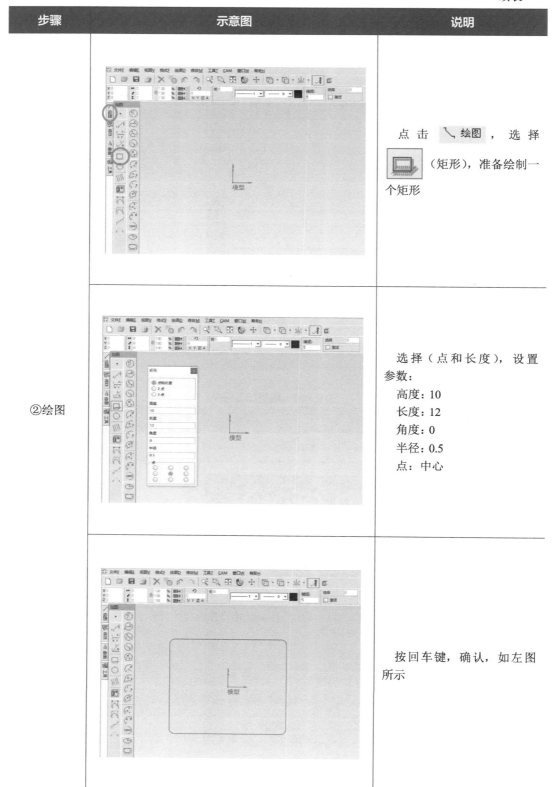

步骤	示意图	说明
②绘图		点击 绘图，选择 （矩形），准备绘制一个矩形
	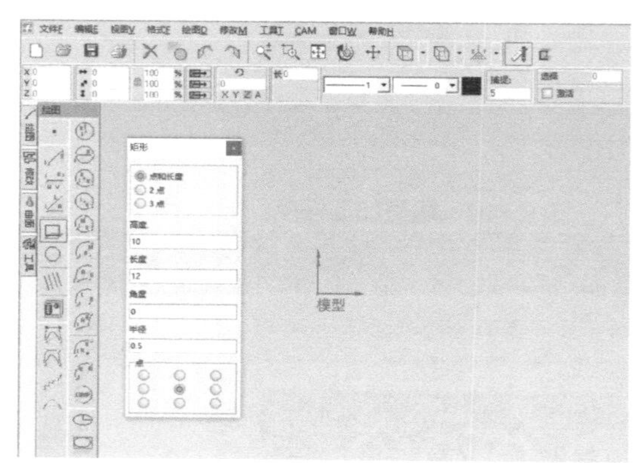	选择（点和长度），设置参数： 高度：10 长度：12 角度：0 半径：0.5 点：中心
	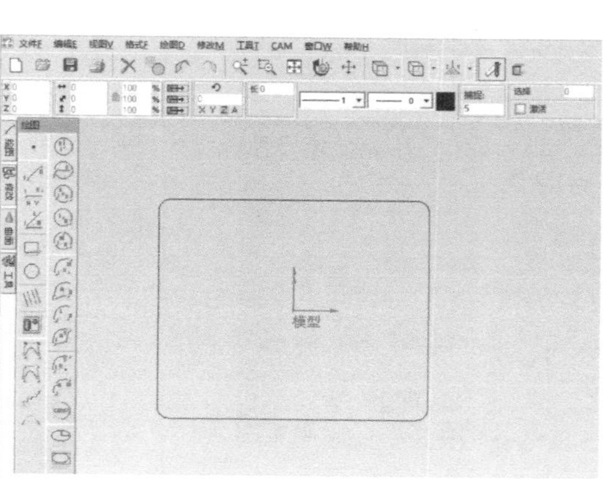	按回车键，确认，如左图所示

续表

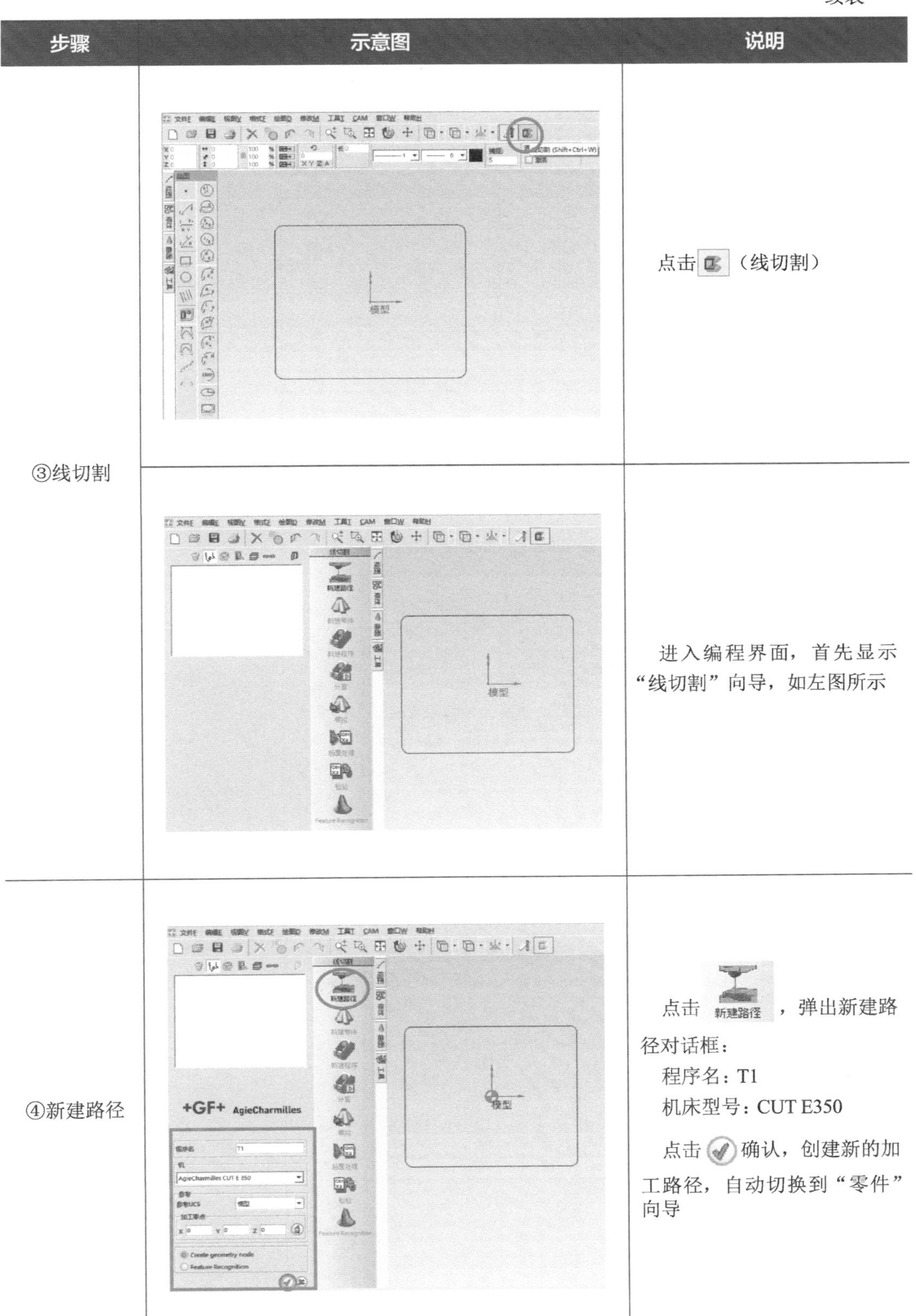

步骤	示意图	说明
③线切割		点击（线切割）
		进入编程界面，首先显示“线切割”向导，如左图所示
④新建路径		点击新建路径，弹出新建路径对话框： 程序名：T1 机床型号：CUT E350 点击确认，创建新的加工路径，自动切换到“零件”向导

续表

步骤	示意图	说明
⑤选择 XY	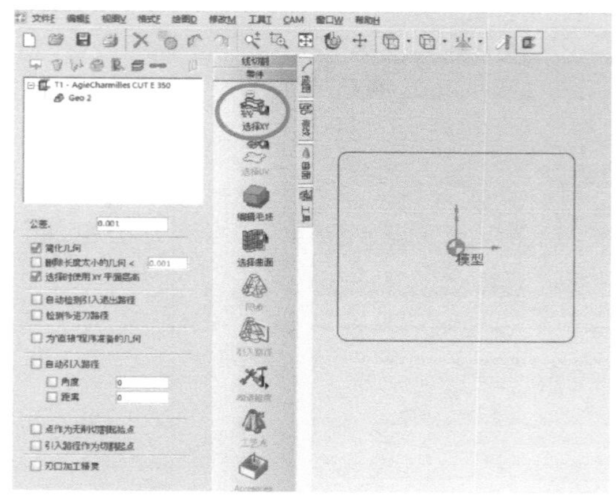	点击 选择XY
	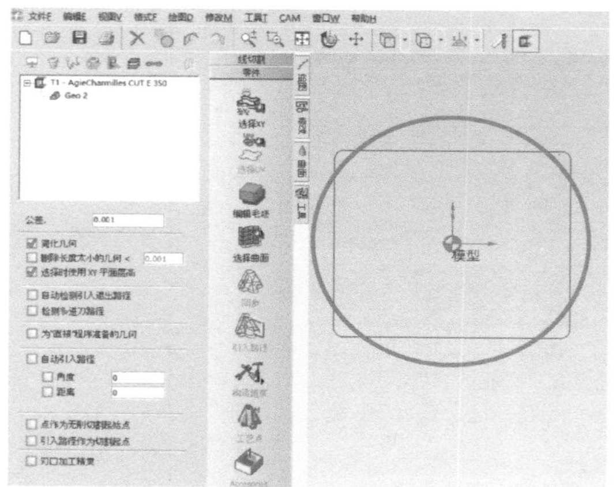	选择切割的图形（矩形轮廓） 按回车键，确认
	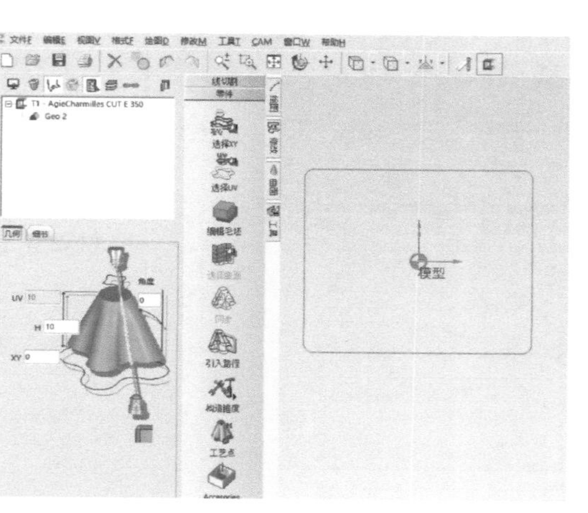	

续表

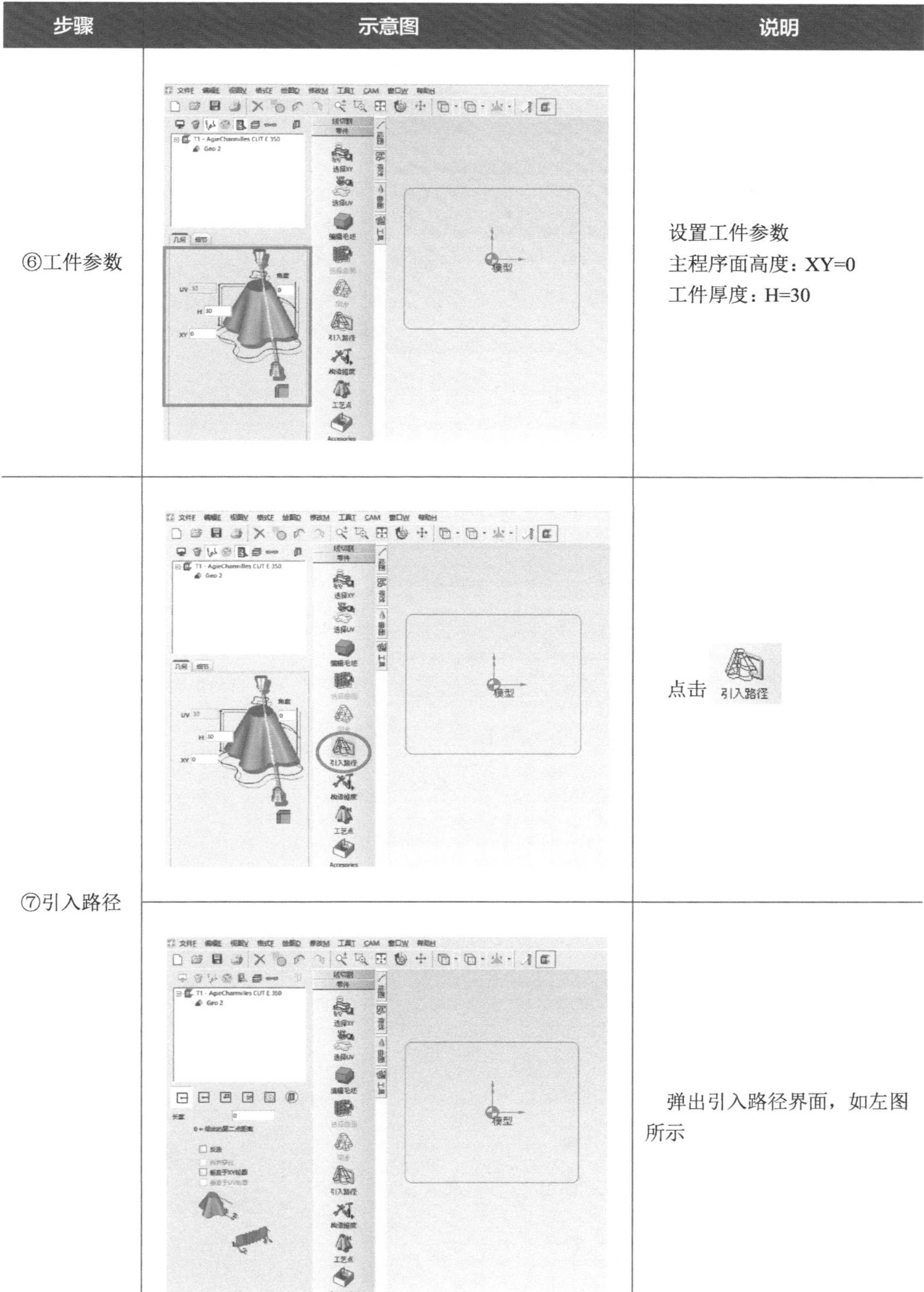

步骤	示意图	说明
⑥工件参数		设置工件参数 主程序面高度：XY=0 工件厚度：H=30
⑦引入路径		点击 引入路径
		弹出引入路径界面，如左图所示

续表

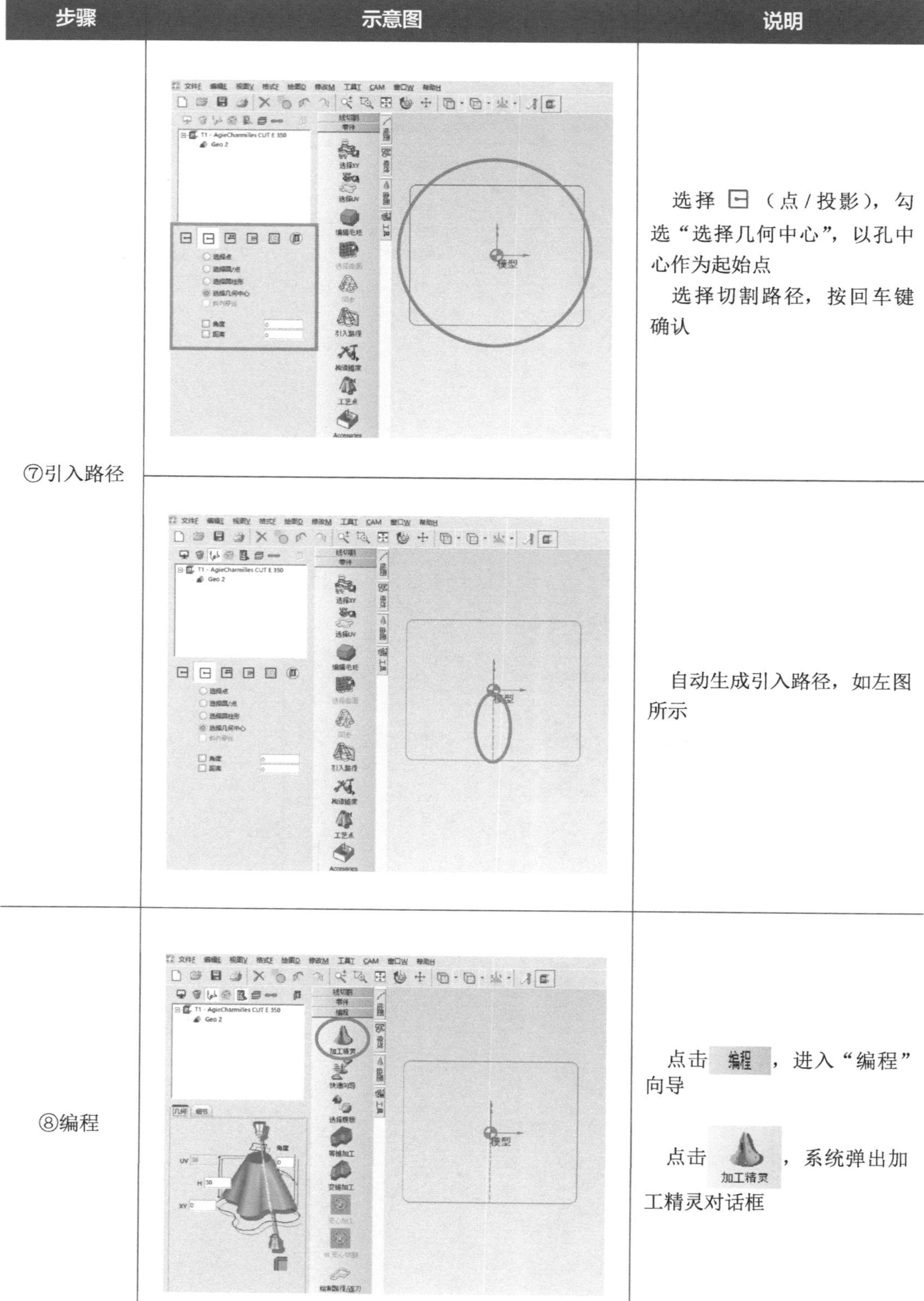

步骤	示意图	说明
⑦引入路径		选择 ⊟（点/投影），勾选“选择几何中心”，以孔中心作为起始点 选择切割路径，按回车键确认
		自动生成引入路径，如左图所示
⑧编程		点击 编程 ，进入“编程”向导 点击 加工精灵 ，系统弹出加工精灵对话框

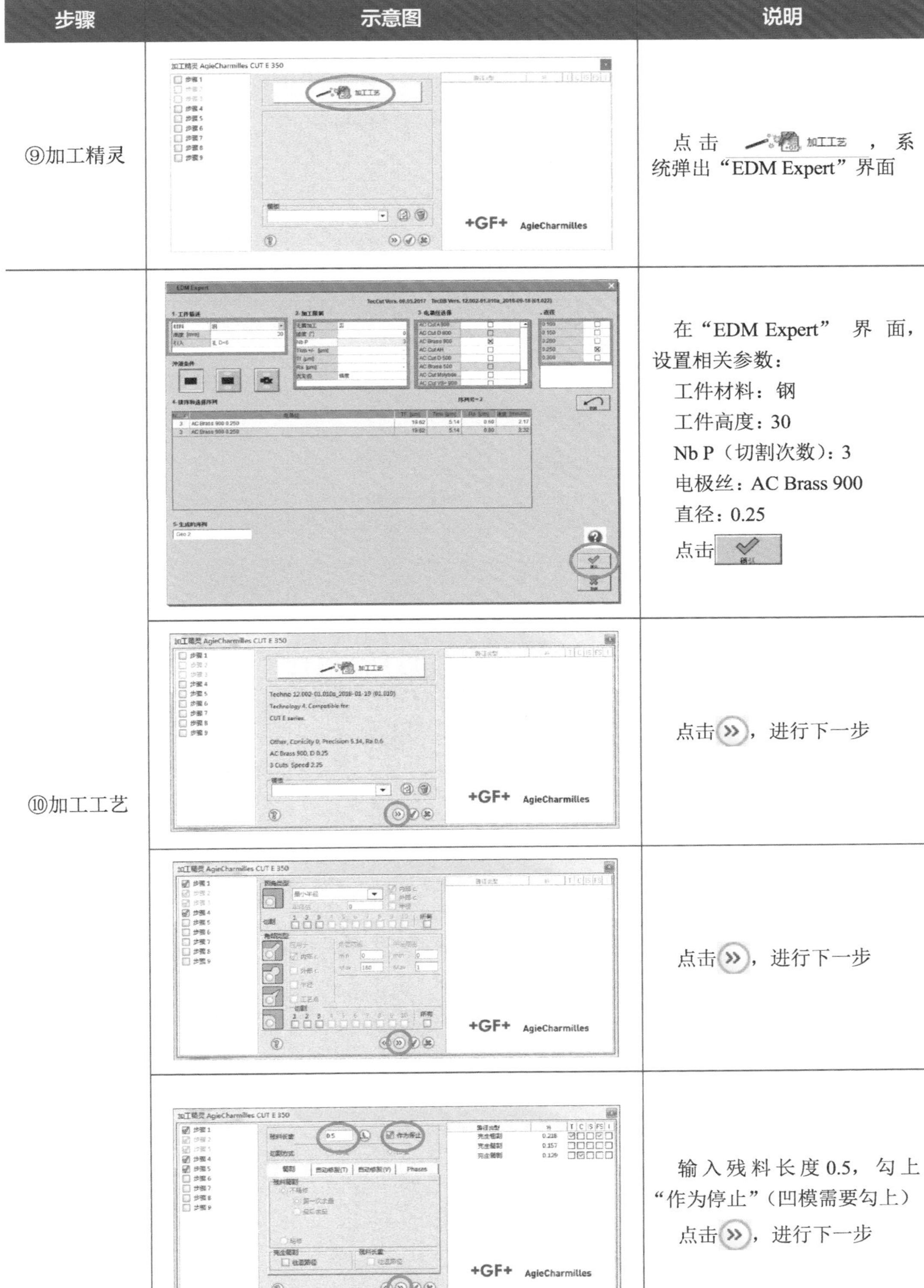

步骤	示意图	说明
⑨加工精灵		点击 加工工艺，系统弹出“EDM Expert”界面
⑩加工工艺		在“EDM Expert”界面，设置相关参数： 工件材料：钢 工件高度：30 Nb P（切割次数）：3 电极丝：AC Brass 900 直径：0.25 点击
		点击»，进行下一步
		点击»，进行下一步
		输入残料长度0.5，勾上“作为停止”（凹模需要勾上） 点击»，进行下一步

续表

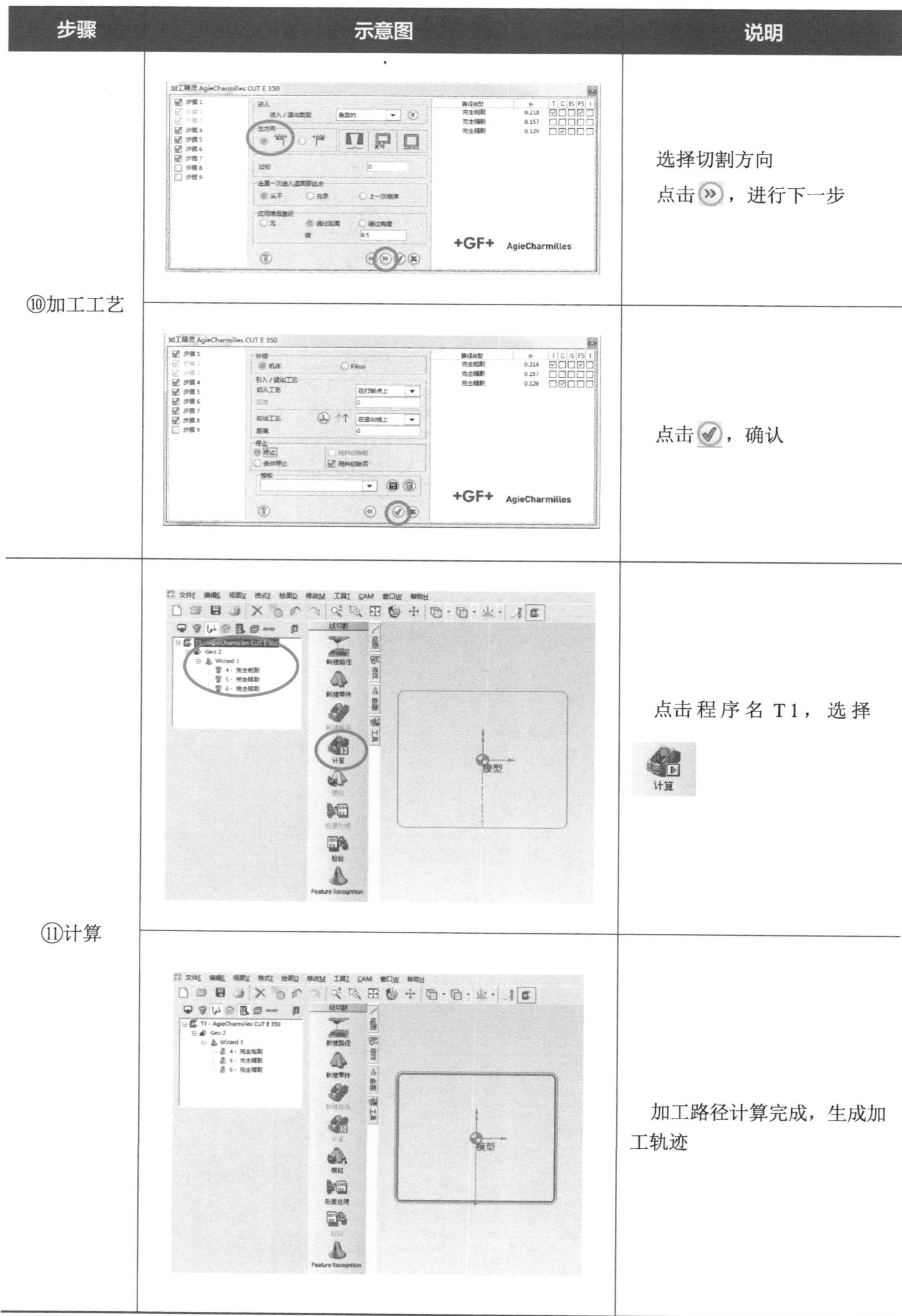

步骤	示意图	说明
⑩加工工艺		选择切割方向 点击»，进行下一步
		点击✓，确认
⑪计算		点击程序名 T1，选择 计算
		加工路径计算完成，生成加工轨迹

续表

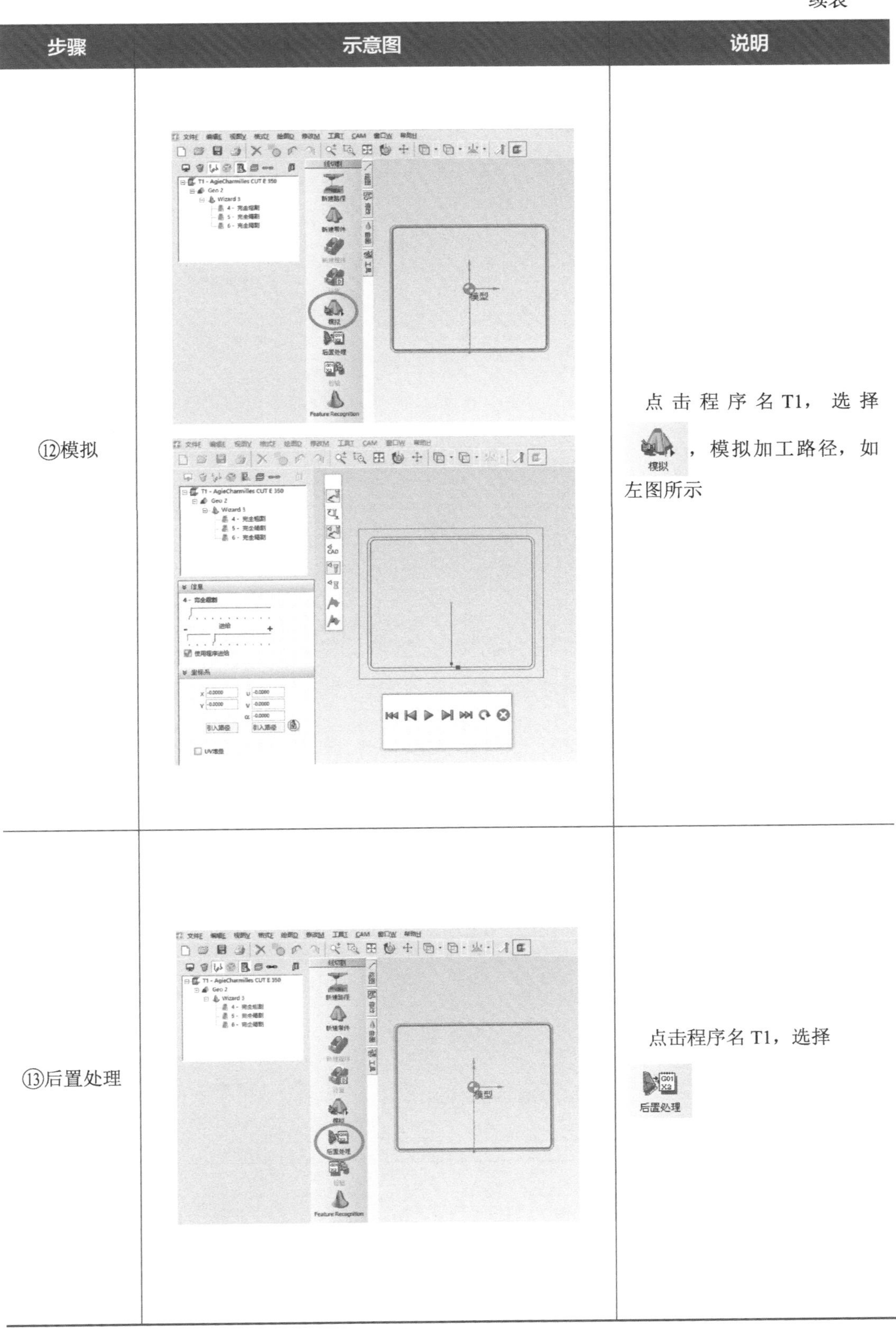

步骤	示意图	说明
⑫模拟		点击程序名T1，选择 模拟 ，模拟加工路径，如左图所示
⑬后置处理		点击程序名T1，选择 后置处理

续表

步骤	示意图	说明
		选择后处理器：AC CUT E Series XML CMD；点击
⑭后置处理	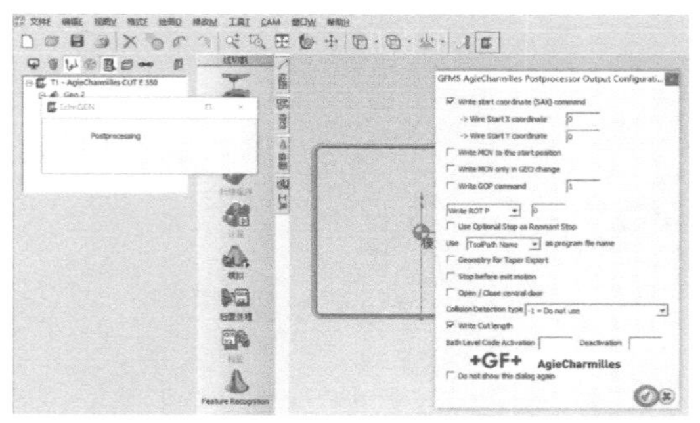	设置相关参数 点击确认
	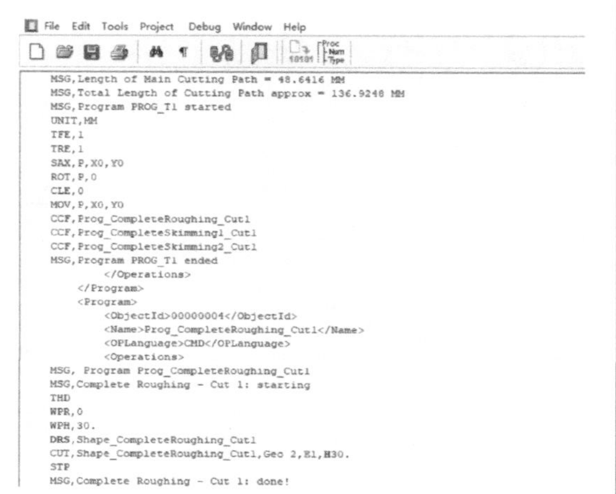	后处理，生成 MJB 格式的加工任务文件

```
File  Edit  Tools  Project  Debug  Window  Help
MSG,Length of Main Cutting Path = 48.6416 MM
MSG,Total Length of Cutting Path approx = 136.9248 MM
MSG,Program PROG_T1 started
UNIT,MM
TFE,1
TRE,1
SAX,P,X0,Y0
ROT,P,0
CLE,0
MOV,P,X0,Y0
CCF,Prog_CompleteRoughing_Cut1
CCF,Prog_CompleteSkimming1_Cut1
CCF,Prog_CompleteSkimming2_Cut1
MSG,Program PROG_T1 ended
        </Operations>
    </Program>
    <Program>
        <ObjectId>00000004</ObjectId>
        <Name>Prog_CompleteRoughing_Cut1</Name>
        <OPLanguage>CMD</OPLanguage>
        <Operations>
MSG, Program Prog_CompleteRoughing_Cut1
MSG,Complete Roughing - Cut 1: starting
THD
WPR,0
WPH,30.
DRS,Shape_CompleteRoughing_Cut1
CUT,Shape_CompleteRoughing_Cut1,Geo 2,E1,H30.
STP
MSG,Complete Roughing - Cut 1: done!
```

⑧ 加工运行（见表 2-11）。

表 2-11　加工运行

步骤	示意图	说明
①选择程序	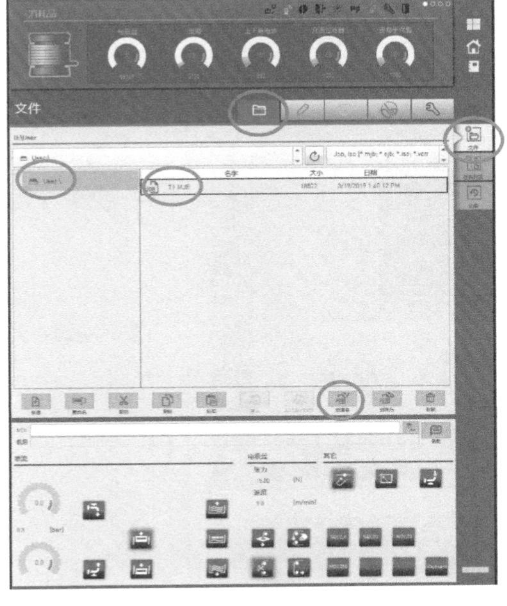	进入“文件”模式 在“文件”界面，选择保存加工任务的文件夹，点击程序名 T1 点击 JOB 到准备，自动切换到准备模式
②程序校验	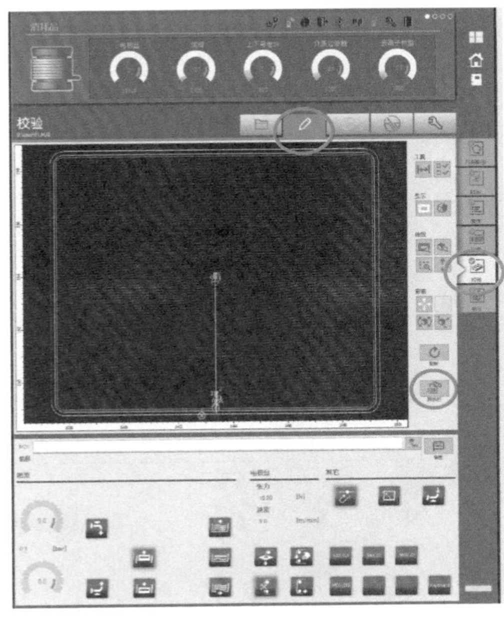	在“准备”模式 从“几何图形→EDM→操作→校验”，检查程序加工路径是否合理 如果没有问题，点击 JOB 到执行，自动切换到“执行”模式，准备开始放电加工

续表

步骤	示意图	说明
③放电加工	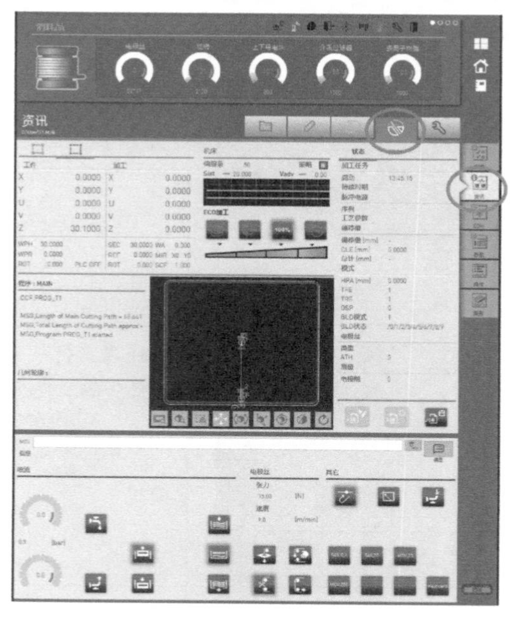 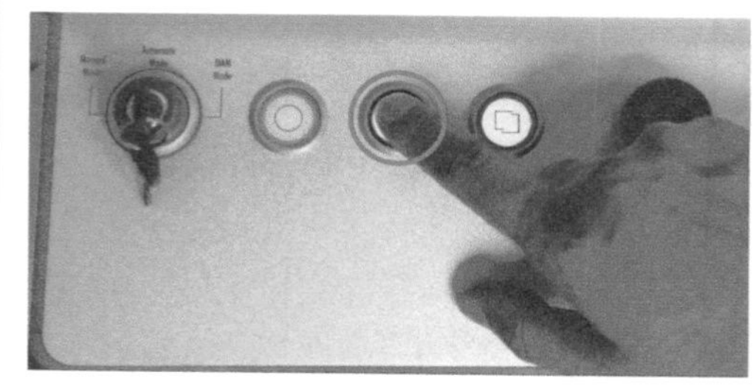	按启动键，开始放电加工
④暂停	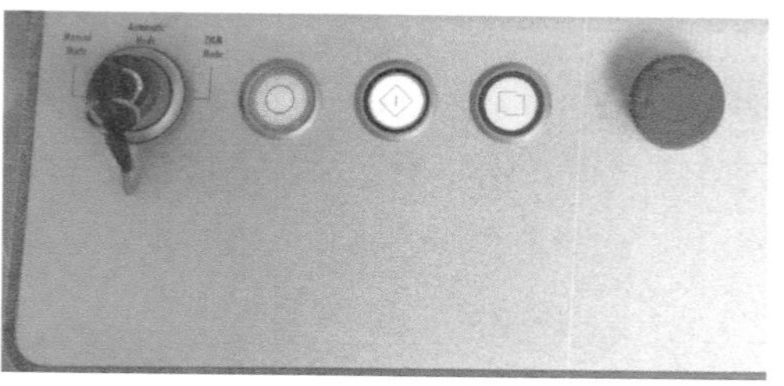	程序执行到废料切断前的暂停点时，自动暂停，操作台上三个按键全部变亮
⑤继续加工	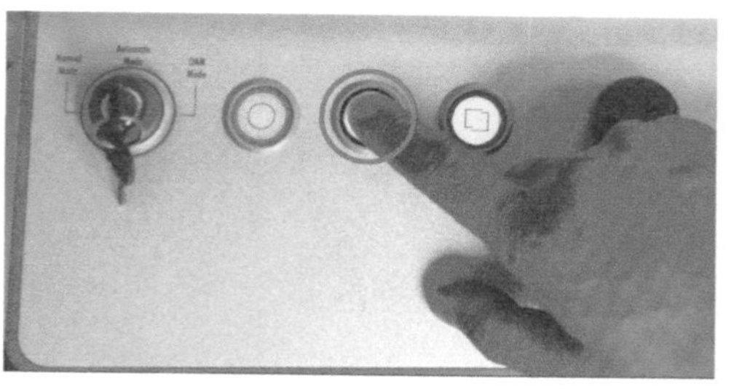	按启动键，继续放电加工

续表

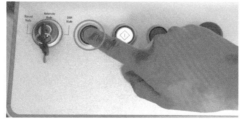

步骤	示意图	说明
⑥暂停		废料即将切断时，及时按暂停键，停止放电加工（如果没有及时暂停，废料掉下来，会造成二次放电，烧坏型腔内壁）
⑦取废料		将 Z 轴抬起至合适高度
	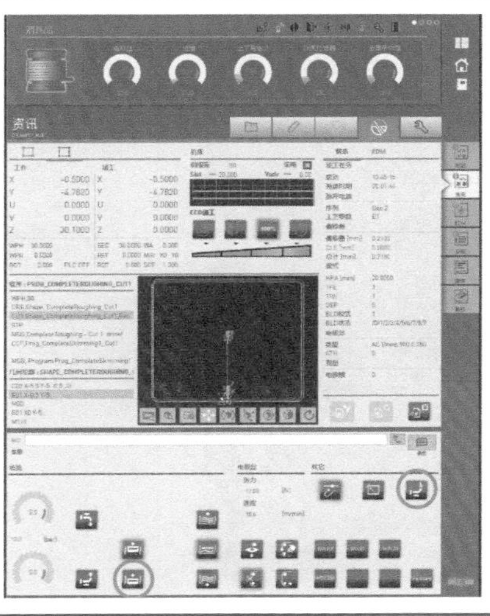	点击，打开液槽门

续表

步骤	示意图	说明
		将手放在工件上面，挡住废料，防止水溅出 在操作台屏幕右下角，点击，打开取废料冲水
⑦取废料		取出废料，关闭冲水
	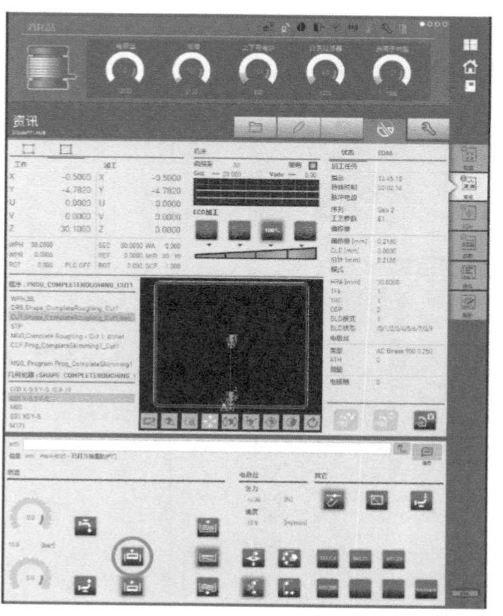	点击，关闭液槽门

续表

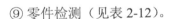

步骤	示意图	说明
⑧精加工	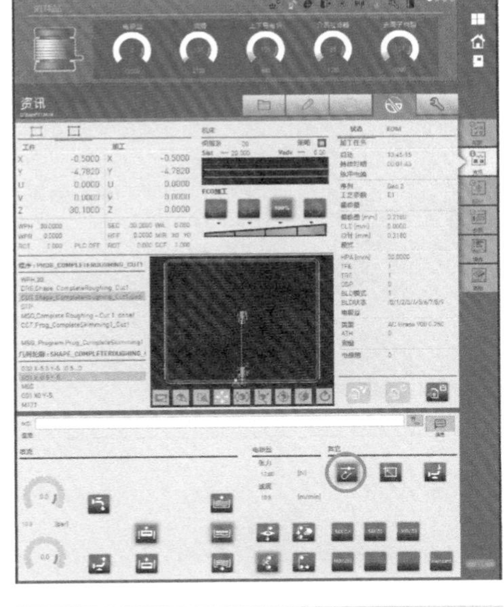	点击，返回暂停点 按启动键，继续放电加工，直至加工完成

⑨ 零件检测（见表 2-12）。

表 2-12　零件检测

步骤	示意图	说明
①清洗工件		将工件放入清洗液中（K-200，按比例加入清水），用毛刷清洗工件表面

续表

步骤	示意图	说明
①清洗工件		放入清水中，冲洗干净
	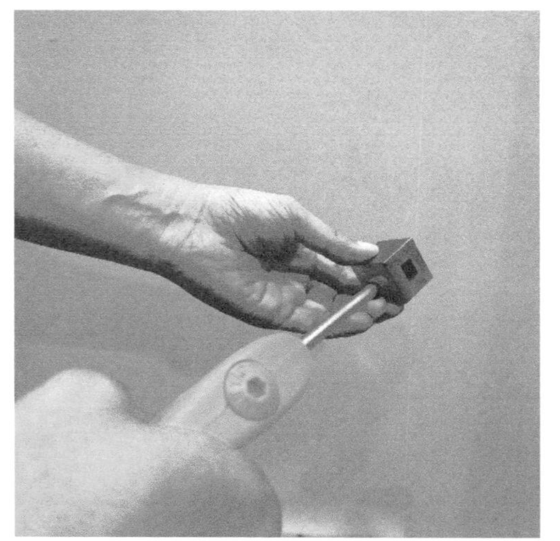	最后用气枪吹干
②测量工件	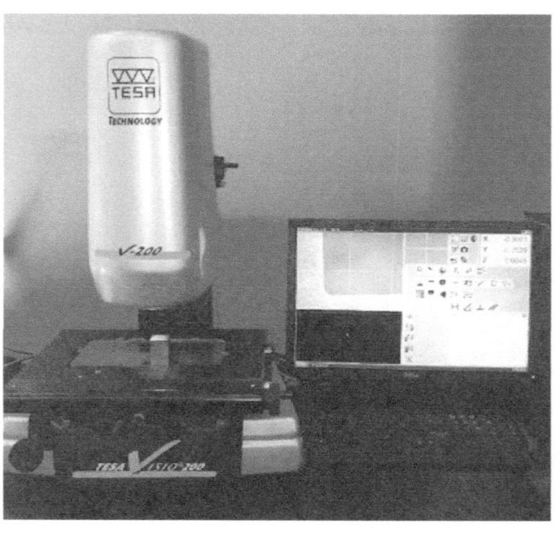	用投影仪测量型腔尺寸，记录数据

续表

步骤	示意图	说明
③加工完成		喷防锈油，防止工件表面生锈

⑩ 关机保养（见表 2-13）。

表 2-13　关机保养

步骤	示意图	说明
①清理机床		拆除夹具和工件，清理工作台
②移动轴		移动 X、Y 轴至机床合适位置
③关机		逆时针旋转 90°，关闭机床电源

续表

步骤	示意图	说明
③关机	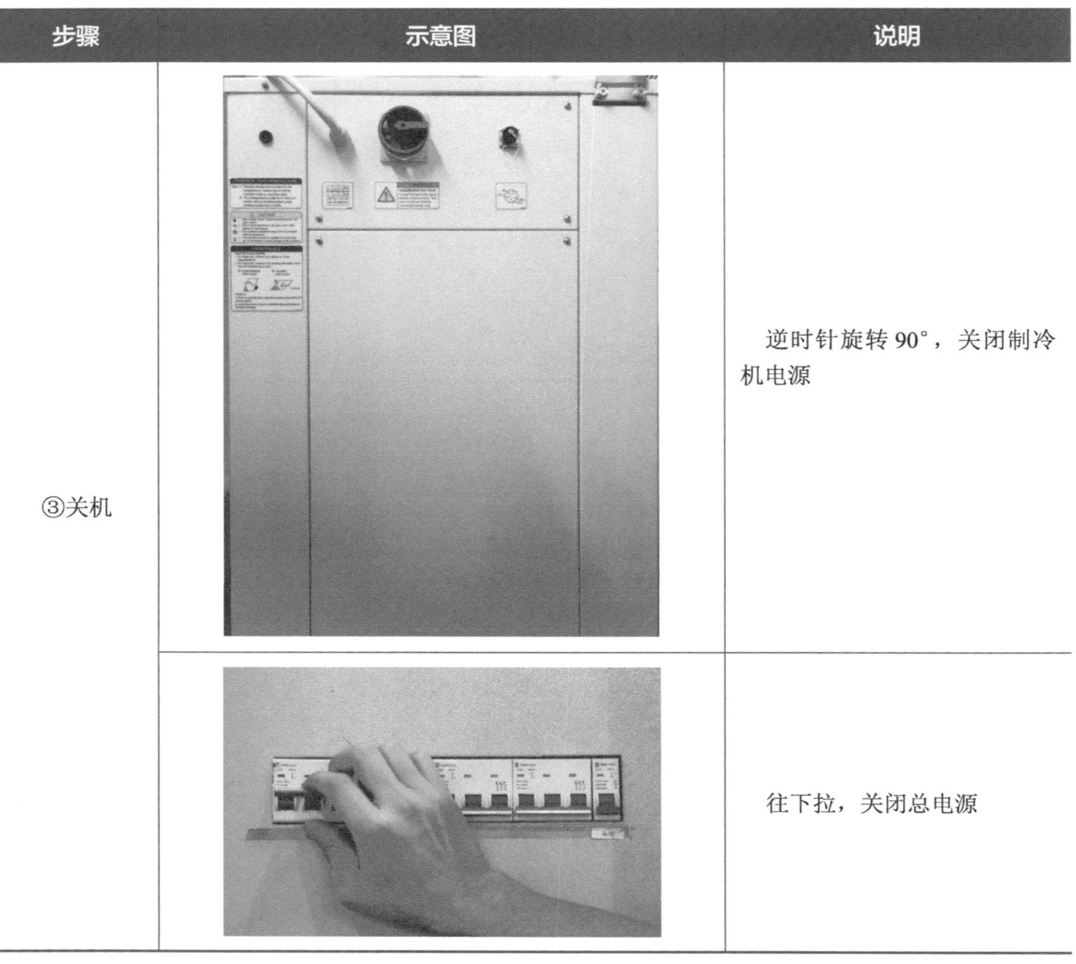	逆时针旋转90°，关闭制冷机电源
		往下拉，关闭总电源

【任务评价】

根据掌握情况填写学生自评表，见表2-14。

表2-14　学生自评表

项目	序号	考核内容及要求	能	不能	其他
慢走丝线切割加工工艺知识	1	正确识读零件工程图			
	2	能制定工件装夹方案			
	3	能理解慢走丝线切割加工工艺			
慢走丝线切割加工编程技能	4	能新建CAM加工任务			
	5	能后处理生成加工程序			
	6	能校验程序			

续表

项目	序号	考核内容及要求	能	不能	其他
慢走丝线切割加工操作技能	7	能独立开机			
	8	能独立安装及激活电极丝			
	9	能独立安装及校正工件			
	10	能独立设置工件零点			
	11	能独立执行加工程序，完成加工			
	12	能检查零件是否合格			
签名	学生签名（　　　）　　教师签名（　　　）				

【任务反思】

总结归纳学习所得，发现存在的问题，并填写学习反思内容，见表2-15。

表2-15　学习反思内容

类型	内　容
掌握知识	
掌握技能	
收获体会	
需解决问题	
学生签名	

任务2　慢走丝线切割机床基本维护保养

【工作任务】

学习慢走丝线切割机床日常维护保养。

【知识技能】

知识点　慢走丝线切割机床日常保养和维护

对于高精度的慢走丝线切割机床而言，设备的维护保养是保持设备处于良好工作状态、延长使用寿命、减少停工损失和维修费用所必须进行的重要工作。设备日常维护保养的基本要求如下：

① 定期检查：检查机床的电气设备是否受潮和安全可靠；检查机床电柜里面的风扇运行是否正常；定期清理电柜防尘网上灰尘及油污；检查机床的压缩空气压力是否正常；检查机床的工作液是否足够，检查机床的导轨润滑油是否足够。

② 定期润滑：按照机床说明书的要求定期对导轨、丝杠进行润滑，确保导轨、丝杠运转顺畅。

③ 及时清洗、更换、检查上下喷嘴，如有破损，及时更换；检查导电块是否磨损，如磨损严重，及时更换。

④ 每天工作结束后清理工作台区域，擦净夹具和附件。

【任务目标】

① 理解慢走丝线切割机床日常维护保养的意义。

② 掌握慢走丝线切割机床日常维护保养的操作步骤。

③ 能解决加工中遇到的常见问题。

④ 培养学生的安全意识。

⑤ 培养学生的团队意识。

⑤ 培养学生的工匠精神。

【任务实施】

（1）设备与器材

实训所需的设备与器材见表 2-16。

表 2-16　设备及器材清单

项目	名称	规格	数量
设备	慢走丝线切割机床	GF 加工方案 CUT E350	8 ～ 10 台
夹具	标准装夹套装	135 019 821	8 ～ 10 个
	附件装夹套装	ref. EDM.010（135 000 173）	8 ～ 10 个
电极丝	EDM 电极丝	直径 0.25mm 黄铜丝	若干

续表

项目	名称	规格	数量
配件	去离子树脂	5升/包	若干
量具	游标卡尺、千分尺	各种类别	若干
其他	过滤器	340mm×25mm×450mm	若干
	润滑油	Blasoluble 301 润滑脂	若干
	化学品（清洁，防腐蚀）	K-200	若干
	毛刷、扳手	配套	一批

（2）各部位定期保养

① 清洗与更换上导电块（见表 2-17）。

表 2-17　清洗与更换上导电块

步骤	示意图	说明
①拆上导电块组件	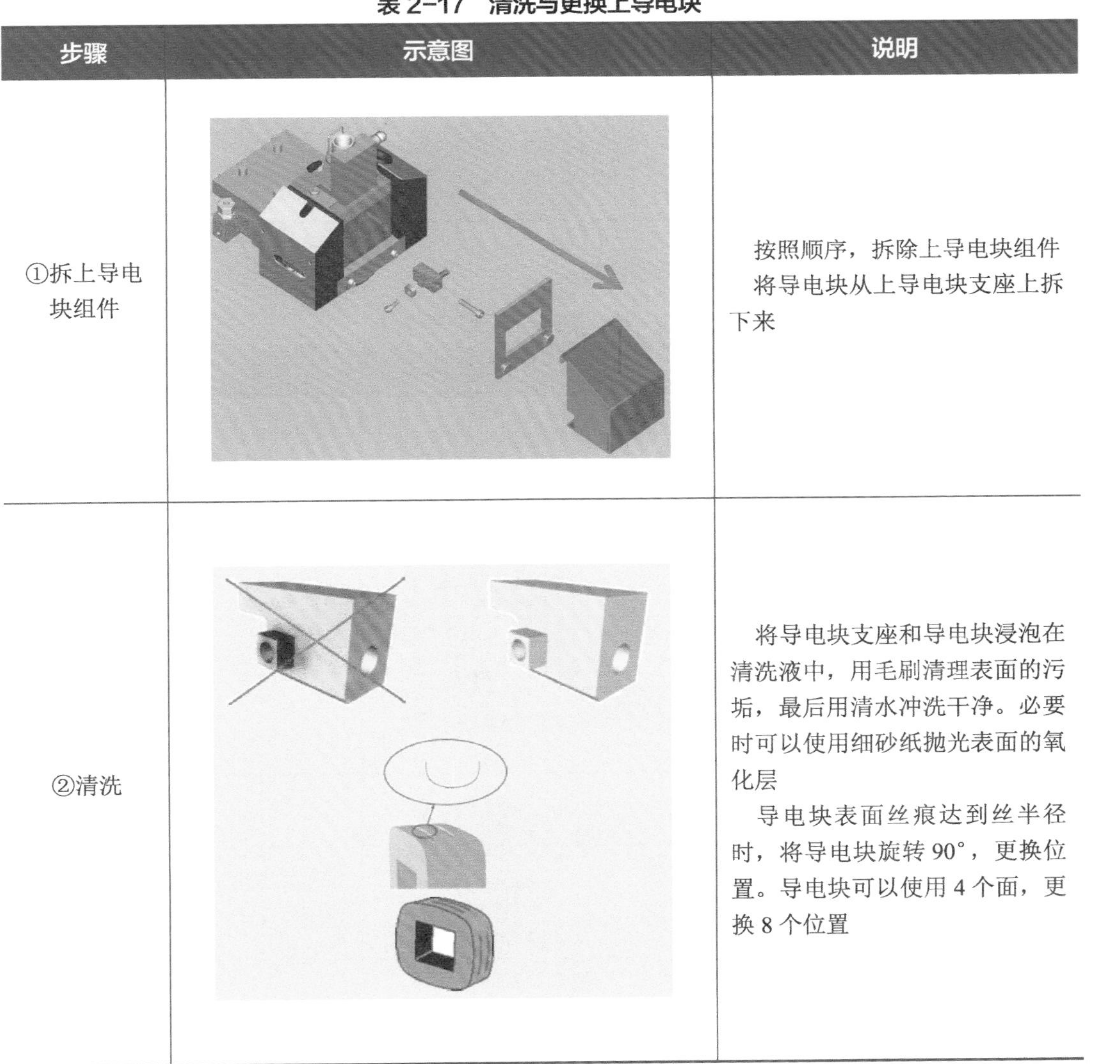	按照顺序，拆除上导电块组件 将导电块从上导电块支座上拆下来
②清洗		将导电块支座和导电块浸泡在清洗液中，用毛刷清理表面的污垢，最后用清水冲洗干净。必要时可以使用细砂纸抛光表面的氧化层 导电块表面丝痕达到丝半径时，将导电块旋转 90°，更换位置。导电块可以使用 4 个面，更换 8 个位置

续表

步骤	示意图	说明
③安装	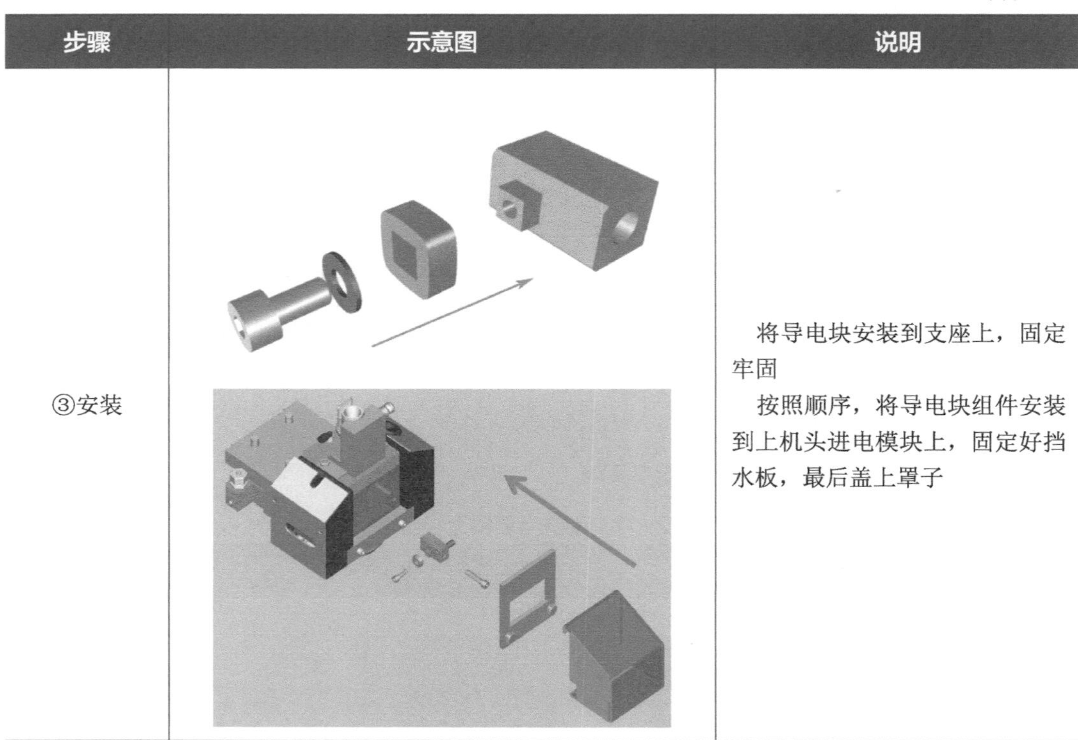	将导电块安装到支座上，固定牢固 按照顺序，将导电块组件安装到上机头进电模块上，固定好挡水板，最后盖上罩子

② 清洗与更换下导电块（见表 2-18）。

表 2-18　清洗与更换下导电块

步骤	示意图	说明
①拆除护罩	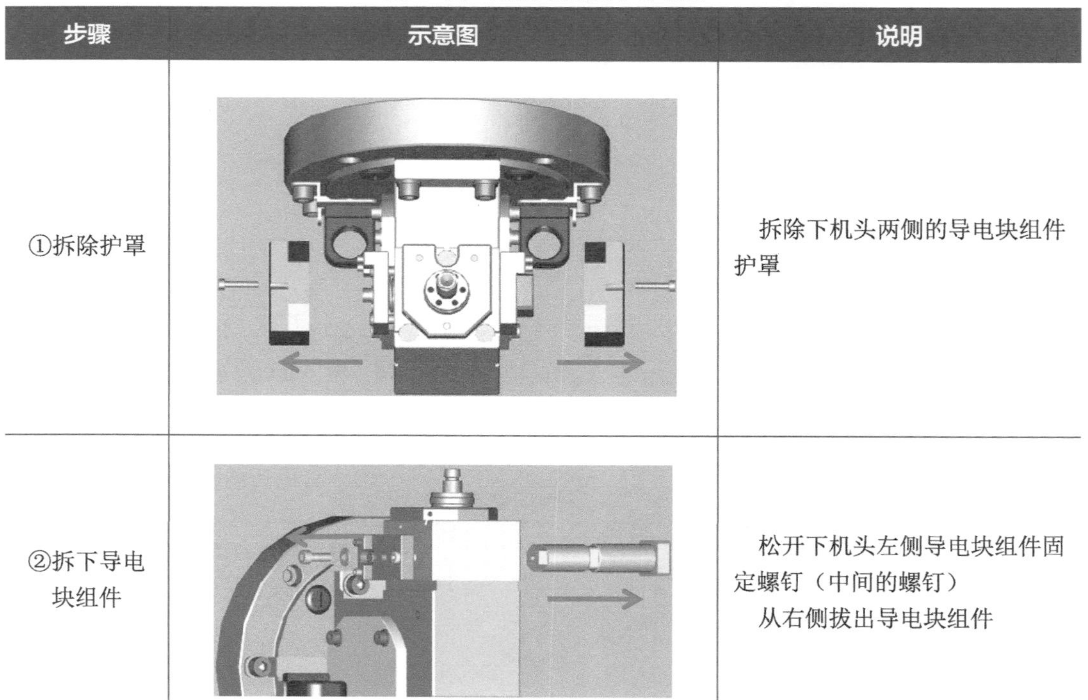	拆除下机头两侧的导电块组件护罩
②拆下导电块组件		松开下机头左侧导电块组件固定螺钉（中间的螺钉） 从右侧拔出导电块组件

续表

步骤	示意图	说明
②拆下导电块组件		松开下机头左侧导电块组件固定螺钉（中间的螺钉） 从右侧拔出导电块组件
③清洗		将导电块支座和导电块浸泡在清洗液中，用毛刷清洗表面的污垢，最后用清水冲洗干净。必要时可以使用细砂纸抛光表面的氧化层 导电块表面丝痕达到丝半径时，将导电块旋转90°，更换位置。导电块可以使用4个面，更换8个位置
④安装		把清理好的导电块固定到导电块支座上 从左侧用螺钉锁紧导电块组件，并装好护罩

③ 清洗上导丝嘴（见表 2-19）。

表 2-19 清洗上导丝嘴

步骤	示意图	说明
①拆除喷水嘴	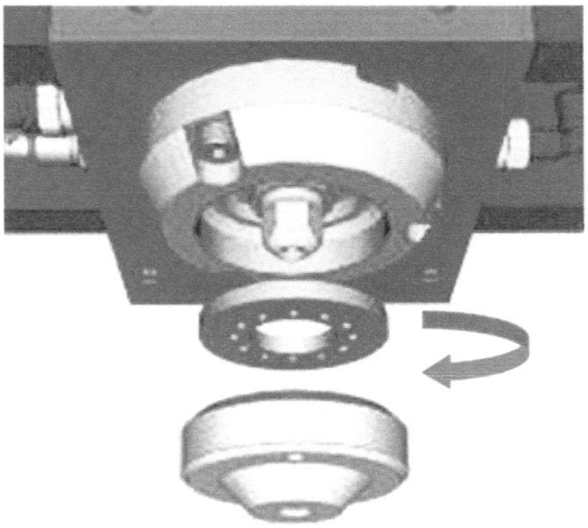	用工具  拆除喷水嘴
②拆除导丝嘴	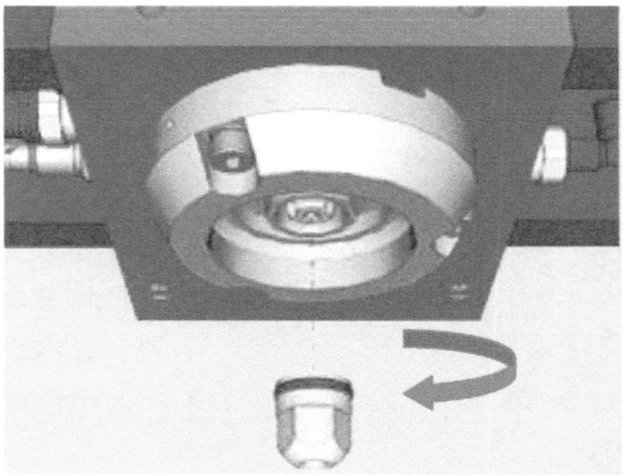	用工具的另外一面  拆除导丝嘴螺母
③清洁喷嘴	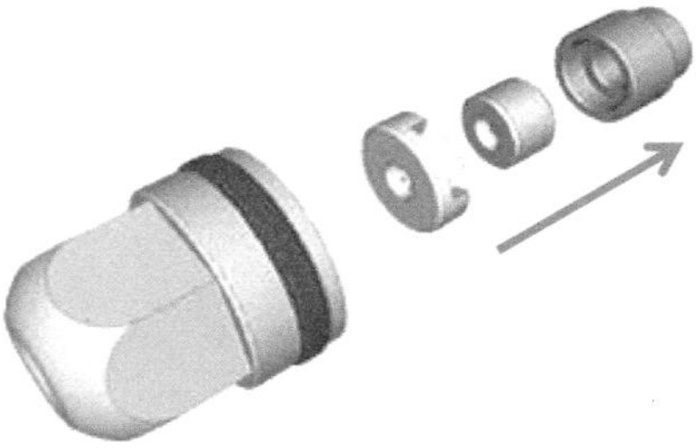	将导丝嘴螺母里面的穿丝喷嘴、导丝嘴、延长管取出来，放到清洗液中浸泡，最后用清水冲洗干净
④清理喷腔	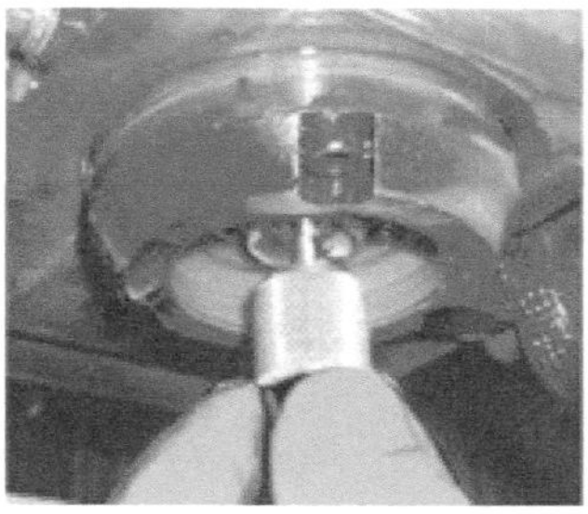	使用工具  清理上喷腔，然后用水冲洗干净

续表

步骤	示意图	说明
⑤组装导丝嘴	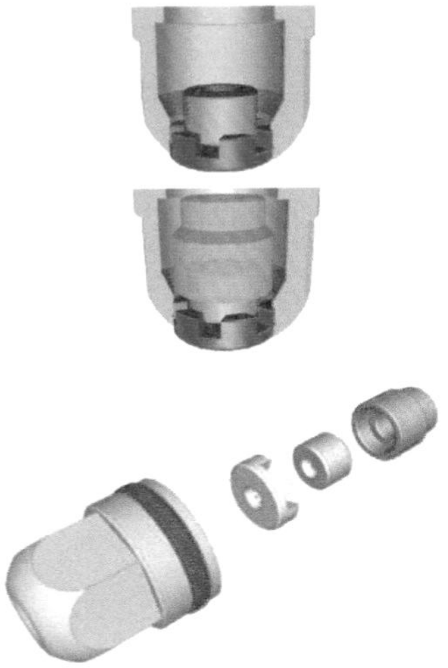	按照顺序，将穿丝喷嘴、导丝嘴（锥度面朝上）、延长管垂直放入螺母
⑥安装导丝嘴	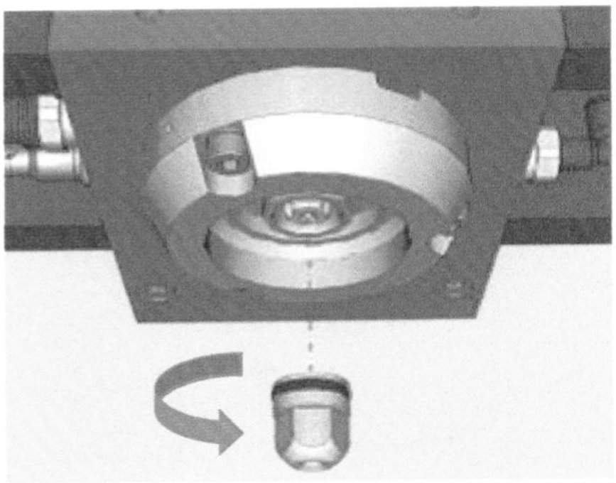	将螺母装入上喷腔螺母，轻轻拧紧，打开穿丝射流，观察射流状态，如果水柱垂直，用工具锁紧螺母；否则需要重新安装导丝嘴，直到射流调正
⑦安装喷水嘴	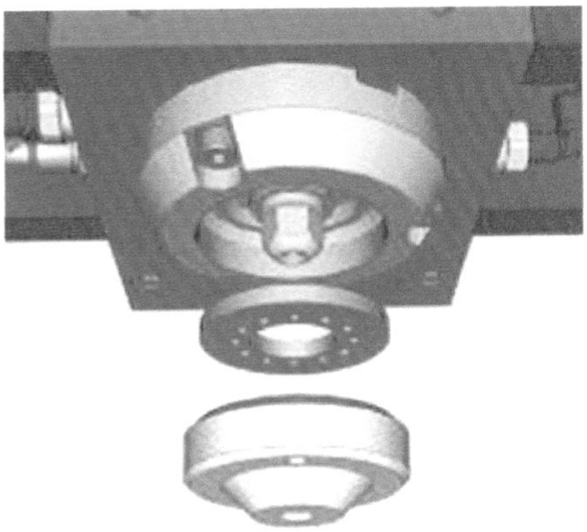	装上喷水嘴，拧紧

④ 清洗下导丝嘴（见表 2-20）。

表 2-20　清洗下导丝嘴

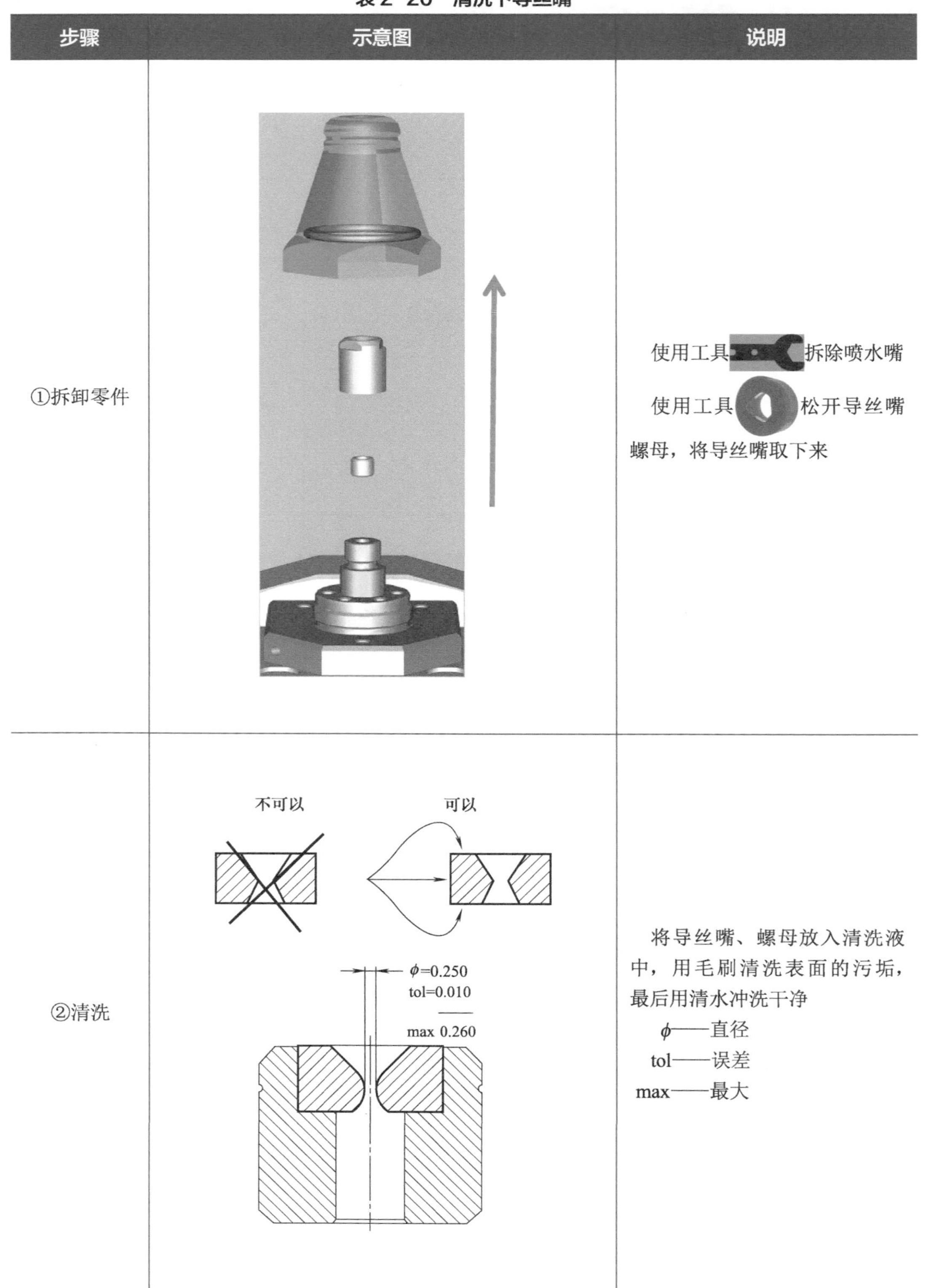

步骤	示意图	说明
①拆卸零件		使用工具拆除喷水嘴 使用工具松开导丝嘴螺母，将导丝嘴取下来
②清洗		将导丝嘴、螺母放入清洗液中，用毛刷清洗表面的污垢，最后用清水冲洗干净 ϕ——直径 tol——误差 max——最大

续表

步骤	示意图	说明
③安装	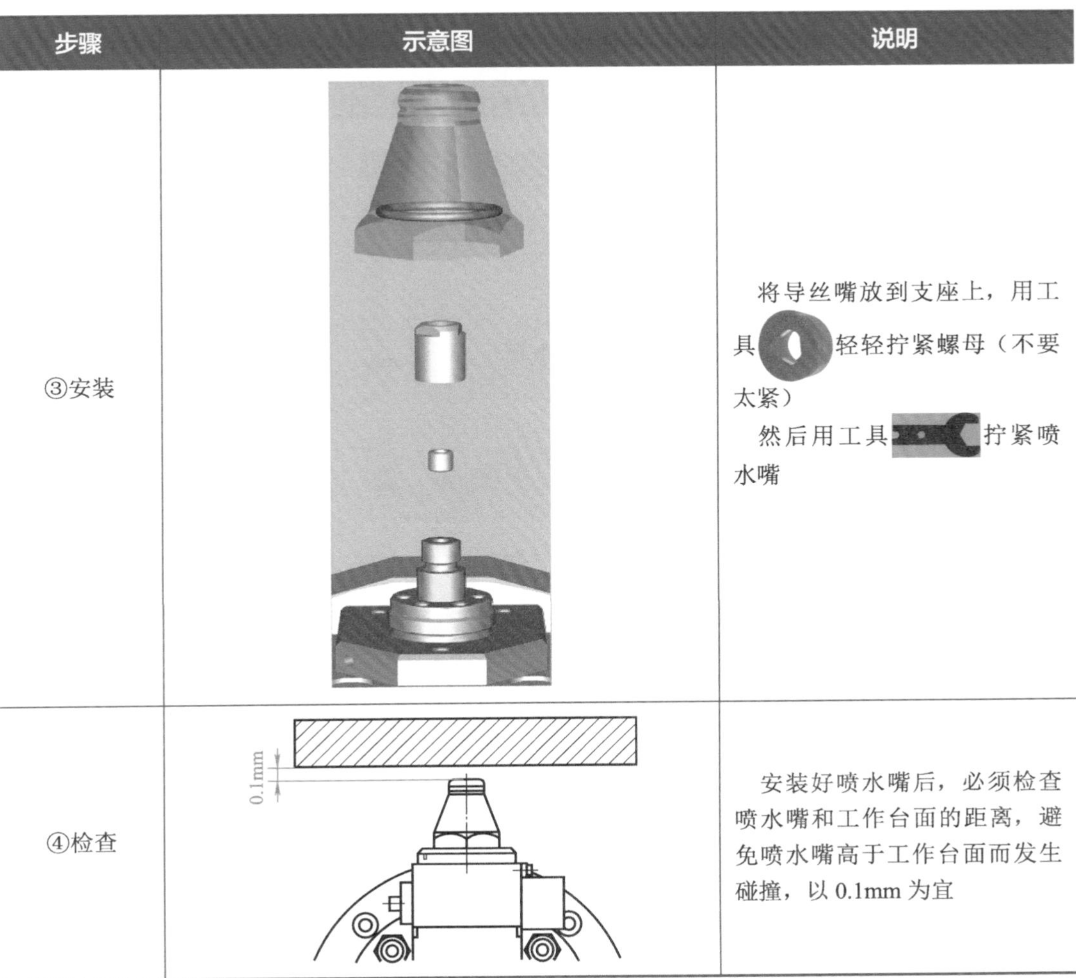	将导丝嘴放到支座上，用工具轻轻拧紧螺母（不要太紧） 然后用工具拧紧喷水嘴
④检查		安装好喷水嘴后，必须检查喷水嘴和工作台面的距离，避免喷水嘴高于工作台面而发生碰撞，以 0.1mm 为宜

⑤清洗皮老虎（见表 2-21）。

表 2-21　清洗皮老虎

步骤	示意图	说明
①清空液槽		将液槽排空
②移动 *Y* 轴		移动 *Y* 轴至负极限位置
③清洁凹槽		用毛刷清理整个皮老虎位置 1 处
④清洗皮老虎		用清水冲洗皮老虎，不能使用钢刷或其他材料，否则会损伤皮老虎

⑥ 更换过滤器（见表 2-22）。

表 2-22　更换过滤器

步骤	示意图	说明
①关闭机床		关闭机床电源 移开净水箱盖板
②拆除过滤器	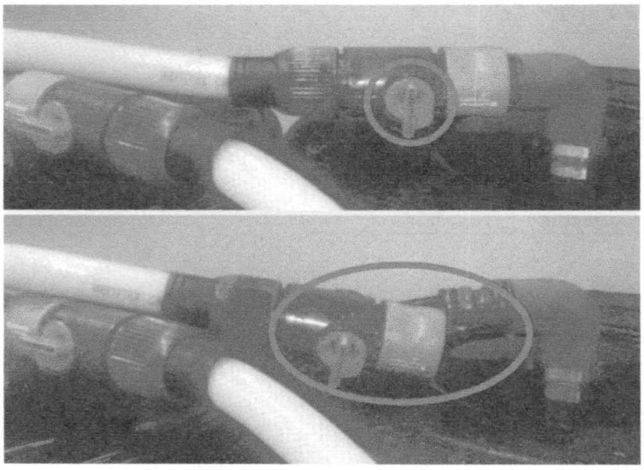	关闭过滤器连接处的阀门（旋转到垂直状态） 拔出快接插头 排空过滤器的水 移走过滤器 拆除过滤器接头
③更换新过滤器		将过滤器接头安装到新过滤器上，拧紧 把过滤器放到支架上 插上快接插头，打开阀门（旋转到水平状态） 盖上净水箱盖板

⑦ 更换精细过滤芯（见表 2-23）。

表 2-23 更换精细过滤芯操作步骤

步骤	示意图	说明
①关闭机床		关闭机床电源 移开盖板
②拆过滤器		使用工具，顺时针旋转，将精细过滤器的外罩和精细过滤器取下来
③更换新过滤器		将新的过滤器垂直放入，逆时针拧紧

⑧ 更换去离子树脂（见表 2-24）。

表 2-24 更换去离子树脂

步骤	示意图	说明
①清理树脂筒		关闭机床电源 拔出快接插头 将去离子筒倒置，排空水 松开把手，移开树脂筒密封盖板 倒出废树脂，并将树脂筒清理干净

续表

步骤	示意图	说明
②更换新树脂		加入约 10 ～ 20L（2 ～ 4 包）去离子树脂 清理 O 形圈并检查是否完整，若不完整，需更换 盖上盖板，锁紧把手 将去离子筒翻转 180°，插上快接插头

⑨ 收丝轮的维护（见表 2-25）。

表 2-25 收丝轮的维护

步骤	示意图	说明
①松开螺钉		关机，松开两个螺钉，减小收丝轮的压力
②清理收丝轮		松开收丝轮固定螺钉，拆下两个收丝轮 清洗收丝轮，如果收丝轮表面磨损，需要将收丝轮旋转 180° 或者更换新的收丝轮
③安装		两个收丝轮内侧面与绝缘板间隙为 0.5mm 用塞尺调整收丝轮与哨形块的间隙，使哨形块与收丝轮的间隙至少为 0.3mm

续表

步骤	示意图	说明
③安装	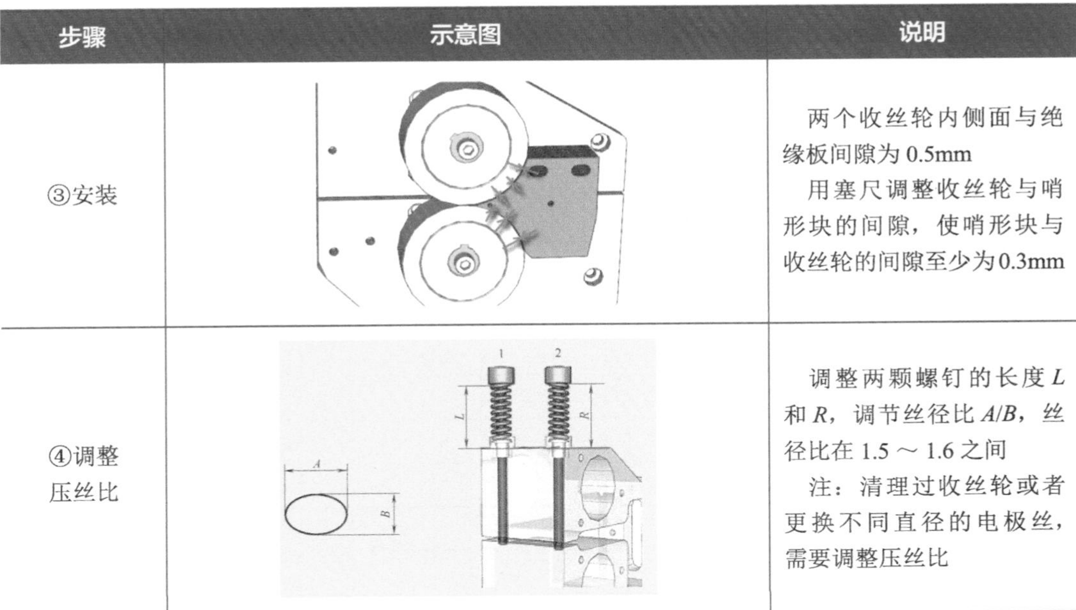	两个收丝轮内侧面与绝缘板间隙为0.5mm 用塞尺调整收丝轮与哨形块的间隙，使哨形块与收丝轮的间隙至少为0.3mm
④调整压丝比		调整两颗螺钉的长度 *L* 和 *R*，调节丝径比 *A*/*B*，丝径比在1.5～1.6之间 注：清理过收丝轮或者更换不同直径的电极丝，需要调整压丝比

⑩ 润滑导轨、丝杠（见表2-26）。

表2-26 润滑导轨、丝杠

步骤	示意图	说明
添加润滑油	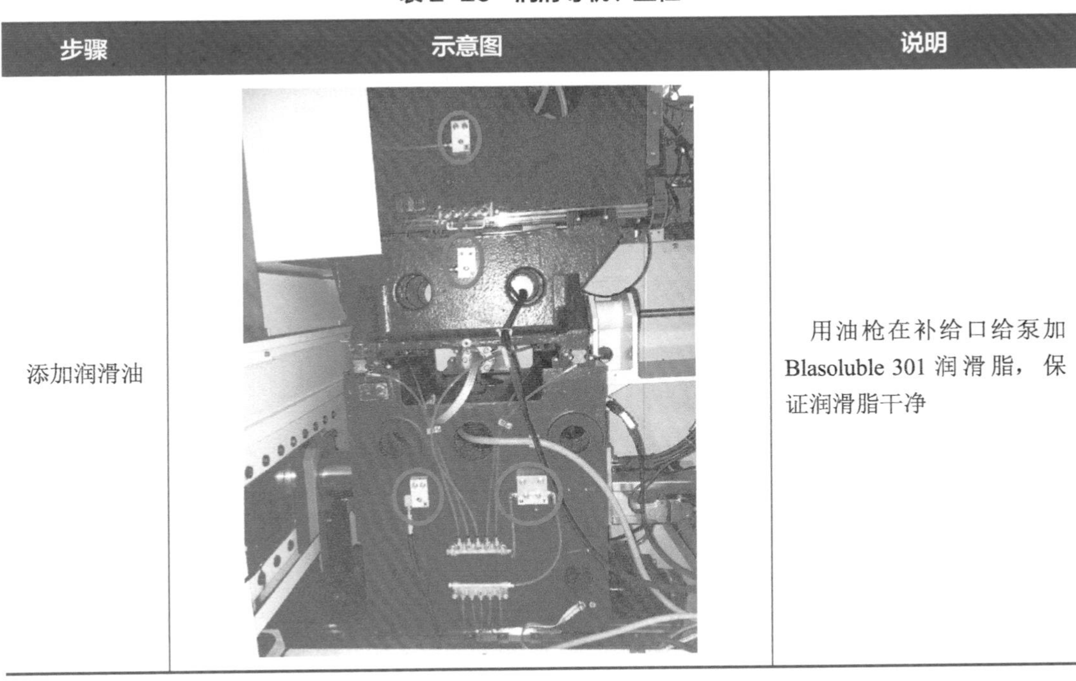	用油枪在补给口给泵加Blasoluble 301润滑脂，保证润滑脂干净

（3）慢走丝线切割机床保养记录表

慢走丝线切割机床的日常保养和维护要做好记录，记录表如表2-27所示，对每日、每周、每月、每半年有进行保养的项目打“√”。

表 2-27　慢走丝线切割机床保养记录表

设备名称：　　　　年　　月

类别	保养项目	保养日期																														
		1	2	3	4	5	6	7	8	9	10	11	12	13	14	15	16	17	18	19	20	21	22	23	24	25	26	27	28	29	30	31
日保	清理工作台、液槽、皮老虎																															
	检查废丝桶																															
	检查上、下导电块冷却水																															
	检查运丝的稳定性																															
	检查上、下高压冲液																															
周保	检查、更换导电块																															
	清洗上、下导丝嘴																															
月保	维护收丝轮、哨形块																															
	润滑导轨、丝杠																															
	检查电柜内空气过滤网																															
半年保	维护下机头、更换下导轮轴承																															
	检查电极线																															
	检查张力皮带																															
	检查送丝轮皮带																															
	工作液的清理																															
保养人签名																																
复核人签名																																
备注																																

【任务评价】

根据掌握情况填写学生自评表，见表 2-28。

表 2-28　学生自评表

项目	序号	考核内容及要求	能	不能	其他
慢走丝线切割机床维护与保养	1	清洗与更换上导电块			
	2	清洗与更换下导电块			
	3	清洗上导丝嘴			
	4	清洗下导丝嘴			
	5	清洗皮老虎			
	6	更换过滤器			
	7	更换精细过滤芯			
	8	更换去离子树脂			
	9	收丝轮的维护			
	10	润滑导轨、丝杠			
签名	学生签名（　　）	教师签名（　　）			

【任务反思】

总结归纳学习所得，发现存在的问题，并填写学习反思内容，见表 2-29。

表 2-29　学习反思内容

类型	内　容
掌握知识	
掌握技能	
收获体会	
需解决问题	
学生签名	

【课后练习】

一、选择题

（　　）1. 机床开机后要检查 ______。

A. 过滤器压力　　B. 气压　　C. 电导率　　D. 喷水嘴

(　　) 2. 工件校正可以借助于 _____。

A. 杠杆式千分表　　B. 千分尺　　C. 钢尺　　D. 外径千分尺

(　　) 3. 电火花线切割加工属于 ______。

A. 特种加工　　B. 电弧加工　　C. 切削加工　　D. 激光加工

(　　) 4. 在线切割加工凸模时，加工穿丝孔的目的是 _______。

A. 减小材料变形　　B. 容易找到加工起点

C. 提高加工速度　　D. 提高加工精度

(　　) 5. 电火花线切割加工中产生的废工作液 、树脂等必须交给 ______ 处理 。

A. 任何部门　　B. 环保部门　　C. 本单位　　D. 操作人员

二、判断题

(　　) 1. 工作液对加工质量没有影响，可以添加自来水。

(　　) 2. 为了提高加工速度，尽量贴面加工。

(　　) 3. 设置工件坐标系的指令是：SAX，P，X0，Y0。

(　　) 4. 加工中出现断丝，优先降低脉冲频率 *P* 值。

(　　) 5. 为了保证机床切割效率和精度，需要定期对机床进行维护保养。

三、简答题

1. 简述慢走丝线切割机床操作步骤。

2. 慢走丝线切割机床日常维护的项目有哪些？

项目三

慢走丝线切割加工原理及工艺

慢走丝线切割加工是依靠电极丝和工件材料脉冲放电产生的高温，腐蚀去除待加工的材料，不受材料硬度的限制。慢走丝线切割加工所能达到的加工效果如何来进行评价呢？如何才能最终达到加工要求？

知识目标

① 能理解慢走丝线切割加工的原理。
② 了解慢走丝线切割加工的特点。
③ 掌握慢走丝线切割加工的常用术语。
④ 能理解慢走丝线切割加工的工艺内容。

技能目标

① 会分析一般零件加工工艺。
② 会编制慢走丝线切割机床零件加工工艺。

情感目标

① 培养学生在小组中较好的团队合作能力。
② 培养学生良好的安全意识。
③ 培养学生的责任心和严谨的工作态度。

建议课时分配表

名　　称	课时（节）
慢走线线切割加工原理及工艺	6
合计	6

【工作任务】

通过本项目的学习，理解慢走丝线切割加工原理，能正确评价该门加工技术的应用优势、局限，掌握慢走丝线切割加工的工艺方法。

【知识技能】

知识点 1　电火花线切割加工基本原理

20 世纪 40 年代，苏联科学家拉扎联科夫妇在研究延长汽车发动机断路器的寿命的过程中，发现火花放电时的瞬时高温可以使局部的金属熔化，甚至气化而被蚀除。他们对这种现象进行深入研究，最终于 1943 年发明了电火花加工方法。

电火花加工又称放电加工，英文 Electrical Discharge Machining，简称 EDM。其原理是基于工具和工件（正、负电极）之间脉冲性火花放电时产生的高温（8000 ～ 12000℃之间）来蚀除金属，以达到对零件的尺寸、形状及表面质量预定的加工要求，如图 3-1 所示。

图 3-1　电火花加工基本原理

EDM 过程包括以下 6 个阶段，如图 3-2 所示。

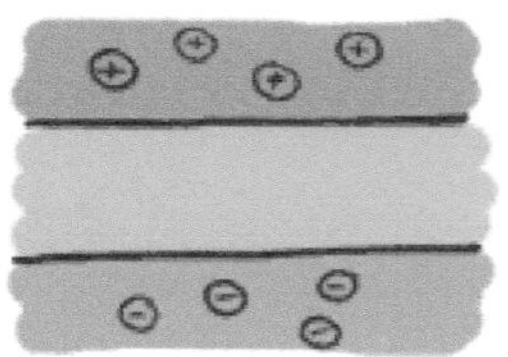

①电极逼近工件，两者都被加上电压

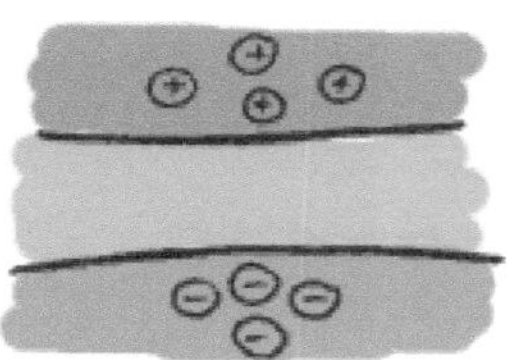

②电极和工件之间距离最近处的电场强度最大

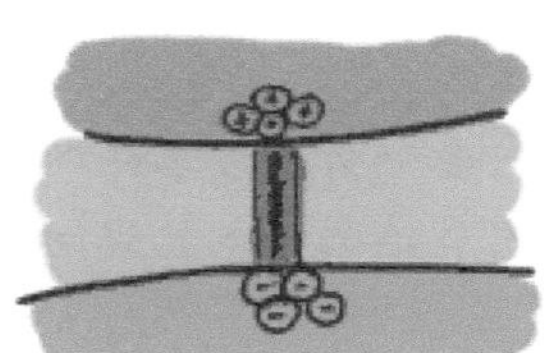

③电极和工件之间形成放电通道

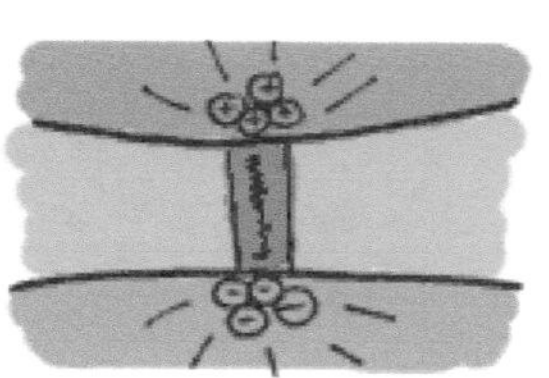

④通道高温使金属材料熔化，甚至气化

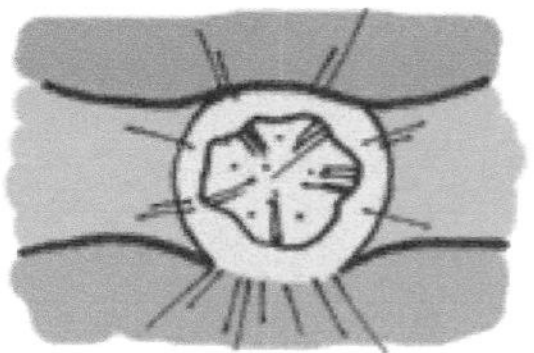

⑤熔化和气化的金属废屑以爆炸的方式抛出

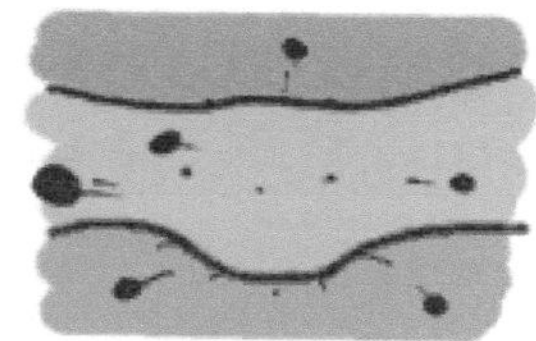

⑥放电通道消失，介质消电离

图 3-2　电火花加工物理过程

常见的电火花放电加工方式有：电火花成形加工、电火花线切割加工、电火花穿孔加工。

（1）电火花线切割加工基本原理

电火花线切割加工，英文 Wire Cut EDM，简称 WEDM。它是通过脉冲电源对电极丝和工件两极施加脉冲电压，伺服机构使电极丝和工件保持一定的间隙，电极丝和工件在绝缘工作液介质中发生脉冲性火花放电。脉冲放电产生的瞬时高温将工件材料熔化甚至气化，逐步蚀除工件材料。在数控系统的控制下，伺服机构使电极丝和工件发生相对位移，通过连续不断的脉冲放电，将工件材料按照预定要求蚀除，达到加工目的，如图 3-3 所示。

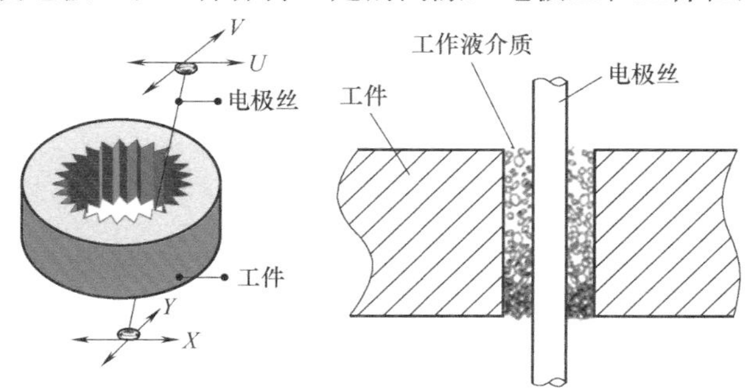

图 3-3　电火花线切割加工原理

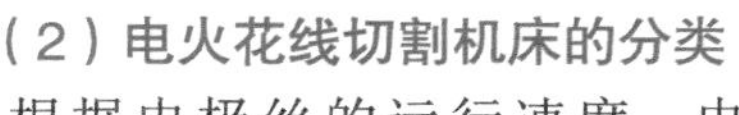

（2）电火花线切割机床的分类

根据电极丝的运行速度，电火花线切割机床通常分为两大类：高速走丝电火花线切割机床和低速走丝电火花线切割机床。

① 高速走丝电火花线切割机床　高速走丝电火花线切割机床，简称快走丝，英文缩写 WEDM-HS（HS，High Speed，高速），这类机床的电极丝做高速往复运动，一般走丝速度为 8 ～ 10m/s，如图 3-4 所示。

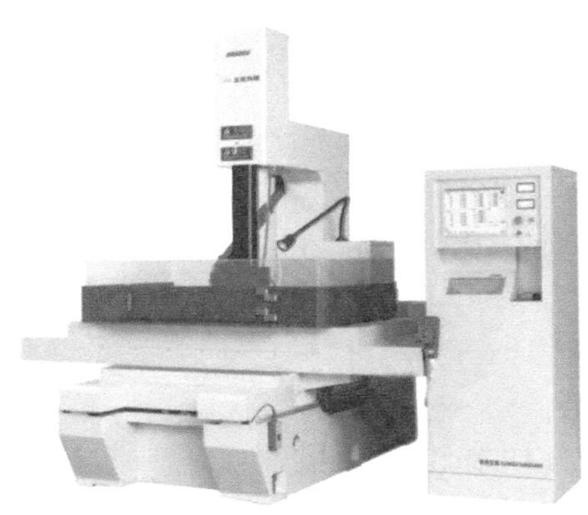
图 3-4　高速走丝电火花线切割机床

快走丝线切割机床是我国独创的电火花线切割加工模式。快走丝线切割机床上运动的电极丝能够双向往复运动，重复使用，直至断丝为止。常用直径 ϕ0.18mm 的钼丝。对于小圆角或者窄缝，可以采用直径为 ϕ0.06mm 的钼丝。

快走丝线切割机床通常使用乳化液作为工作液。

快走丝线切割机床结构简单、价格便宜，一般采用开环或者半闭环控制方式，冲水式加工。钼丝高速往复运动，其加工精度和表面粗糙度不如慢走丝线切割机床，其加工精度一般为 0.01 ～ 0.02mm，表面粗糙度 *Ra* 为 1.0 ～ 2.5μm。

② 低速走丝电火花线切割机床　低速走丝电火花线切割机床，简称慢走丝，英文缩写 WEDM-LS（LS，Low Speed，低速），这类机床的电极丝做低速单向运动。根据工件的厚度，电极丝的运行速度自动调整，一般走丝速度为 0.2m/s，如图 3-5 所示。

慢走丝线切割机床通常使用去离子水或者纯净水作为工作液。

慢走丝线切割机床结构复杂，价格较贵，采用全闭环控制方式，浸水式加工。具有自动穿丝、剪丝，自适应功能，加工过程稳定，加工精度高，一般都能达到 0.005mm，表面粗糙度为 *Ra*0.25μm。

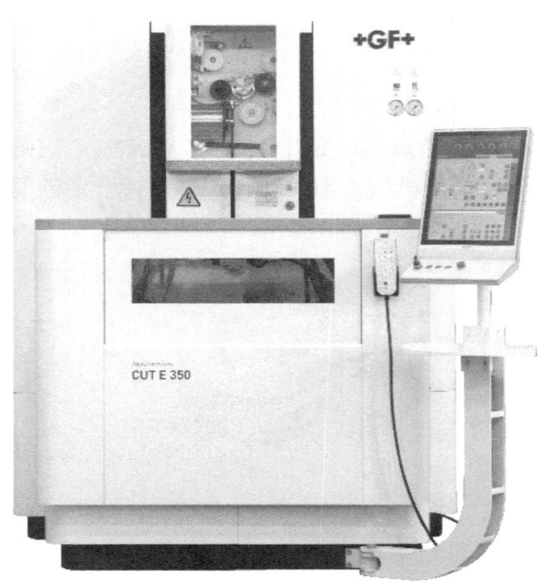

图 3-5 低速走丝电火花线切割机床

知识点 2 电火花线切割加工的特点

（1）优势

电火花线切割加工使用电极丝，利用放电产生的高温腐蚀去除金属材料，和传统机械加工相比，具有以下优势：

① 不受材料硬度限制，能够加工高硬度、高强度、高脆性、高韧性等导电材料及半导体材料；

② 加工微细异形孔、窄缝和形状复杂的零件；

③ 适合于加工热敏感性材料，同时加工精度较高；

④ 加工过程中，电极丝与工件不直接接触，无宏观切削力，有利于加工低刚度工件；

⑤ 加工产生的切缝窄，实际金属蚀除量很少，材料利用率高；

⑥ 直接利用电能进行加工，电参数容易调节，便于实现加工过程自动控制。

（2）不足之处

① 只能加工导体或者半导体；

② 由于是用电极丝进行贯通加工，所以它不能加工盲孔和阶梯表面。

知识点 3 电火花线切割加工的用途和适用范围

与传统机械加工方式相比，电火花线切割具有许多突出的优点，使其获得了越来越多的应用，主要应用在以下几个方面。

（1）加工模具

电火花线切割加工广泛应用于加工各种模具，如冲压模具、注塑模具、挤出模具等。

其中加工冲压模所占的比例最大，如加工冲压模的凸模、凸模固定板、凹模及卸料板等，如图 3-6 所示。通过在电火花线切割加工编程时调整补偿量就可能较容易控制冲压模具的配合间隙、加工精度等要求。先进水平的冲压模具结构复杂、精度高，如电动机铁芯自动阀片硬质合金多工位级进模，其精度达 2μm，步距精度达 3μm，拼块精度 1μm，双回转精度 1"，表面粗糙度 *Ra* 为 0.10 ～ 0.40μm，这些苛刻的模具加工要求就是用电火花线切割加工来满足的。

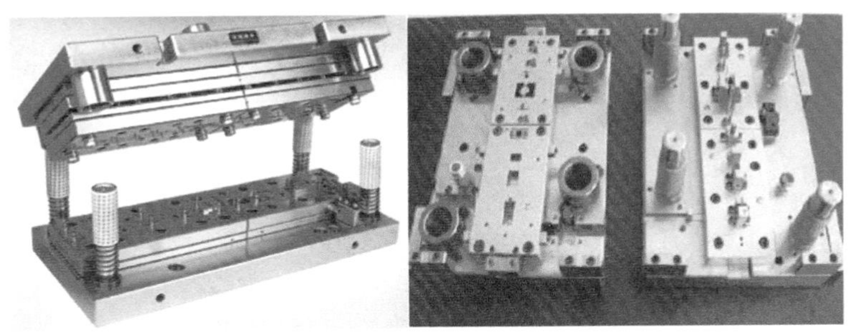

图 3-6　模具

（2）加工零件

在机械零件制造方面，可用于加工品种多、数量少的零件、特殊难加工材料的零件、材料试验样件、各种型孔、特殊齿轮凸轮、样板、成型刀具等。在试制新产品时，用线切割在坯料上直接割出零件，如试制切割特殊微电动机硅钢片定、转子铁芯，由于不需另行制造模具，可大大缩短制造周期、降低成本，另外电火花线切割加工修改设计、变更加工程序比较方便，加工薄件时多片叠在一起加工，可提高加工效率，同时电火花线切割加工还可加工微细异形孔、窄缝和复杂形状的工件，如图 3-7 所示。

图 3-7　零件

（3）加工电极

电火花成形加工用的工具电极可以用电火花线切割加工来制作，对于紫铜、铜钨、银钨合金之类的电极材料，用电火花线切割加工比较经济，适合于加工微细复杂形状的电极，如图 3-8 所示。对于使用加工中心铣削的电极，常使用电火花线切割加工来清除铣刀不能完成的拐角。目前，国内厂家使用高速走丝线切割机床较多，如果使用数控低速走丝电火花线切割机床，则可以获得更高的加工精度、加工表面质量，可以用于精密电极的制造，可以准确地切割出有斜度、上下异形的复杂电极。

图 3-8　电极

知识点 4　电火花线切割加工常用术语

（1）电流 I

峰值电流是决定单个脉冲能量的主要因素之一。峰值电流增大，单个脉冲能量增多，工件放电痕迹增大，故切割速度迅速提高，表面粗糙度值增大，电极丝损耗增大，加工精度有所下降。因此第一次切割加工及加工较厚工件时取较大的放电峰值电流。

放电峰值电流不能无限制增大，当其达到一定临界值后，若再继续增大峰值电流，则加工的稳定性变差，加工速度明显下降，甚至断丝。

一般情况下，高速走丝电火花线切割加工短路峰值电流 <40A，平均加工电流 <5A；慢走丝电火花线切割加工峰值电流可达 100A 以上，平均电流可达 18 ～ 30A。

（2）脉宽 T_{on}

脉冲宽度用来设置脉冲放电时间。在一定的工艺条件下，增大脉冲宽度，切割速度提高，表面粗糙度变差。这是因为当脉冲宽度增加，单个脉冲放电能量增大，放电痕迹会变大。同时，随着脉冲宽度的增加，电极丝损耗也变大。因为脉冲宽度增加，正离子对电极丝的轰击加强，结果使得接负极的电极丝损耗变大。

当脉冲宽度增大到一临界值后，线切割加工速度将随脉冲宽度的增大而明显减小。因为当脉冲宽度达到一临界值后，加工稳定性变差，从而影响了加工速度。

慢走丝电火花线切割机床的脉冲宽度选择的范围比高速走丝电火花线切割机床选择的范围要宽，一般高速走丝电火花线切割机床最大脉冲宽度值设计为 64μs，慢走丝电火花线切割机床一般为 0.5 ～ 80μs。对于慢走丝电火花线切割加工而言，不采用增加脉冲宽度的方法来提高切割速度，而普遍采用窄脉冲宽度高峰值电流方式。

（3）脉间 T_{off}

脉间是指脉冲宽度用来设置脉冲停歇时间。在其他条件不变的情况下，减小脉冲间隔，脉冲频率将提高，单位时间内放电次数增多，平均电流增大，从而提高了切割速度。

脉冲间隔在电火花加工中的主要作用是消电离和恢复液体介质绝缘。脉冲间隔不能过小，否则会影响电蚀产物的排出和火花通道的消电离，导致加工稳定性变差和加工速度降低，甚至断丝。当然，也不是说脉冲间隔越大，加工就越稳定。脉冲间隔过大会使加工速度明显降低，严重时不能连续进给，加工变得不稳定。

一般情况下，脉冲间隔在 10 ～ 250μs 范围内选择，脉冲间隔大于脉冲宽度甚至几倍，可保持稳定的切割过程。

（4）功率 *P*

功率是指脉冲放电的频率（脉冲数 /s），脉冲频率会影响加工功率，近而影响切割速度。

当喷嘴不能贴于工件上、下表面时，应适当降低放电参数中的 *P* 值以防断丝。降低 *P* 值会降低切割效率，应合理降低 *P* 值。

知识点 5　电火花线切割加工的主要工艺指标

电火花线切割加工的主要工艺指标包括切割速度、表面质量、加工精度、电极丝损耗等，它们用于对电火花线切割加工过程、加工效果进行综合评价。

（1）切割速度

电火花线切割加工的切割速度一般指在一定的加工条件下，单位时间内工件被切割的面积，单位为 mm^2/min。一般情况下，加工一个工件的切割速度往往指的是平均切割速度。

$$\text{平均切割速度}=\frac{\text{切割面积}}{\text{切割时间}}=\frac{\text{切割长度}\times\text{工件厚度}}{\text{切割时间}}\quad(mm^2/min)$$

为了评价数控电火花线切割机床脉冲电源的性能，往往用最大切割速度作为衡量的指标之一。最大切割速度是指在不计切割方向，不考虑切割精度和表面质量、电极丝损耗等情况下，在单位时间内机床切割工件第一遍时可达到的最大切割面积。目前先进的慢走丝线切割机床的最高加工效率可达 $500mm^2/min$，快走丝线切割机床的最高加工效率可达 $250mm^2/min$。而实际生产中要确保机床不断丝与满足表面质量，实用的慢走丝线切割机床第一刀切割的最大速度在 $150mm^2/min$ 左右，快走丝线切割机床第一刀切割的最大速度在 $100mm^2/min$ 左右。

（2）表面质量

电火花线切割加工工件的表面质量一般包含两项指标：表面粗糙度和表面变质层（表面应力、形貌、成分及缺陷等）。

① 表面粗糙度　表面粗糙度是指加工表面的微观几何形状误差，是衡量电火花线切割加工表面质量的一个重要指标。直接反映零件表面的光滑程度，影响其使用性能，如耐磨性、配合性质、接触刚度、疲劳程度、耐蚀性、使用寿命等。国家标准规定常用两个指标来评定表面粗糙度：轮廓算术平均偏差 *Ra*、轮廓最大高度偏差 *Rz*，在实际生产中，一般用表面粗糙度测量仪来进行测量，如图 3-9 所示。

在国内实际生产中多用 *Ra* 指标；日本常用 R_{max} 指标，相当于 *Rz* 指标；欧美国家常用 VDI3400 标准来标示表面粗糙度，瑞士 GF 加工方案（原阿奇夏米尔公司）的 CH 标准等同于 VDI3400 标准。表 3-1 为 VDI3400、*Ra*、R_{max} 对照表。

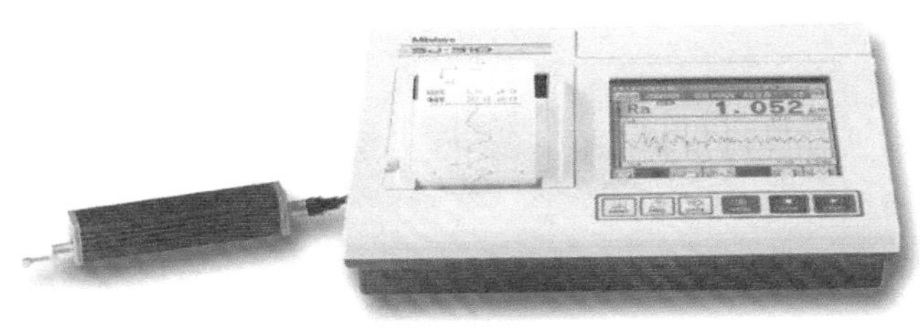

图 3-9　表面粗糙度测量仪

表 3-1 VDI3400、Ra、R_{max} 对照表

VDI3400（CH）	Ra/μm	R_{max}/μm
0	0.1	0.4
6	0.2	0.8
12	0.4	1.5
15	0.56	2.4
18	0.8	3.3
21	1.12	4.7
24	1.6	6.5
27	2.2	10.5
30	3.2	12.5
33	4.5	17.5
36	6.3	24

电火花线切割加工后，加工工件表面的污物和电极丝的残留物会影响表面粗糙度的测量精度。进行表面微粒喷砂处理后，工件的表面粗糙度会减小。

一般数控高速走丝电火花线切割机床加工的表面粗糙度为 Ra1.0 ～ 5.0μm，慢走丝电火花线切割机床加工的表面粗糙度为 Ra0.1 ～ 3.5μm。

② 表面变质层 电火花线切割加工是利用脉冲能量产生的瞬时高温使被加工金属熔化、气化而被腐蚀掉。由于脉冲瞬时高温和液体介质及工件本身的迅速冷却作用，致使线切割加工后的模具表面形成一层变质层。变质层的厚度、组织及成分的变化随切割工艺参数、工件材质的变化而发生不同的变化。经金相组织分析，变质层中残留了大量奥氏体。慢走丝线切割机床使用铜丝电极丝和去离子水的工作液，其加工的表面，变质层内铜元素含量增加，而无渗碳现象。变质层的厚度一般为 10 ～ 35μm，随脉冲能量的增大而变厚。在相同的加工条件下，变质层的厚度往往是不均匀的。变质层上常出现较多的显微裂纹，这种显微裂纹大多是由于金属从熔化状态突然急冷凝固，材料收缩产生拉伸热应力所造成的。由于变质层金相组织和元素含量的变化，使工件表面的显微硬度明显下降。

对于碳钢来说，工件表面的熔化层（变质层由熔化凝固层与热影响层组成）在金相照片上呈现白色，又称为白层。它与基体金属完全不同，是一种树枝状的淬火铸造组织，与内层的结合也不甚牢固。它主要由马氏体、大量晶粒极细的残余奥氏体和某些碳化物组成。

（3）加工精度

加工精度包括尺寸精度、形状精度和位置精度。在加工过程中，因各种情况的变化，所指的内涵也有所差异。各精度之间既相互影响，又相互关联。加工精度不仅受到机床本身固有精度的影响，同时也受环境因素（室内温度、温度场变化、空气气流等）的影响。

① 尺寸精度、形状精度和位置精度 尺寸精度是指对切割后的工件实际测量得出的尺寸相对图样要求的理论尺寸的偏差，这是一个比较直观的数据指标，它的测量通常便于

实现。通常来讲，数控高速走丝线切割机床加工的尺寸精度在 0.008 ～ 0.02mm，数控慢走丝线切割机床加工的尺寸精度在 0.002 ～ 0.01mm。

形状精度是指被加工件的直线度、平面度、圆度、圆柱度、椭圆度等指标的测量值与图样给定值的偏差。

位置精度是指被加工件的形状相对于工件上某几何参照的尺寸精确度，如加工位置有无偏差，加工位置相对于基准的平行度、垂直度等。在进行跳步加工时，所切割工件两型孔之间产生的误差是加工的步距精度，当加工完成后，所切割工件的型孔之间的最大误差称为步距累积误差。大部分慢走丝线切割机床属于全闭环控制方式，加工的位置精度极高，可轻松达到 5μm 以内；而快走丝线切割机床多属于半闭环甚至开环控制方式，位置精度在 10μm 左右。

② 表面轮廓度 *TKM*　表面轮廓度 *TKM* 是指加工轮廓的最大公差，是衡量电火花线切割机床加工精度的综合性技术指标，它包括了形状精度和尺寸精度，是评价一台电火花线切割加工机床加工性能的主要依据。计算方法为：

$$TKM=\frac{\text{最大值}-\text{最小值}}{2}$$

式中，最大值为标注的最大尺寸值与基本尺寸的差值；最小值为标注的最小尺寸值与基本尺寸的差值。

③ 图纸给定尺寸的 *TKM* 值的计算方法　根据图纸给定的公差来确定工件所允许的 *TKM* 值，计算方法见表 3-2。

表 3-2　*TKM* 值的计算方法

图纸标注尺寸 /mm	按公式计算 /mm	*TKM* 值 /μm
$15.0^{+0.003}_{-0.005}$	$\frac{+0.003-(-0.005)}{2}=0.004$	±4
$15.0^{+0.008}_{0}$	$\frac{+0.008-0}{2}=0.004$	±4
$15.0^{-0.005}_{-0.013}$	$\frac{-0.005-(-0.013)}{2}=0.004$	±4

④ 工件加工精度 *TKM* 值的检测方法

a. 加工工件。

b. 对工件进行测量：首先确定在同一截面轮廓上的测量点，测量 8 次（至少测量 4 次），然后在每个面不同高度（顶、中、底部）进行测量，测量方法及测量结果如图 3-10 所示。

c. 计算 *TKM* 值。由此可知：加工尺寸偏差的最大值为＋ 0.008mm，最小值－ 0.013 mm。按照公式计算可知工件的 *TKM* 值为：

$$TKM=\frac{+0.008-(-0.013)}{2}=0.011\rightarrow TKM=\pm 11\mu m$$

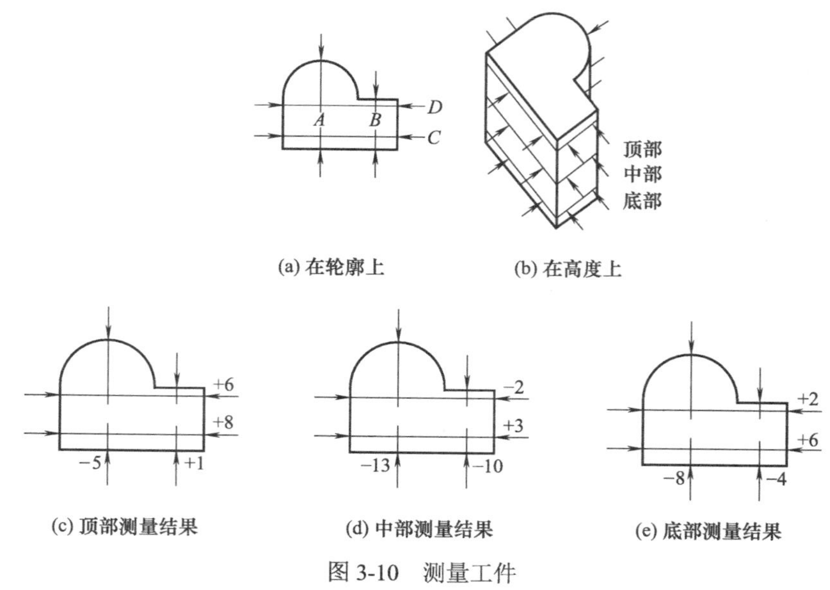

图 3-10　测量工件

为了选择合适的工艺参数，加工前必须首先根据图纸给定的公差，确定工件所允许的 *TKM* 值。

（4）电极丝损耗

电极丝损耗是指电极丝在切割一定面积后直径的变化量。如果电火花线切割加工中的电极丝损耗太大，不但影响加工尺寸精度，还会导致断丝。在快走丝线切割加工中，电极丝往复走丝的方式要求必须对丝径损耗进行控制，电极丝损耗是它的一项重要指标。慢走丝线切割加工由于电极丝是一次性使用，因此可以忽略电极丝损耗这个指标。

在慢走丝线切割加工中，一次性走丝方式可以使电极丝的损耗小到可以忽略的程度。但是当冲水状态不佳、工件较厚时，如果调节不好也会产生频繁断丝的情况，同时对加工工件的直线度影响不可忽视。

知识点 6　慢走丝线切割加工的工艺特征

为了进行高精度和高质量的慢走丝线切割加工，环境温度必须符合规定的要求，不能有阳光直射，应监控温度变化。机床保证加工精度的温度范围为（20±3）℃，如果温差较大，则会影响加工精度及表面粗糙度。

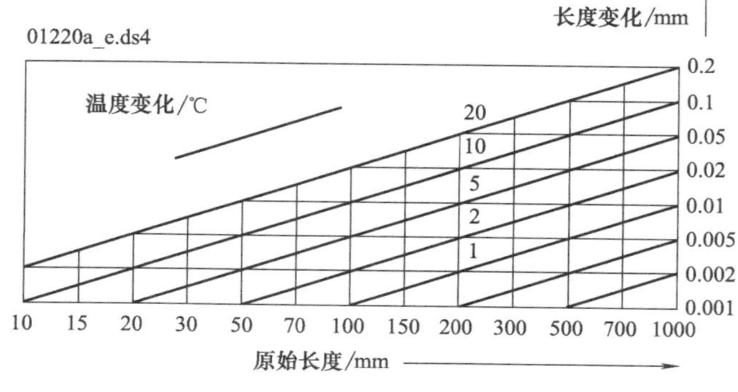

图 3-11　室温变化对加工精度的影响

室温变化对加工精度有较大的影响，其影响反映在尺寸、位置、形状三方面。如图 3-11 所示，温度变化越大、工件尺寸越大，其受温度的影响就更明显。例如长度 200mm 的工件，温度相差 5℃时会产生 0.01mm 的尺寸误差。

一个较大的零件最好在一次开机中完成，如果放了一个晚上，只是主切的话，精度影响不大，但要是修切中停止就很难保证加工精度了。

（1）单向运丝

慢走丝线切割机床把作为工具电极的电极丝接脉冲电源的负极，把被加工件接正极，当两极间施加一定电压时，介于间隙中的电解液便产生放电现象，利用瞬时高温，使被加工部位材料剥离与汽化，因而它可加工各种常规机械加工方法难以加工的材料，同时，由于电极丝是单向运行，这样即使电极丝发生损耗，也能连续补充。这种走丝方式平稳，所以加工出的零件表面粗糙度好、尺寸精度高。

（2）多次切割

慢走丝线切割机床加工精度高，表面粗糙度好，其主要原因是能进行多次切割，如图3-12所示。如同磨床磨削的道理一样，要获得好的表面粗糙度和尺寸精度，就要进行反复磨削。慢走丝线切割加工多次切割的工艺可使工件具有单次切割工艺不可比拟的表面质量，并且加工次数越多，工件的表面质量越好，可减少电火花线切割加工中材料产生的变形，有效提高工件加工精度。

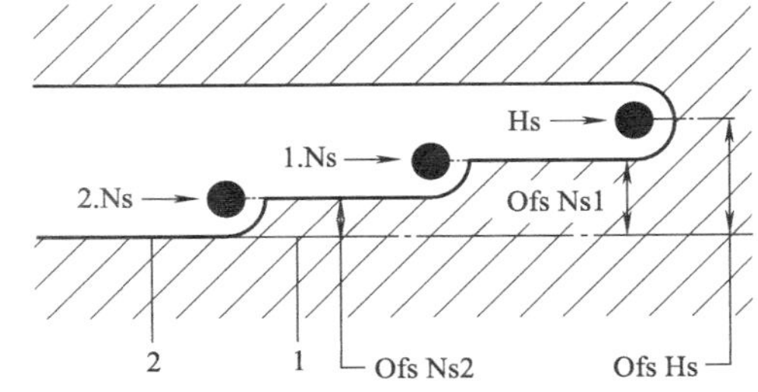

图3-12　少量多次切割示意图

Hs—主切；1.Ns—修一；2.Ns—修二；Ofs—偏移量；1—程序的几何轨迹；2—切割后获得的表面

第一刀为粗切割，也称“主切（Hs）”，采用的放电参数大，以获得较高的切割速度，主要是为了把零件切开，为后面的切割预留合适的加工余量，将程序几何轨迹补偿偏移量Ofs。机床的走丝速度要适当快一些，有利于排屑，避免断丝。

第二刀以后为修切（Ns），采用的放电参数逐步减小，针对留下的精加工余量，利用同一轨迹程序把补偿量依次缩小，加工余量会被一层一层地去除，达到规定的几何形状，形成最终的加工表面。除第一次加工外，加工量一般是由几十微米逐渐递减到几微米，特别是最后一刀，加工量最小，即几微米。加工余量选大了会影响下次切割的速度，选小了又难于消除上次切割的痕迹。机床的走丝速度要降低，减少电极丝振动对表面质量的影响。精修的时候，由于加工余量特别小，通常需要对跟踪伺服进给速度进行限定，可以限制其不能超过一定的速度或者限定其为某一恒速度进行切割。

（3）高、低压冲水

慢走丝线切割加工一般要进行多次切割，由于主切要去除绝大部分的材料，所以第一次切割要用较强的放电参数，因此对主切的冲水要求压力要高，第二次以后为修切，材料去除量很小，用低压水就能满足要求。

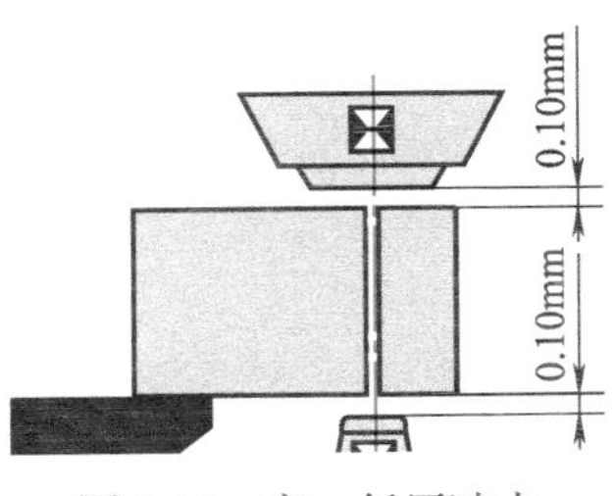

图3-13　高、低压冲水

为了保证主切时高压水能有效的冲入切缝，要求上、下喷嘴要贴于工件表面，如图3-13所示，而且喷嘴周围要有材料，当喷嘴沿着工件的边缘切割时，由于水未封住，大量的水会沿边缘泄漏，此时即使水的压力很大，高压水也不能有效的冲入切缝。因此在沿边缘切割、引入切割或喷嘴不能贴于工件表面的情况下，均应降低放电参数以防断丝。有效冲水时喷嘴距工件表面的距离应控制在 0.1mm 左右。

知识点 7　慢走丝线切割工艺指标的影响因素

（1）电参数对工艺指标的影响

① 放电峰值电流 I 对工艺指标的影响　放电峰值电流 I 增大，单个脉冲能量增多，工件放电痕迹增大，故切割速度迅速提高，表面粗糙度值增大，电极丝损耗增大，加工精度有所下降。因此，主切加工时，放电峰值电流 I 较大。放电峰值电流 I 不能无限制增大，当其达到一定临界值后，若再继续增大，则加工的稳定性变差，加工速度明显降低，甚至断丝。

② 脉冲宽度 T_{on} 对工艺指标的影响　在其他条件不变的情况下，增大脉冲宽度 T_{on}，线切割加工的速度提高，表面粗糙度变差。这是因为当脉冲宽度增加时，单个脉冲放电能量增大，放电痕迹会变大。同时，随着脉冲宽度的增加，电极丝损耗也变大。因为脉冲宽度增加，正离子对电极丝的轰击加强，结果使得接负极的电极丝损耗变大。当脉冲宽度 T_{on} 增大到一定临界值后，线切割加工速度将随脉冲宽度的增大而明显减小。因为当单个脉冲宽度 T_{on} 达到一定临界值后，加工稳定性变差，从而影响了加工速度。

③ 脉冲间隔 T_{off} 对工艺指标的影响　在其他条件不变的情况下，减小脉冲间隔 T_{off}，脉冲频率将提高，所以单位时间内放电次数增多，平均电流增大，从而提高了切割速度。

脉冲间隔 T_{off} 在电火花加工中的主要作用是消电离和恢复液体介质的绝缘。脉冲间隔 T_{off} 不能过小，否则会影响电蚀产物的排出和火花通道的消电离，导致加工稳定性变差和加工速度降低，甚至断丝。当然，也不是说脉冲间隔 T_{off} 越大，加工就越稳定。脉冲间隔过大，会使加工速度明显降低，严重时不能连续进给，加工变得不稳定。

线切割加工中，在其余参数不变的情况下，脉冲间隔减小，工件表面粗糙度值稍有增大，这是因为电火花线切割使用的电极丝直径都在 ϕ0.25mm 以下，放电面积很小，脉冲间隔的减小导致平均加工电流增大，由于面积效应的作用，致使加工表面粗糙度值增大。

脉冲间隔的合理选取，与电参数、走丝速度、电极丝直径、工件材料及厚度有很大的关系。

综上所述，电参数对线切割加工的工艺指标的影响有如下规律：

a. 加工速度随着加工峰值电流、脉冲宽度的增大和脉冲间隔的减小而提高，即加工速度随着加工平均电流的增加而提高。实验证明，增大峰值电流对切割速度的影响比用增大脉冲的办法显著。

b. 加工表面粗糙度数值随着加工峰值电流、脉冲宽度的增大及脉冲间隔的减小而增大，不过脉冲间隔对加工表面粗糙度影响较小。

实践表面，在加工中改变电参数对工艺指标影响很大，必须根据具体的加工对象和要求，综合考虑个别因素及其相互影响关系，选择合理的电参数，既优先满足主要加工要求，又同时注意提高各项加工指标。

慢走丝线切割机床已经内置了较为科学的工艺参数库，在操作慢走丝线切割机床时，一般只需按照加工要求调用参数即可，不需要人为调整。

④ 极性　线切割加工因脉冲较窄，所以都用正极性加工，否则切割速度变低，且电

极丝损耗增大，容易造成断丝。

（2）非电参数对工艺指标的影响

① 电极丝对工艺指标的影响。

a. 电极丝的材料　慢走丝线切割加工用的电极丝的种类有很多，市场上可选用的电极丝大致分为以下几类：

黄铜丝：黄铜丝是慢走丝线切割加工领域中应用最广泛的电极丝，如图 3-14 所示。甚至有“电极丝就是黄铜丝”这一行业认识。最常见的配比是 65% 的紫铜和 35% 的锌。黄铜丝中的锌由于熔点较低（420℃，而紫铜为 1080℃）能够改善冲洗性。在切割过程中，锌由于高温而气化使得电极丝的温度降低并把热量传送到工件的加工面上。

镀层电极丝：镀层电极丝是型芯材料被一种或多种不同材料的镀层覆盖（≈ 10 ～ 30μm）的特殊电极丝，如图 3-15 所示。镀层的作用是用来提高加工速度、表面粗糙度，减少电极丝掉铜粉现象，避免堵塞运丝系统。

图 3-14　黄铜丝

图 3-15　镀层电极丝

由于低熔点的锌对于改善电极丝的放电性能有着明显的作用，而黄铜中锌的比例又受到限制，所以人们想到了在黄铜丝外面再加一层锌，这就产生了镀锌电极丝，导致了更多新型镀层电极丝的出现。

镀锌电极丝的主要优点：切割速度高，不易断丝。品质好的镀锌电极丝切割速度比优质黄铜丝快 30% ～ 50%；加工工件的表面质量好，无积铜粉现象，变质层得到改善，因此工件表面的硬度更高，模具的寿命延长；加工精度提高，特别是尖角部位的形状误差、厚工件的直线度误差等均比黄铜丝有改善；导丝嘴等部件的损耗减小，锌的硬度比黄铜低，同时镀锌丝不像黄铜丝那样有很多铜粉，不容易堵塞导丝嘴，污染相关部件。

b. 电极丝的直径　慢走丝线切割机床常用的电极丝直径有 0.1mm、0.15mm、0.20mm、0.25mm，不同直径的电极丝在切割时的加工效率会有较大差异，主要表现在主切加工。ϕ0.2mm 的电极丝在工件高度小于 10mm 可以获得理想的主切效率，但随着工件高度的增加，更粗的电极丝能获得更高的主切效率，ϕ0.25mm 的电极丝与 ϕ0.2mm 电极丝相比，在高度达到 40mm 以上时，加工效率高约 25%。更粗的电极可以胜任更大厚度工件的加工。不同直径的电极丝对切割的表面光洁度没有明显影响，在对拐角没有严格要求的情况下，通常加工选用 ϕ0.25mm 的电极丝，以便提高加工效率，并可降低断丝概率。

c. 走丝速度　对于慢走丝线切割机床来说，走丝速度越快，加工速度越快。这是因为慢走丝线切割机床的电极丝的走丝速度约为每秒几十到几百毫米。这种走丝方式比较平稳均匀，电极丝抖动小，所以加工出来的零件表面粗糙度好、加工精度高；如果丝速低，放电产生的废屑不能及时排出去，易造成短路及不稳定放电现象。提高电极丝走丝速度，工作液容易被带入放电间隙。放电产生的废屑能够及时地排出去，改善了间隙状态，进而提

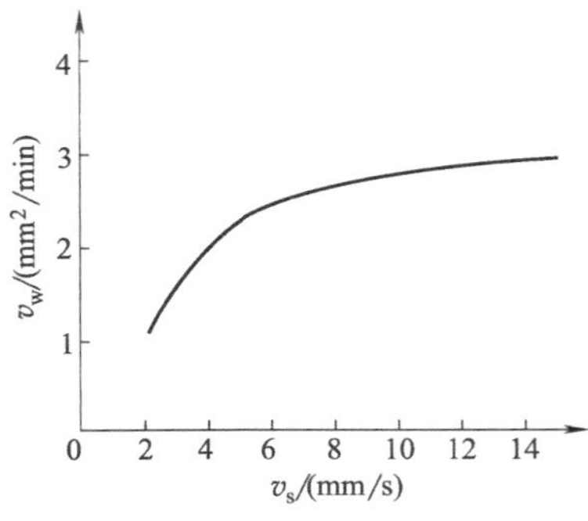

图 3-16　慢走丝线切割机床丝速对加工速度的影响

高加工速度。但是在一定的工艺条件下，当丝速达到某一值后，加工速度就趋向稳定，如图 3-16 所示。

慢走丝线切割机床的最佳走丝速度与加工材料、工件厚度、电极丝材料及直径有关，常用电极丝及其特性如表 3-3 所示。

② 工作液对工艺指标的影响　慢走丝线切割加工基于火花放电，必须在具有一定绝缘性能的液体介质中进行。工作液的绝缘性能可使击穿后的放电通道压缩，从而局限在较小的通道半径内火花放电，形成瞬时和局部高温来熔化并气化金属，放电结束后又迅速恢复放电间隙成为绝缘状态。绝缘性能太低，将产生电解而形不成击穿火花放电；绝缘性能太高，则放电间隙小，排屑难，切割速度降低。

表 3-3　常用电极丝及其特性

GFMS 电极丝	型芯材料	涂层	抗拉强度 /（N/mm^2）	延伸率 Ef/%	应用
AC BRASS 400	Brass CuZn37	—	400	25	张力小，延伸率高，适合用于大锥度切割
AC BRASS 500	Brass CuZn37	—	500	20	张力小，延伸率高，适合用于大锥度切割
AC BRASS 900	Brass CuZn37	—	900	1.5	直身或小锥度加工时，能获得好的表面质量与精度
AC CUT A900	Brass CuZn37	Zinc	450	1.5	直身或小锥度加工时，能获得非常好的表面质量与精度，主切比黄铜丝快 20 %
AC CUT VS900	Brass CuZn37	γ phase Zinc-Copper Annealed diffused	900	2	直身或小锥度加工时，能获得非常好的表面质量与精度，主切比黄铜丝快 20 %
AC CUT AH	Brass CuZn37	γ phase Zinc-Copper Annealed diffused	900	2	直身或小锥度加工时，能获得最高的表面质量与精度，主切比黄铜丝快 20 %
AC CUT D 500	Brass CuZn20	Zinc-Copper annealed diffused	450	15	直身到 30° 的锥度加工，主切比黄铜丝快 20 %

纯净水具有流动性好、不易燃、冷却速度较快等优势。但直接用纯净水作工作液时，由于水中离子的导电作用，其电阻率较低，约为 5kΩ • cm，不仅影响放电间隙消电离、延长恢复绝缘的时间，而且还会产生电解作用。因此慢走丝线切割加工的工作液一般都用

去离子水，一般电阻率应在 10 ～ 100kΩ·cm。去离子水就是在纯净水中添加了离子交换树脂，离子交换树脂用来控制加工中水的电导率。为了保证加工精度和表面质量，电导率要控制在一定范围内，当发现水的电阻率不再降低时，应更换离子交换树脂。当工作液的性能变差，意味着工作液中存在的杂质离子大大增加，工作液的介电性能明显降低，极易造成断丝，此时必须更换工作液。

慢走丝线切割机床进行特殊精加工时，也可采用绝缘性能较高的油性介质（一般为煤油）作工作液。油性介质的绝缘性能较高，同样电压条件下较难击穿放电，放电间隙偏小。用油性介质可获得比用去离子水加工更优越的表面质量，并且由于无电解腐蚀，表面几乎没有变质层。但用油性介质的切割速度较低，比用去离子水加工低 2 ～ 5 倍。

③ 工件材料及厚度对工艺指标的影响。

a. 工件材料对工艺指标的影响　材料不同，加工效果不同，这是因为工件材料不同，脉冲放电能量在两极上的分配、传导和转换都不同。从热学观点来看，材料的电火花加工性与其熔点、气化点有很大关系。表 3-4 为常用工件材料的有关元素或物质的熔点和沸点。在单个脉冲放电能量相同的情况下，用黄铜丝加工硬质合金比加工钢产生的放电痕迹小，加工速度低，表面粗糙度好。

表 3-4　常用工件材料的有关元素或物质的熔点和沸点

项目	碳（石墨）C	钨 W	碳化钛 TiC	碳化钨 WC	钼 Mo	铬 Cr	铁 Fe	铜 Cu	铝 Al
熔点 /℃	3700	3410	3150	2720	2625	1890	1540	1083	660
沸点 /℃	4830	5930	—	6000	4800	2500	2740	2600	2060

b. 工件厚度对工艺指标的影响　工件厚度对工作液进入和流出加工区域，以及电蚀产物的排出、通道的消电离等都有较大的影响。同时，电火花通道压力对电极丝抖动的抑制作用也与工件厚度有关。工件材料薄，工作液容易进入和充满放电间隙，对排屑和消电离有利，加工稳定性好。如果工件太薄，电极丝容易发生抖动，对加工精度和表面粗糙度带来不良影响，且脉冲利用率低，切割速度下降；如果工件材料太厚，工作液难以进入和充满放电间隙，这样对排屑和消电离不利，加工稳定性差。

工件材料的厚度大小对加工速度有较大影响。在一定的工艺条件下，加工速度将随工件厚度的变化而变化，一般都有一个对应最大加工速度的工件厚度。慢走丝线切割工件厚度对加工速度的影响，如图 3-17 所示。

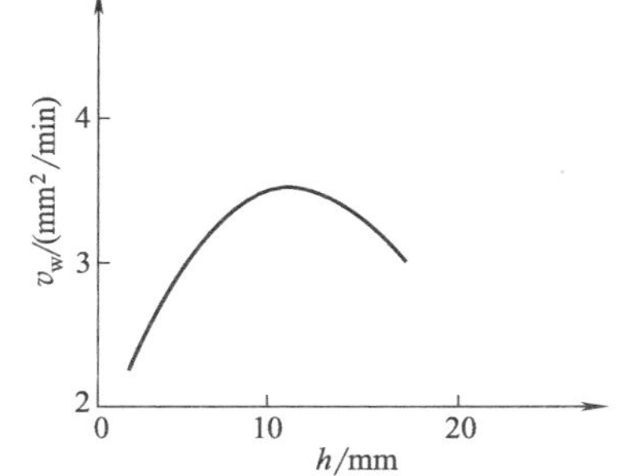

图 3-17　慢走丝线切割工件厚度对加工速度的影响

④ 进给速度对工艺指标的影响。

a. 进给速度对加工速度的影响　在线切割加工过程中，工件材料不断被蚀除，即有一个蚀除速度；另一方面，为了放电能够正常进行，电极丝必须向前进给，即有一个进给速度。在正常加工中，蚀除速度大致等于进给速度，从而使放电间隙维持在一个正常的范围内，使放电加工能够连续进行下去。蚀除速度与机床的性能、工件材料、电参数、非电参数等有关，但一旦对某一工件进行加工时，它就可以看成是一个常量。

b. 进给速度对工件表面质量的影响　进给速度调节不当，不但会造成频繁的短路、开路，而且还影响加工工件的表面粗糙度，致使工件表面出现条纹，或者出现烧伤现象。分下列几种情况讨论：

• 进给速度过高。这时工件蚀除的线速度低于进给速度，会频繁出现短路，造成加工不稳定，平均加工速度降低，加工表面发焦，呈褐色，工件的上下端面均有过烧现象。

• 进给速度过低。这时工件的蚀除的线速度大于进给速度，经常出现开路现象，导致加工不能连续进行，加工表面发焦，呈淡褐色，工件的上下端面也有过烧现象。

• 进给速度稍低。这时工件蚀除的线速度略高于进给速度，加工表面较粗、较白，两端面有条纹。

• 进给速度适宜。这时工件蚀除的线速度与进给速度相匹配，加工表面细而亮，丝纹均匀。因此，在这种情况下，能得到表面粗糙度好，精度高的加工效果。

⑤ 火花通道压力对工艺指标的影响　在液体介质中进行脉冲放电时，产生的放电压力具有急剧爆发的性质，对放电点附近的液体、气体和蚀除物产生强大的冲击作用，使之向四周喷射，同时伴随发生光、声等效应。这种火花通道的压力对电极丝产生较大的向后推力，使电极丝发生弯曲。放电压力使电极丝弯曲的示意图，如图 3-18 所示。因此，实际加工轨迹往往落后于工作台运动轨迹。例如，切割直角工件时，在拐角处，由于电极丝受到放电压力的作用，会出现滞后，实际加工轨迹如图 3-19 所示。

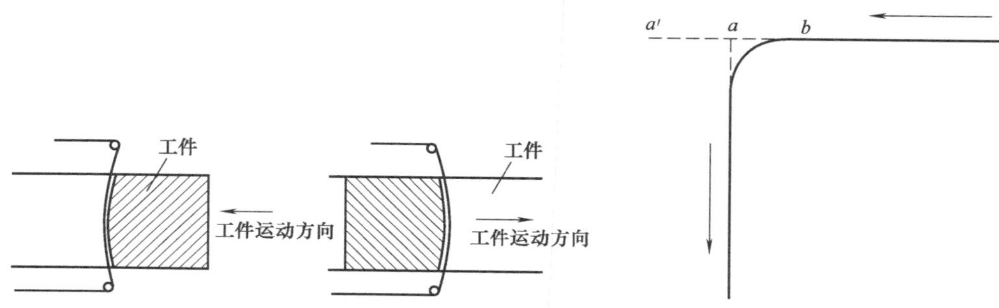

图 3-18　放电压力使电极丝弯曲示意图

图 3-19　切割直角工件时实际加工轨迹

知识点 8　电火花线切割加工的伺服进给

在电火花线切割加工时，工件不断被蚀除，电极丝必须向前做伺服进给。在正常加工中，蚀除速度大致等于伺服进给速度，从而使放电间隙维持在一个正常的范围内，使电火花线切割加工能连续进行下去。

（1）伺服进给速度

正常的电火花线切割加工要保证伺服进给速度与蚀除速度大致相等，使进给均匀平稳，合适的伺服速度才能保证加工的稳定性。

若伺服进给速度过高（过跟踪），即电极丝的伺服进给速度明显超过蚀除速度，则放电间隙会越来越小，以致产生短路。当出现短路时，电极丝马上会产生短路而快速回退。当回退到一定的距离时，电极丝又以大于蚀除速度的速度向前进给，又开始产生短路、回退。这样频繁的短路现象，一方面造成加工的不稳定，另一方面造成断丝。

若伺服进给速度太慢（欠跟踪），即电极丝的伺服进给速度明显落后于工件的蚀除速度，则电极丝与工件之间的距离越来越大，造成开路。这样出现工件蚀除过程暂时停顿，整个加工速度自然会大大降低。

（2）伺服进给与拐角的关系

在液体介质中进行脉冲放电时，产生的放电压力具有急剧爆发的性质，对放电点附近的液体、气体和蚀除物产生强大的冲击作用，使之向四周喷射，同时伴随发生光、声等效应。这种火花通道的压力对电极丝产生较大的后向推力，使电极丝发生弯曲，因此，实际伺服进给的轨迹往往落后于工作台运动轨迹，实际运动轨迹偏离数控代码的预定轨迹，体现在加工小圆弧时实际圆弧直径偏小、加工拐角处出现塌角，影响到加工质量和精度。放电压力使电极丝滞后的示意图，如图 3-20 所示。当切割直角轨迹工件时，这种滞后现象会导致角部缺陷。

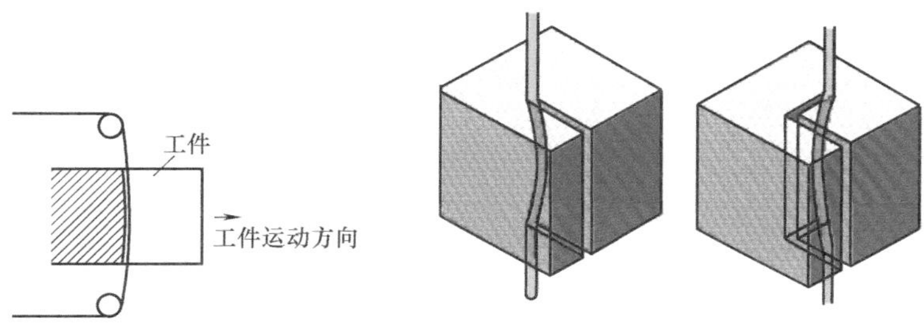

图 3-20　电极丝滞后示意图

知识点 9　电火花线切割加工中的偏移量

（1）电极丝偏移量的产生

电火花线切割加工是用电极丝作为工具电极来加工的。由于电极丝有一定的半径，加工时电极丝与工件存在着放电间隙，使电极丝中心运动轨迹与工件的加工轮廓偏移一定的距离，即电极丝中心轨迹与工件轮廓之间的法向尺寸差值，称为电极丝偏移量。

如图 3-21 所示，电极丝半径为 R，放电间隙为 S，那么电极丝偏移量 f：

$$f = R + S$$

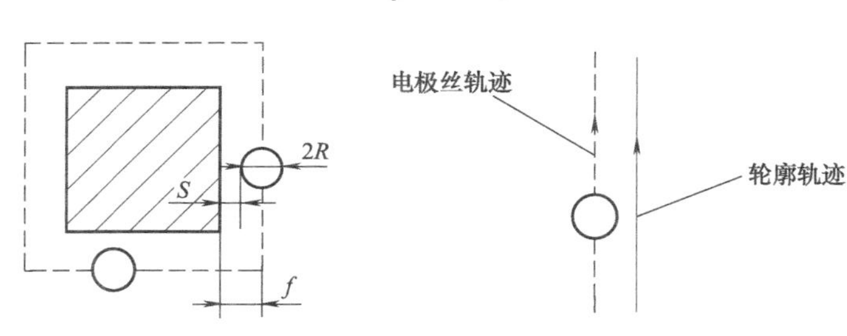

图 3-21　电极丝偏移量

快走丝电火花线切割加工中的放电间隙 S，根据加工经验：钢件一般在 0.01mm 左右，硬质合金在 0.005mm 左右，紫铜在 0.02mm 左右。

由于电火花线切割加工中，还有一些其他方面的因素会对加工轮廓尺寸产生影响，尤其是像快走丝线切割加工中电极丝的抖动等，那么也可将这些因素考虑到电极丝偏移量中，那么电极丝偏移量f：

$$f = R + S + q \text{（}q\text{——其他方面的影响系数）}$$

慢走丝线切割加工大多采用多次切割的工艺方法，因此前一次切割都要为后一次切割预留修切余量，那么：

$$f = R + S + x \text{（}x\text{——单面修切余量）}$$

最终一次切割不需要预留余量，偏移量按没有修切余量的公式计算。

电极丝偏移量的大小直接影响线切割的加工精度。对于加工精度要求较高的零件，在计算电极丝偏移量大小时，可先按设定的加工条件，取同样的材料试切一个方形。根据测量尺寸来修正电极丝偏移量，保证加工精度。

电火花线切割加工凸模类零件时，电极丝中心轨迹应放大，加工凹模类零件时，电极丝中心轨迹应缩小，如图 3-22 所示。

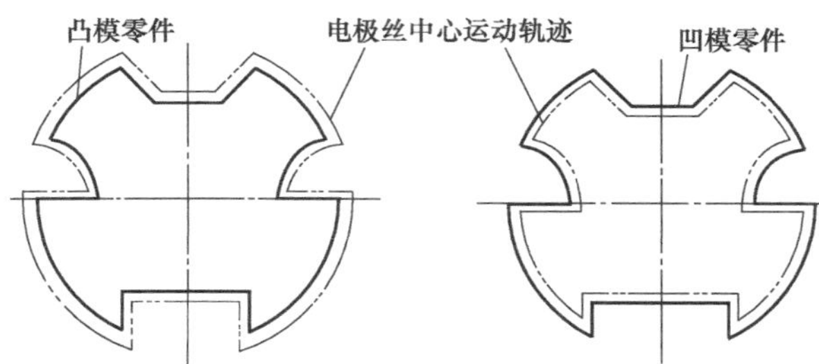

图 3-22 凸模、凹模零件电极丝中心轨迹

（2）电极丝偏移量的调整

零件的放电参数和偏移量是根椐参数表确定的，但实际加工时因机床的工作状态、材料、环境等因素的影响，会造成成型尺寸的差异，因此实际加工时为了确保尺寸，最好是先切一个四方或圆柱测量一下尺寸，根椐实际尺寸调整偏移量。如果切的是凸模，尺寸偏大则要调小偏移量；如果切的是凹模，尺寸偏大则要调大偏移量。

若加工时修切的最后一次放电状态不稳定，则要调整上次的偏移量以减小最后一次的修切量。

当加工精度要求较高、特殊材料或特殊合金时，可以先使用欲选用的工艺参数加工一个 10mm×10mm 的试件，然后根据试件的实际尺寸对偏移量进行修正。

例：加工一种特殊合金钢，根据工艺参数表选择一组参数偏移量：主切（Hs）为 180μm；修切（Ns）为 136μm。

工件的测量：测量部位如图 3-23 所示，测量结果如表 3-5 所示。

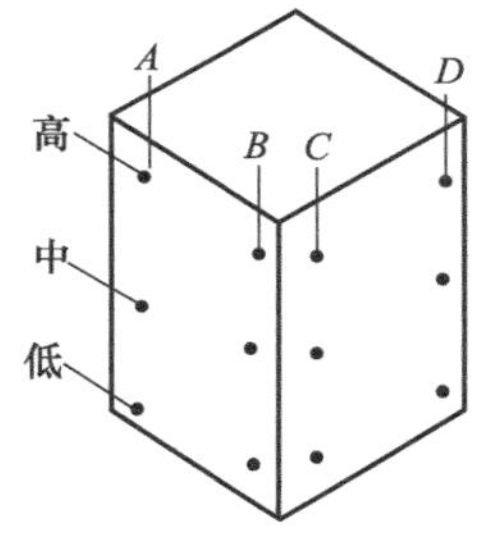

图 3-23 测量部位

表 3-5 测量结果

测量部位	A/mm	B/mm	C/mm	D/mm
高	9.995	9.989	9.992	9.993
中	9.994	9.998	9.991	9.995
低	9.997	9.989	9.994	9.990

由测量结果可知：

最大值：9.998 － 10.0 ＝－ 0.002

最小值：$9.989-10.0=-0.011$

偏差量的定义：

$$偏差量=\frac{最大值+最小值}{2}$$

$$偏差量=\frac{-0.002+(-0.011)}{2}=\frac{-0.013}{2}=-0.0065$$

参见图 3-24，偏移量的修正公式为

$$修正量=\frac{偏差量}{2}=\frac{-0.0065}{2}$$

$$=-0.00325$$

所以当用所选的工艺参数加工这种特殊合金时，由于尺寸偏小，偏移量须在原基础上增加 0.003mm，即 Hs ＝ 183μm；Ns ＝ 139μm。

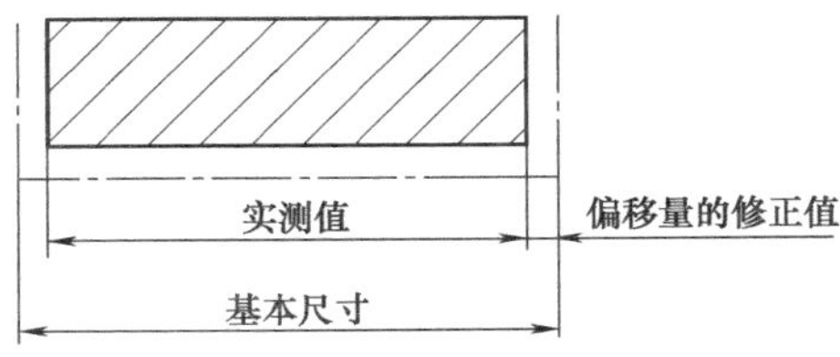

图 3-24　偏移量的修正示意图

知识点 10　慢走丝线切割加工材料变形及预防措施

(1) 材料变形的原因

材料本身会有应力，电火花线切割加工打破了材料原有应力的平衡状态，通过变形来恢复平衡。因为材料的应力是不一样的，所以电火花线切割加工后材料的变形也会有大有小。这如同一根竹片中间劈开，两半都弯，大半弯得少，小半弯得多。在电火花线切割加工中，材料难免会有变形，如果变形非常小，在加工要求的精度范围以内，这种变形几乎可以忽略不计，但如果变形超出了加工精度要求，会使尺寸出现明显偏差，影响工件的加工形状。

电火花线切割加工的变形大小与工件的结构有关系。窄长形状的凹模、凸模易产生变形，其变形的大小与形状复杂程度、长宽比等有关系；壁厚较薄的工件容易产生变形。

造成变形的原因是多方面的，譬如，材料问题、热处理问题、结构设计问题、工艺安排问题及线切割时工件的装夹和切割路径选择问题等。这些多方面的原因将导致材料内部应力作用发生变形。电火花线切割加工因热应力作用对工件形状的影响如表 3-6 所示。

表 3-6　热应力作用对工件形状的影响

零件类别	轴类	扁平类	正方形	套类	薄壁型孔	复杂型腔
理论形状					A B	A B
热应力作用					A、B 尺寸都偏大	A 尺寸偏小 B 尺寸偏大

（2）预防材料变形的措施

可以采取一定的措施对电火花线切割加工的变形予以控制，防止变形现象的发生。

① 安排合理的加工工艺　钢材料工件的加工路线一般是：下料→锻造→退火→机械粗加工→淬火与回火→磨削加工→电火花线切割加工→钳工修整。因为应力是材料内固有的，随强度和硬度的提高而加大。所以材料在淬火工艺环节，内部残余应力会显著地增加，材料会发生较大变形，并达到应力平衡状态。因为淬火前对加工部位进行了机械切削加工，大量的加工余量和废料在淬火前就去掉了，淬火后电火花线切割加工去除的是达成应力平衡一小部分材料。这样因电火花线切割加工造成的变形就会很小。另外要改进热处理工艺，主要是改进回火工艺以降低工件内应力。

② 切割前的粗加工或应力释放切割　上面提到了通过在淬火前要对材料进行机械粗加工，在电火花线切割加工中因为切割余量小而变形较小。如果在淬火前没有进行机械粗加工，需要在一块淬硬的材料上进行大面积切割，会使材料内部残余应力的相对平衡状态受到破坏，材料会产生很大的变形。我们可以先消除材料的大部分应力，办法是进行粗加工，把大部分的余量先去掉，或者是进行释放应力的路径切割。对于大件凹模的电火花线切割加工，可以做两次主切，先将主切的偏移量加大单边 0.1 ～ 0.2mm 进行第一次主切，让其应力释放，再用标准偏移量进行第二次主切。

如图 3-25 所示，一块已接近最终轮廓、不具备较大变形能力的工件，如果再辅以高低温时效处理，材料变形就能控制到最小。

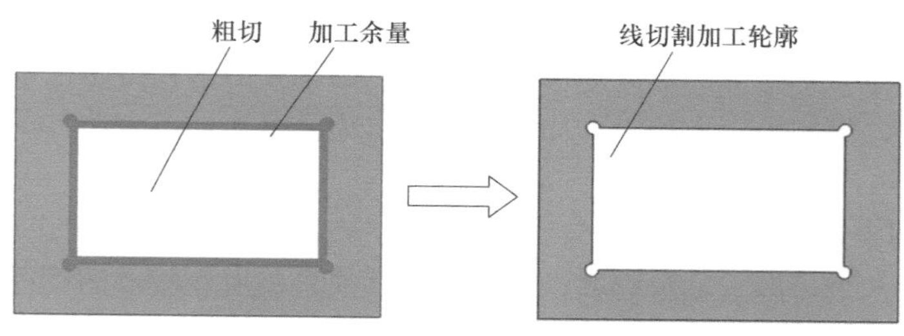

图 3-25　预加工减少变形

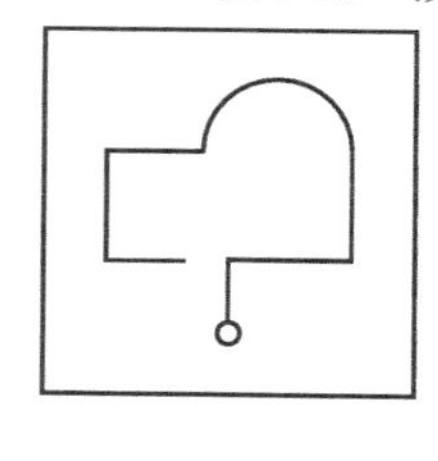

图 3-26　加工穿丝孔减少变形

③ 加工穿丝孔　切割凸模时，如果不加工穿丝孔，直接从材料外切入，如图 3-26（a）所示，因材料应力不平衡产生变形，会产生张口变形或闭口变形。可在材料上加工穿丝孔，进行封闭的轮廓加工，可明显减少电火花线切割加工带来的变形，如图 3-26（b）所示。

④ 优化加工路径　一般情况下，最好将加工起割点安排在靠近夹持端，将工件与其夹持部分分离的切割段安排在加工路径的末端，将暂停点设在靠近坯件夹持端部位。一些加工中由于加工路径安排不合理，也是造成电火花线切割加工变形的原因。如图 3-27 所示，比较合理的加工路径是 $A \rightarrow B \rightarrow C \rightarrow D \rightarrow \cdots \rightarrow A$。如果按照顺时针方向：$A \rightarrow L \rightarrow K \rightarrow J \rightarrow \cdots \rightarrow A$，由于切割开始就将工件与夹持部分切断，加工到程序的末段时，凸模的切割精度直接受到夹持不可靠

因素的影响。

⑤ 多次切割　有的工件在采取某些措施后，仍有一些变形，为了满足工件的精度要求，可改变一次切割到尺寸的传统习惯，采用多次切割的方法。数控慢走丝电火花线切割加工采用多次切割方法，主要是为了达到更佳的表面粗糙度，采用多次切割方法对减少因应力问题带来的模具零件变形有很重要的实际意义。

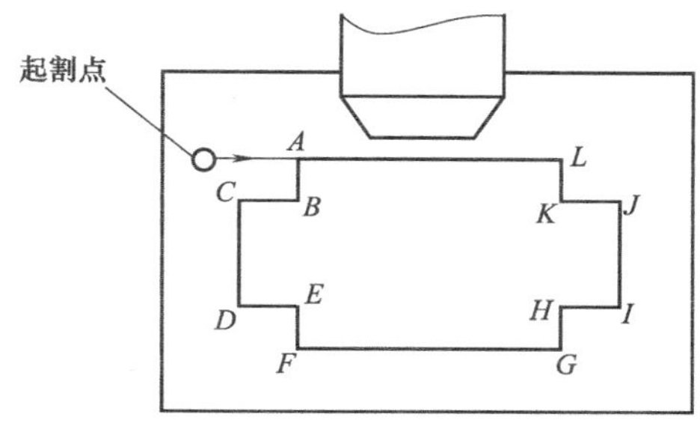

图 3-27　加工路径的安排

⑥ 多型孔凹模板加工工艺优化　在线切割加工前，模板已进行了冷加工、热加工，内部已产生了较大的残留应力，而残留应力是一个相对平衡的应力系统，在线切割去除大量废料时，应力随着平衡遭到破坏而释放出来。因此，模板在线切割加工时，随着原有内应力的作用及火花放电所产生的加工热应力的影响，将产生不定向、无规则的变形，使后面的切割吃刀量厚薄不均，影响加工质量和加工精度。针对此种情况，对精度要求比较高的模板，在多次切割加工中，第 1 次切割将所有型孔的废料切掉，取出废料后，再由机床的自动移位功能，依次完成型孔的修切：*a* 切割第 1 次，取废料→ *b* 切割第 1 次，取废料→ *c* 切割第 1 次，取废料→…→ *n* 切割第 1 次，取废料→ *a* 修切→ *b* 修切→…→ *n* 修切，加工完毕。这种切割方式能使每个型孔加工后有足够的时间释放内应力，能将各个型孔因加工顺序不同而产生的相互影响、微量变形降低到最小程度，较好地保证模板的加工尺寸精度。但是这样加工穿丝次数多，工作量较大，更适合带有自动穿丝机构的数控慢走丝电火花线切割机床。这样切割完后经测量，形位尺寸基本符合要求。

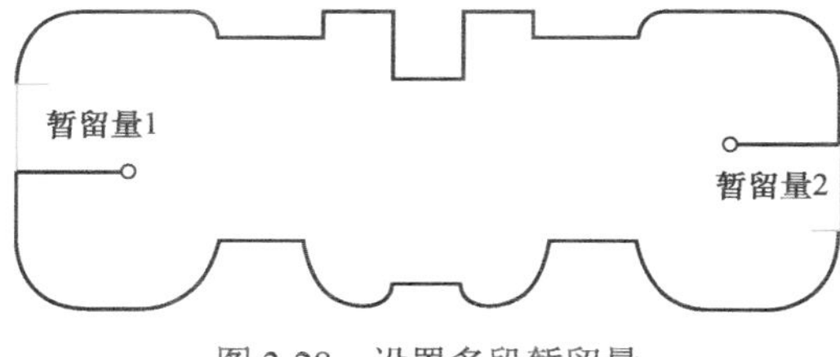

图 3-28　设置多段暂留量

⑦ 设置多段暂留量　大型、复杂形状的工件加工，应设置两处或两处以上的暂留量，设置多个起割点，如图 3-28 所示。编程时以开放形状的方式加工，编程前先把图形分解成多段，并分别串接起来，加工时先加工轮廓，最后加工暂留量部分。

【课后练习】

一、判断题

（　　）1. 慢走丝线切割加工利用电能进行加工，能够加工任何材料。

（　　）2. 慢走丝线切割机床比快走丝线切割机床加工精度高，表面粗糙度好。

（　　）3. 为了提高加工精度，需要处理材料变形和外界其他因素的影响。

二、选择题

（　　）1. 电火花线切割加工的工艺指标有 ______。

A. 切割速度　　B. 表面质量　　C. 加工精度　　D. 电极丝损耗

（　　）2. 与快走丝线切割机床相比，慢走丝线切割机床加工的特点是 ______。

A. 高低压冲水　　B. 多次切割　　C. 单向走丝　　D. 以上都是

三、简答题

1．电火花线切割加工的原理是什么？线切割加工的主要工艺指标有哪些？

2. 影响慢走丝线切割机床加工工艺指标的因素有哪些？

项目四

慢走丝线切割机床零件加工

本项目是全书的重点，共分为9个学习任务：

任务1　凸模加工
任务2　凹模加工
任务3　复合件加工
任务4　全锥度加工
任务5　变锥度加工
任务6　上下异形加工
任务7　配合件加工
任务8　开放式加工
任务9　多型孔加工

每个任务按照实际生产中慢走丝线切割的操作流程，以加工过程为导向对慢走丝线切割机床零件加工中的开机、安装电极丝、穿丝、电极丝校正、工件装夹与校正、电极丝定位、编写加工程序、自动加工、零件检测、关机保养等步骤进行讲解。通过实践，使学生掌握慢走丝线切割机床的操作和编程。

知识目标

① 掌握识读慢走丝线切割机床零件加工图纸的方法。
② 掌握选用慢走丝线切割加工所需工具、量具及夹具的方法。
③ 理解慢走丝线切割机床放电加工相关参数。

技能目标

① 能正确完成电极丝的安装、激活和工件的装夹与校正。
② 能正确完成工件零点的定位。
③ 能正确编辑加工程序。
④ 会操作慢走丝线切割机床进行自动加工。
⑤ 会对加工完成的零件进行检测。

情感目标

① 培养学生良好的安全意识。

② 培养学生良好的工作作风及团队合作精神。

③ 培养学生在机床操作中一丝不苟、细致认真的工作态度。

建议课时分配表

名　　称	课时（节）
任务 1　凸模加工	12
任务 2　凹模加工	12
任务 3　复合件加工	12
任务 4　全锥度加工	12
任务 5　变锥度加工	12
任务 6　上下异形加工	12
任务 7　配合件加工	12
任务 8　开放式加工	12
任务 9　多型孔加工	12
合计	108

任务 1　凸模加工

【工作任务】

凸模加工零件图如图 4-1 所示。

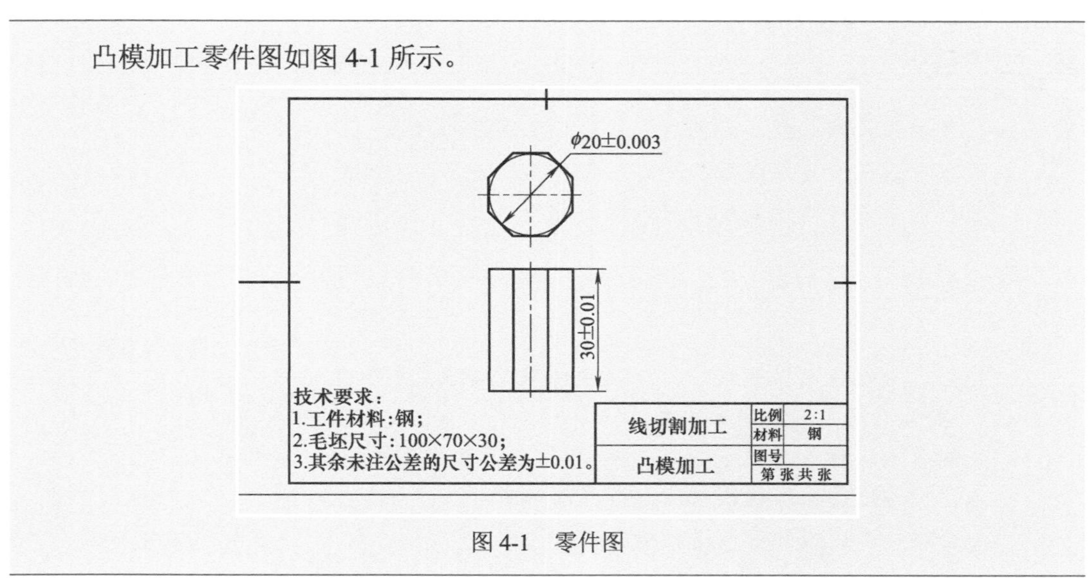

图 4-1　零件图

【知识技能】

知识点 1　坐标系

CUT E350 慢走丝线切割机床有三个坐标系：机床坐标系（M）、工件坐标系（P）、加工坐标系（C），操作界面可以同时显示两个坐标系：机床坐标系和工件坐标系、工件坐标系和加工坐标系，如图 4-2 所示。

机床		工件	
X	200.0000	X	0.0000
Y	100.0000	Y	0.0000
U	0.0000	U	0.0000
V	0.0000	V	0.0000
Z	30.1000	Z	30.1000

工件		加工	
X	0.0000	X	0.0000
Y	0.0000	Y	0.0000
U	0.0000	U	0.0000
V	0.0000	V	0.0000
Z	30.1000	Z	0.0000

图 4-2　坐标系

（1）机床坐标系

如图 4-3 所示，“机床”坐标系是基于 *X*、*Y* 机械轴，它是其他坐标系的基础。

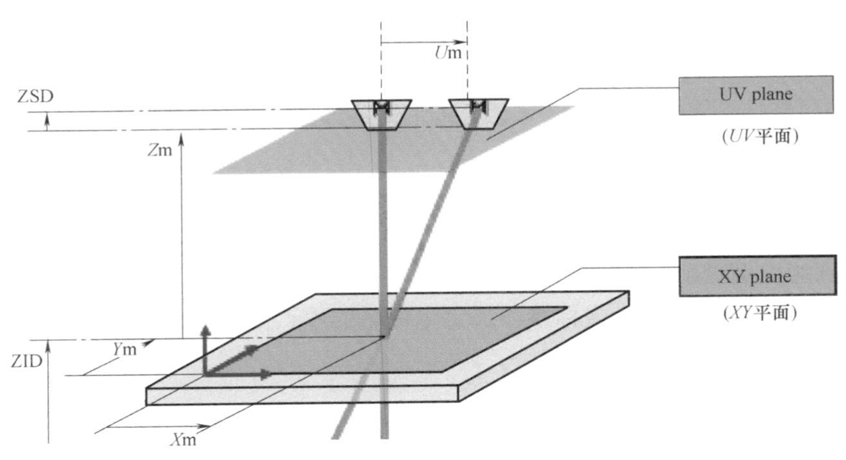

图 4-3　机床坐标系

ZSD—上导丝嘴到上喷嘴底面的距离；ZID—下导丝嘴到工作台面的距离

XY 平面位于工作台面，*X*、*Y* 轴的零点位于工作台面的左前角，由回机床原点功能确定 *X*、*Y* 轴零点。

UV 平面位于上喷嘴表面，平行于 *XY* 平面。其中 *U* 轴平行于 *X* 轴，*V* 轴平行于 *Y* 轴。*UV* 轴的零点对应于电极丝的垂直位置，通过电极丝找正确定。

Z 轴零点位于工作台表面，通过喷水嘴校准设定。

（2）工件坐标系

设置工件坐标系零点：SAX，P，X0，Y0（G74X0Y0）。

移动到工件坐标系零点：MOV，P，X0，Y0（G75X0Y0）。

如图 4-4 所示，“工件”坐标系以工件零点为基准，与被加工的工件相联系。

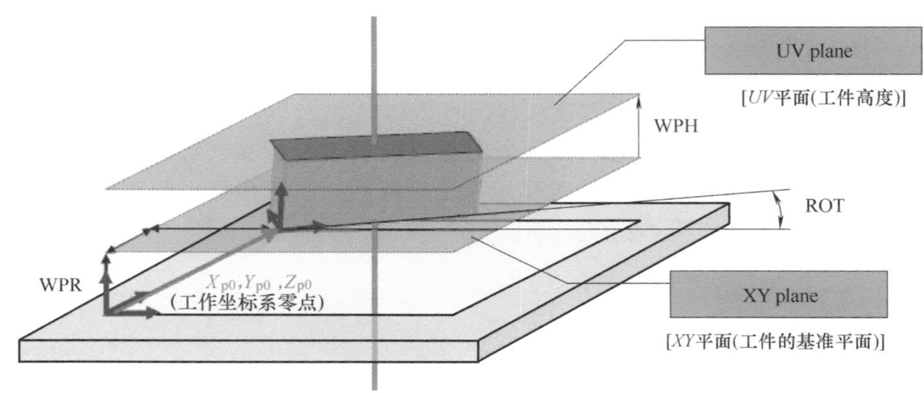

图 4-4　工件坐标系

WPR—工件基准面到工作台面的距离；WPH—工件高度；ROT—工件坐标系旋转的角度

“工件”坐标系的 *XY* 平面平行于“机床”坐标系的 *XY* 平面，当工件直接装夹在工作台上，工件的 *XY* 平面位于工件底面时，两者是重合的。

如果工件底面悬空或者通过夹具支撑，“工件”坐标系 *XY* 平面与“机床”坐标系 *XY* 平面的距离通过 WPR 设定。

“工件”坐标系 *X*、*Y* 轴的零点可以使用指令 SAX，P，X0，Y0 设定，或者使用测量功能里面的零点功能自动设定。

UV 平面平行于 *XY* 平面，两个平面之间的距离即工件高度，以 WPH 表示。

UV 方向零点与电极丝垂直位置一致。

（3）加工坐标系

设置加工坐标系零点：SAX，C，X0，Y0（G92X0Y0）。

移动到加工坐标系零点：MOV，C，X0，Y0（G00X0Y0）。

如图 4-5 所示，“加工”坐标系以加工坐标系的零点为基准，是用 ISO 程序来描述切割的几何图形。

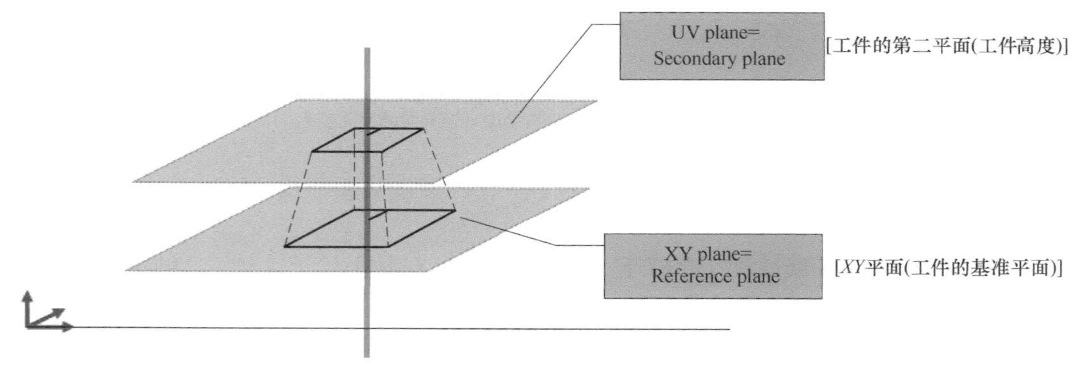

图 4-5　加工坐标系

XY 平面称为参考平面，平行于“工件”坐标系的 *XY* 平面，两个平面的距离由 ISO 程

序中的 G92J_ 定义。

“加工”坐标系 *XY* 零点由 ISO 程序中的 G92X_Y_ 设置。

UV 平面称为第二平面，平行于 *XY* 平面，两个平面的距离即工件高度，由 ISO 程序中的 G92I_ 定义。

UV 方向零点与电极丝垂直位置一致。

知识点 2　凸模加工的引入路径

慢走丝线切割加工必须设置正确的引入路径，确定好起割点与切入点的位置。通过优化引入路径，能够改善切割工艺，提高切割质量和生产效率。

在切割凸模时，引入路径位于工件轮廓的外部。在切割凸模类工件时，如果不加工穿丝孔，直接从材料的外部切入，如图 4-6（a）所示，这样在切入处产生缺口，残余应力从切口向外释放，会导致材料变形。因此，最好加工穿丝孔，从孔里面起割，进行封闭加工，如图 4-6（b）所示。

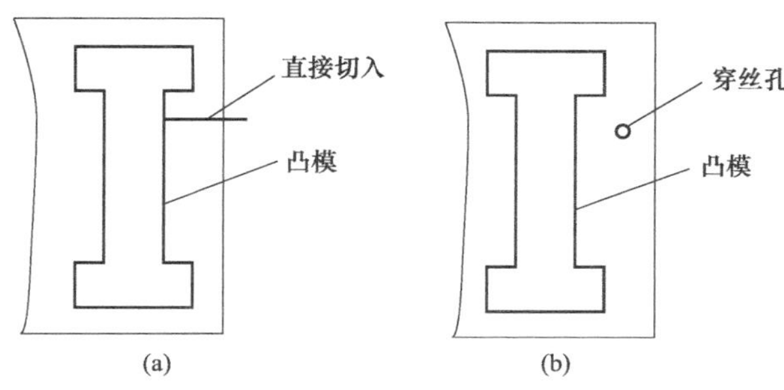

图 4-6　凸模加工的引入路径

【任务目标】

① 能够选用加工所需工具、量具及夹具。

② 能够编写凸模加工程序。

③ 能够操作机床进行放电加工。

【任务实施】

（1）基本要求

① 培养学生良好的工作作风和安全意识。

② 培养学生的责任心和团队精神。

③ 掌握凸模的加工方法。

（2）设备与器材

实训所需的设备与器材见表 4-1。

表 4-1　设备及器材清单

项目	名称	规格	数量
设备	慢走丝线切割机床	GF 加工方案 CUT E 350	3 ～ 5 台
夹具	压板	配套	3 ～ 5 个
	3R 三向找正夹具	套装	1 副
电极丝	黄铜丝	ϕ0.25mm、5kg/ 卷	3 ～ 5 卷
工具	内六角扳手	配套	3 ～ 5 套
	紫铜棒	配套	3 ～ 5 个
	杠杆式千分表	0.002mm	1 个
	千分表架	配套	1 副
量具	游标卡尺	0 ～ 150mm	3 ～ 5 把
	内径千分尺	5 ～ 30mm	3 ～ 5 把
	外径千分尺	0 ～ 25mm	3 ～ 5 把
	投影仪	TESA V-200	3 ～ 5 台
	粗糙度仪	Mitutoyo SJ-301	3 ～ 5 台
备料	模具钢	SKD11 钢料 （110mm×65mm×30mm）	3 ～ 5 块
其他	毛刷、碎布、清洗液	配套	一批

（3）内容与步骤

① 开机（详见项目二中任务 1 的相关内容）。

② 安装电极丝（详见项目二中任务 1 的相关内容）。

③ 穿丝（详见项目二中任务 1 的相关内容）。

④ 校正电极丝（详见项目二中任务 1 的相关内容）。

⑤ 装夹及校正工件（见表 4-2）。

表 4-2　装夹及校正工件

步骤	示意图	说明
①清理工作台		清理工作台面上的污垢

续表

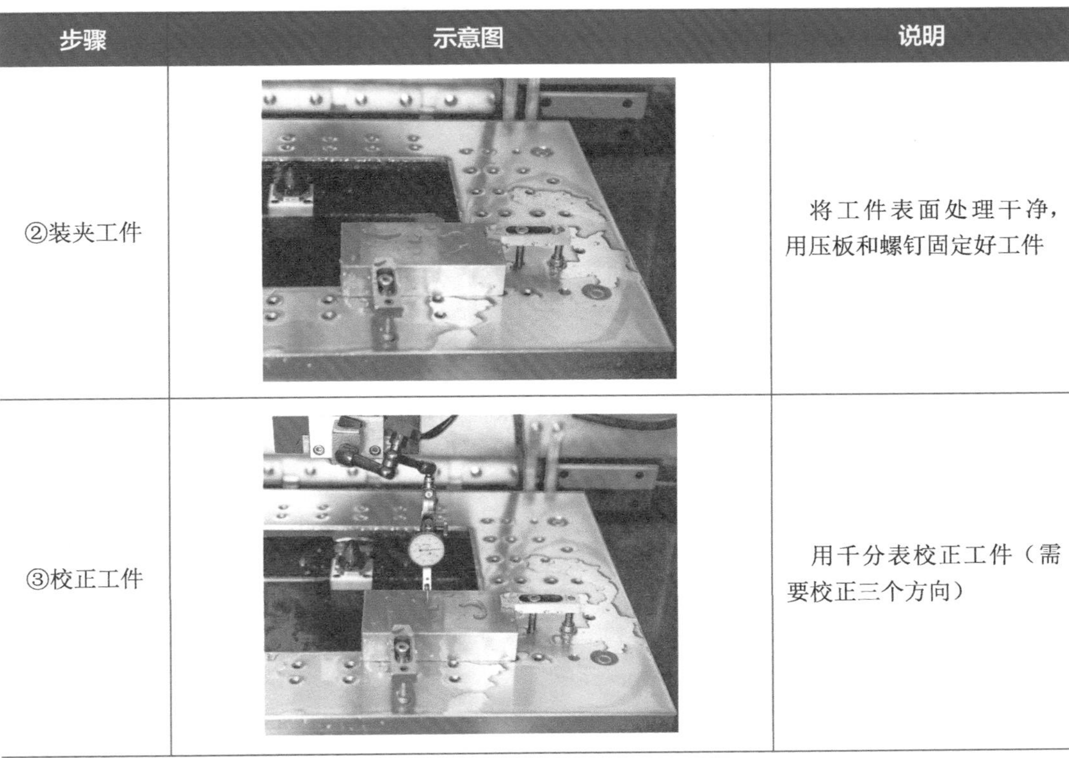

步骤	示意图	说明
②装夹工件		将工件表面处理干净，用压板和螺钉固定好工件
③校正工件		用千分表校正工件（需要校正三个方向）

⑥ 电极丝定位（见表 4-3）。

表 4-3　电极丝定位

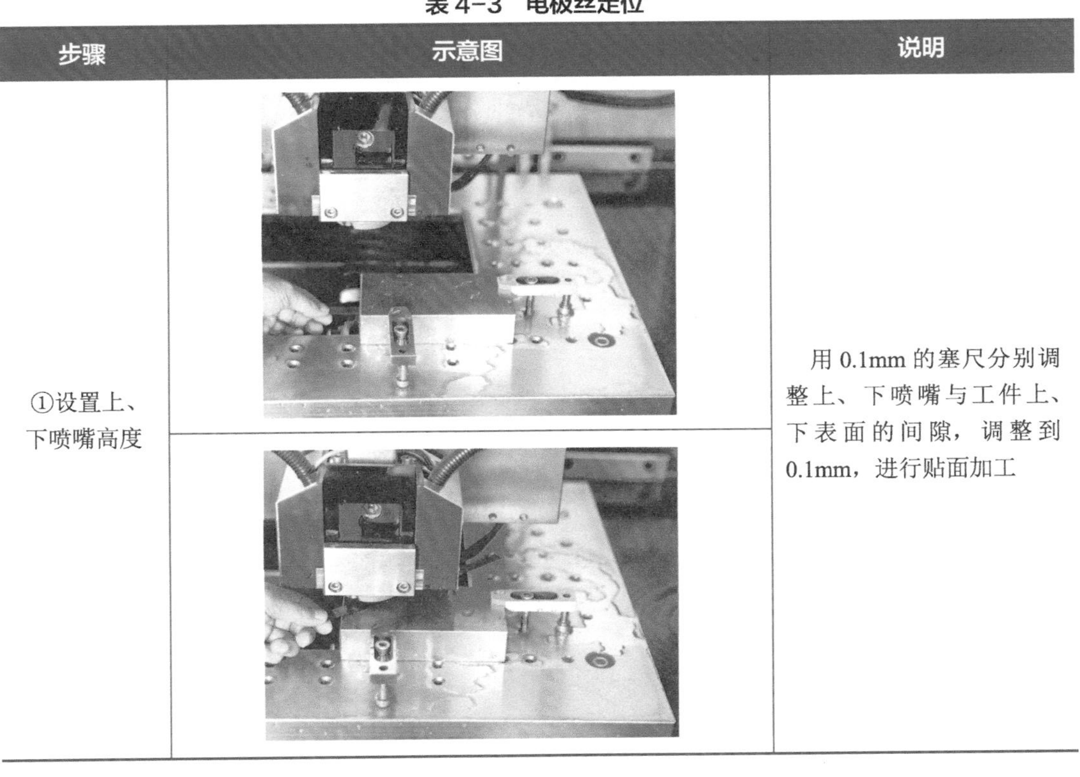

步骤	示意图	说明
①设置上、下喷嘴高度		用 0.1mm 的塞尺分别调整上、下喷嘴与工件上、下表面的间隙，调整到 0.1mm，进行贴面加工

续表

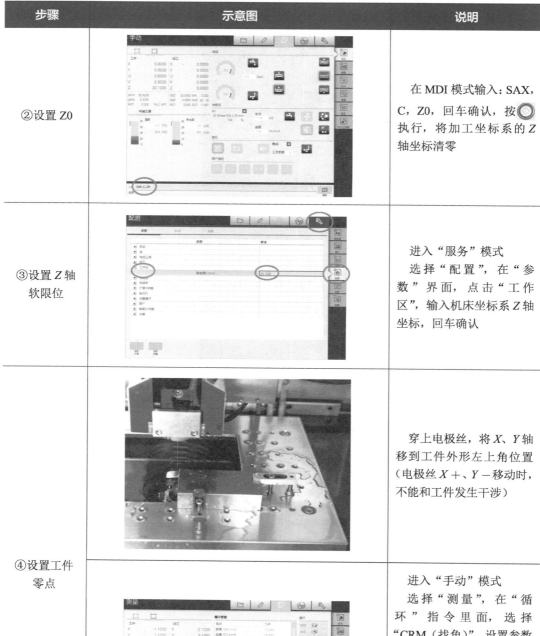

<table>
<tr><th>步骤</th><th>示意图</th><th>说明</th></tr>
<tr><td>②设置 Z0</td><td> 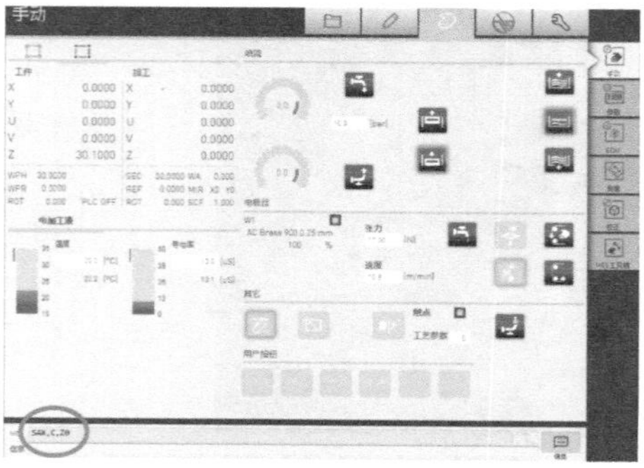</td><td>在 MDI 模式输入：SAX，C，Z0，回车确认，按◎执行，将加工坐标系的 Z 轴坐标清零</td></tr>
<tr><td>③设置 Z 轴软限位</td><td> 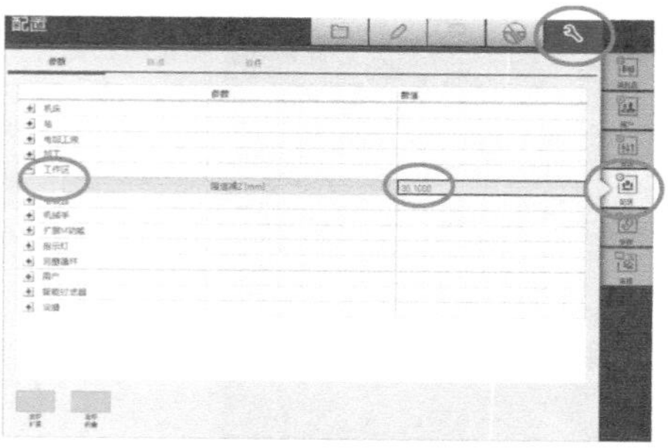</td><td>进入“服务”模式
选择“配置”，在“参数”界面，点击“工作区”，输入机床坐标系 Z 轴坐标，回车确认</td></tr>
<tr><td rowspan="2">④设置工件零点</td><td> </td><td>穿上电极丝，将 X、Y 轴移到工件外形左上角位置（电极丝 X +、Y −移动时，不能和工件发生干涉）</td></tr>
<tr><td>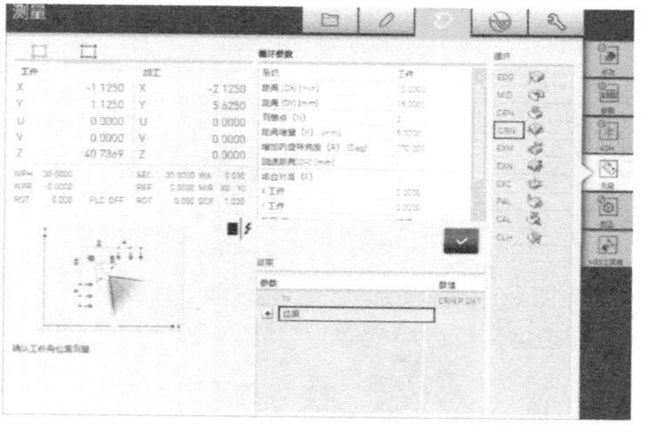</td><td>进入“手动”模式
选择“测量”，在“循环”指令里面，选择“CRM（找角）”，设置参数
<table>
<tr><td>系统 [W]</td><td>工件</td></tr>
<tr><td>距离 [DX] [mm]</td><td>15.0000</td></tr>
<tr><td>距离 [DY] [mm]</td><td>15.0000</td></tr>
<tr><td>测量点（N）</td><td>2</td></tr>
<tr><td>距离增量（K）[mm]</td><td>5.0000</td></tr>
<tr><td>增加的旋转角度（R）[Deg]</td><td>270.000</td></tr>
<tr><td>回退距离[DR] [mm]</td><td>-</td></tr>
<tr><td>综合校准（F）</td><td>-</td></tr>
<tr><td>X 工件</td><td>0.0000</td></tr>
<tr><td>Y 工件</td><td>0.0000</td></tr>
</table>
点击执行，进行找角循环，结束后自动将左上角设置为工件零点</td></tr>
</table>

⑦ 编写加工程序（见表 4-4）。

表 4-4　编写加工程序

步骤	示意图	说明
①新建 CAM 任务	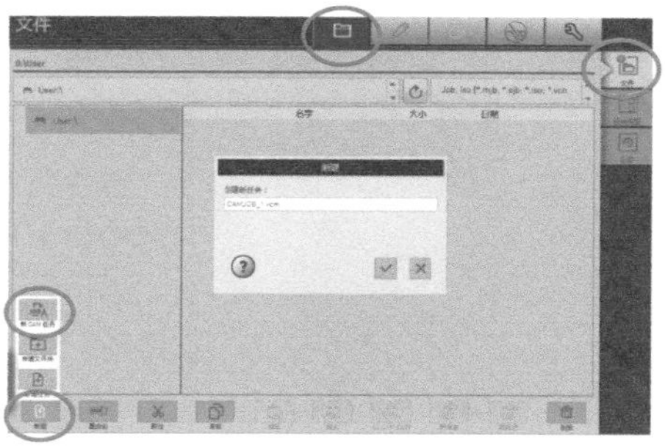	进入“文件”模式 选择“文件”，点击“新建”，选择“新建 CAM 任务”，点击确认，自动切换到编程软件界面，启动软件
②绘图	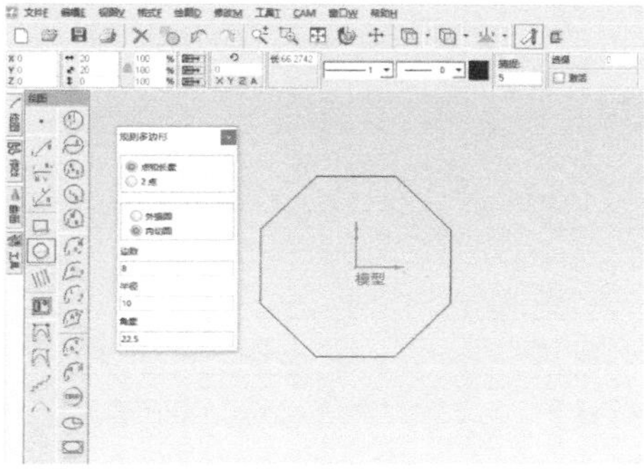	点击 绘图，选择（正多边形），设置参数，选择零点，生成矩形
③线切割	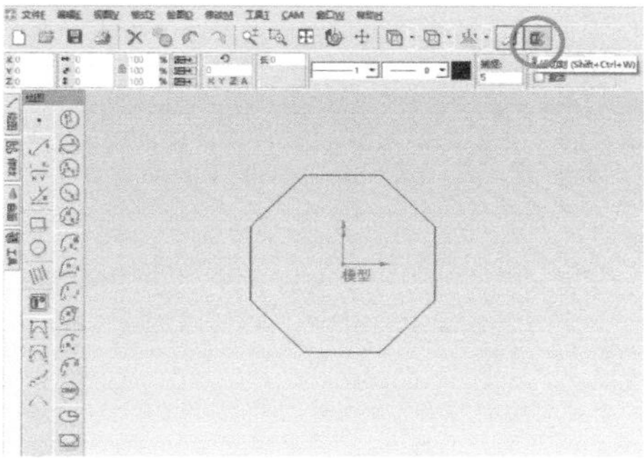	点击（线切割）
	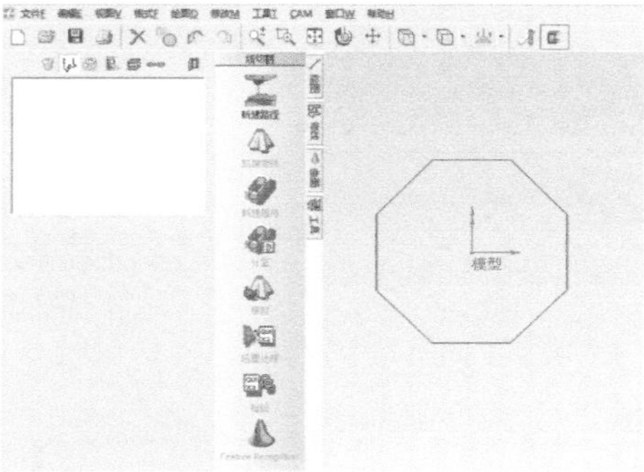	进入编程界面，如左图所示

续表

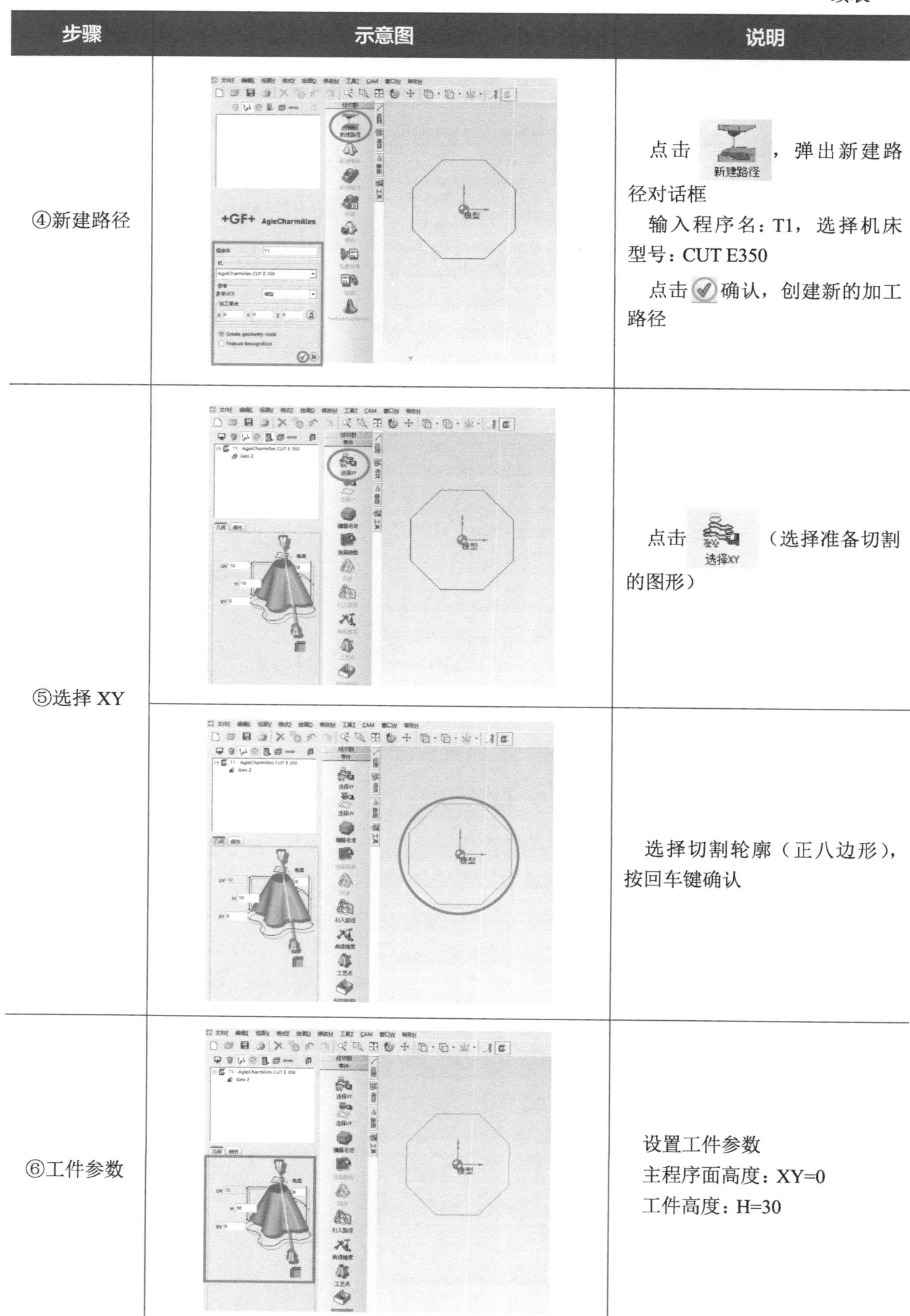

步骤	示意图	说明
④新建路径		点击 新建路径 ，弹出新建路径对话框 输入程序名：T1，选择机床型号：CUT E350 点击 确认，创建新的加工路径
⑤选择 XY		点击 选择XY （选择准备切割的图形）
		选择切割轮廓（正八边形），按回车键确认
⑥工件参数		设置工件参数 主程序面高度：XY=0 工件高度：H=30

续表

步骤	示意图	说明
⑦引入路径	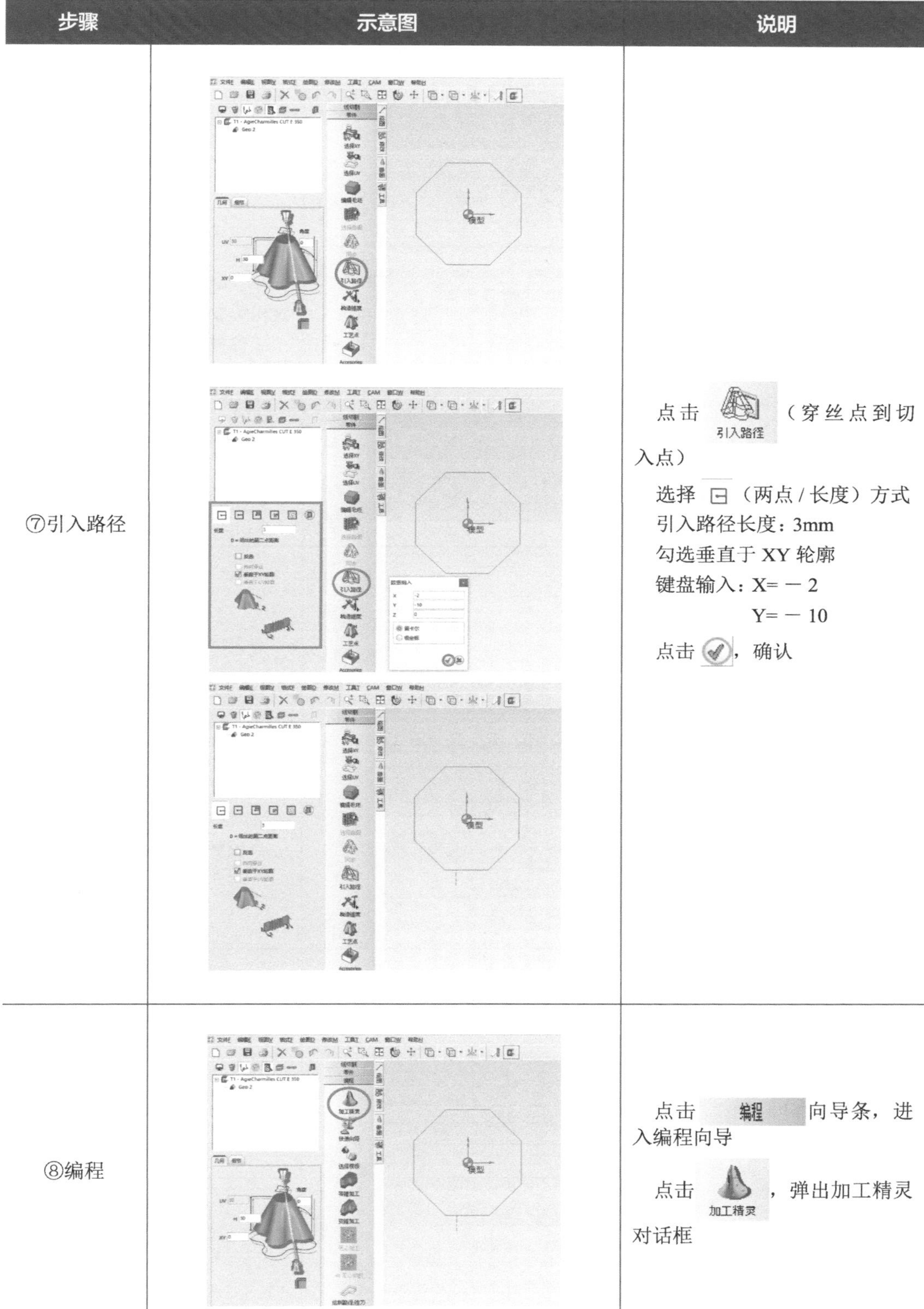	点击 引入路径（穿丝点到切入点） 选择 ⊟（两点/长度）方式 引入路径长度：3mm 勾选垂直于XY轮廓 键盘输入：X=－2 Y=－10 点击 ✓，确认
⑧编程		点击 编程 向导条，进入编程向导 点击 加工精灵，弹出加工精灵对话框

续表

步骤	示意图	说明
⑨加工精灵	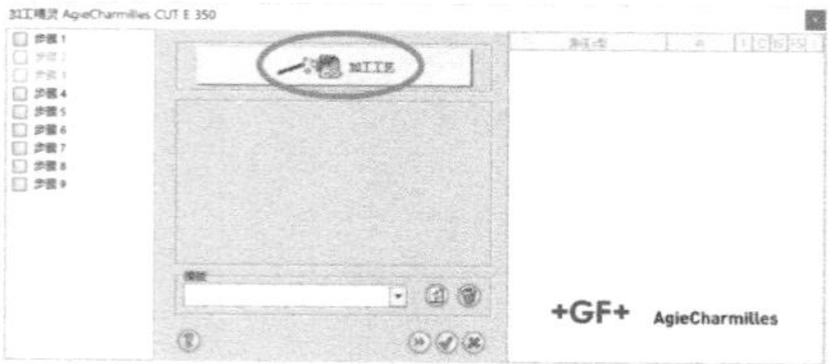	点击  加工工艺，进入“EDM Expert”界面
⑩加工工艺	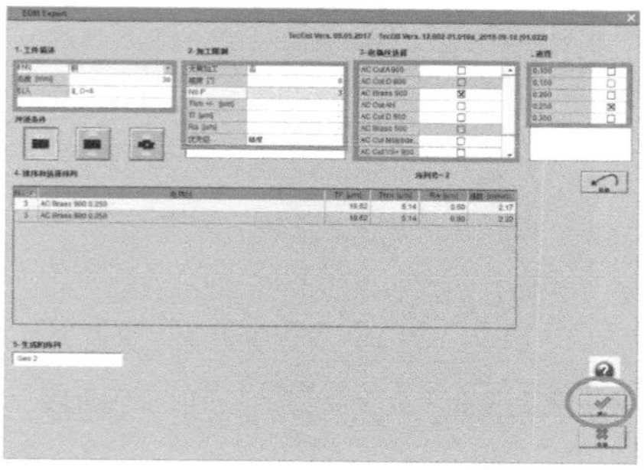	在“EDM Expert”界面，设置相关参数 工件材料：钢 工件高度：30 Nb P（切割次数）：3 电极丝：AC Brass 900 直径：0.25 点击  确认
	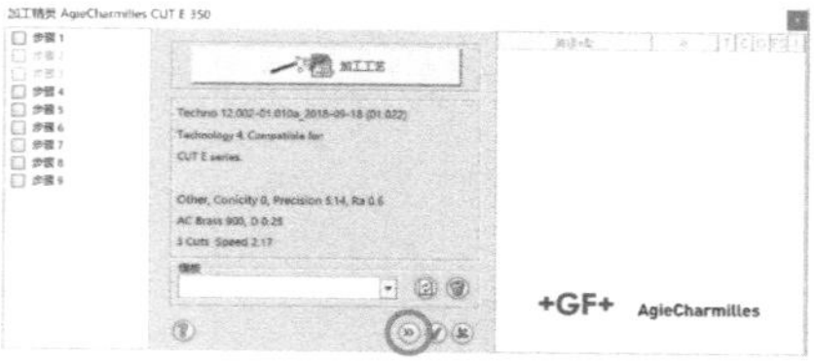	点击»，进入下一步
	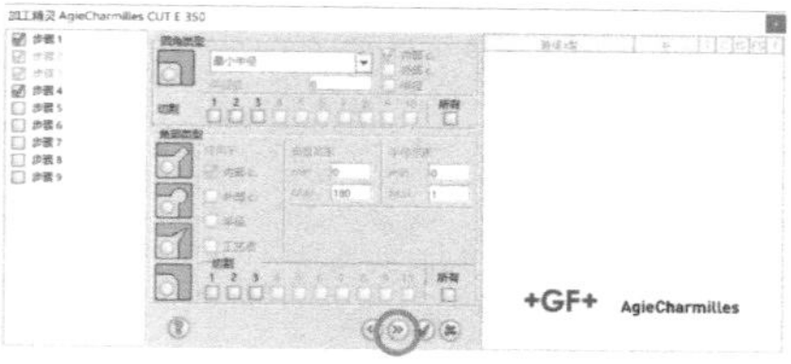	点击»，进入下一步
	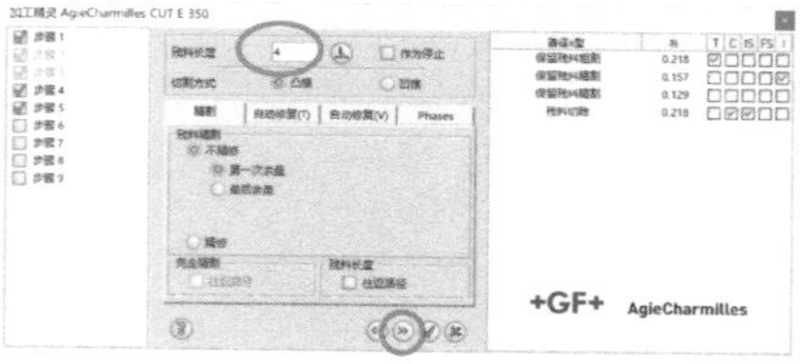	输入残料长度：4，切割方式：凸模。点击»，进行下一步
	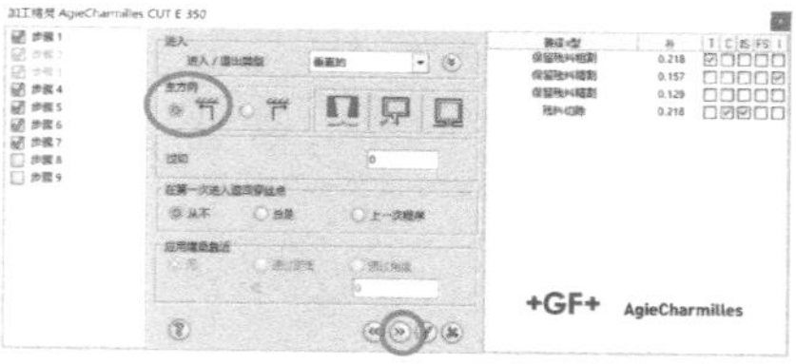	选择切割方向。点击»，进入下一步

续表

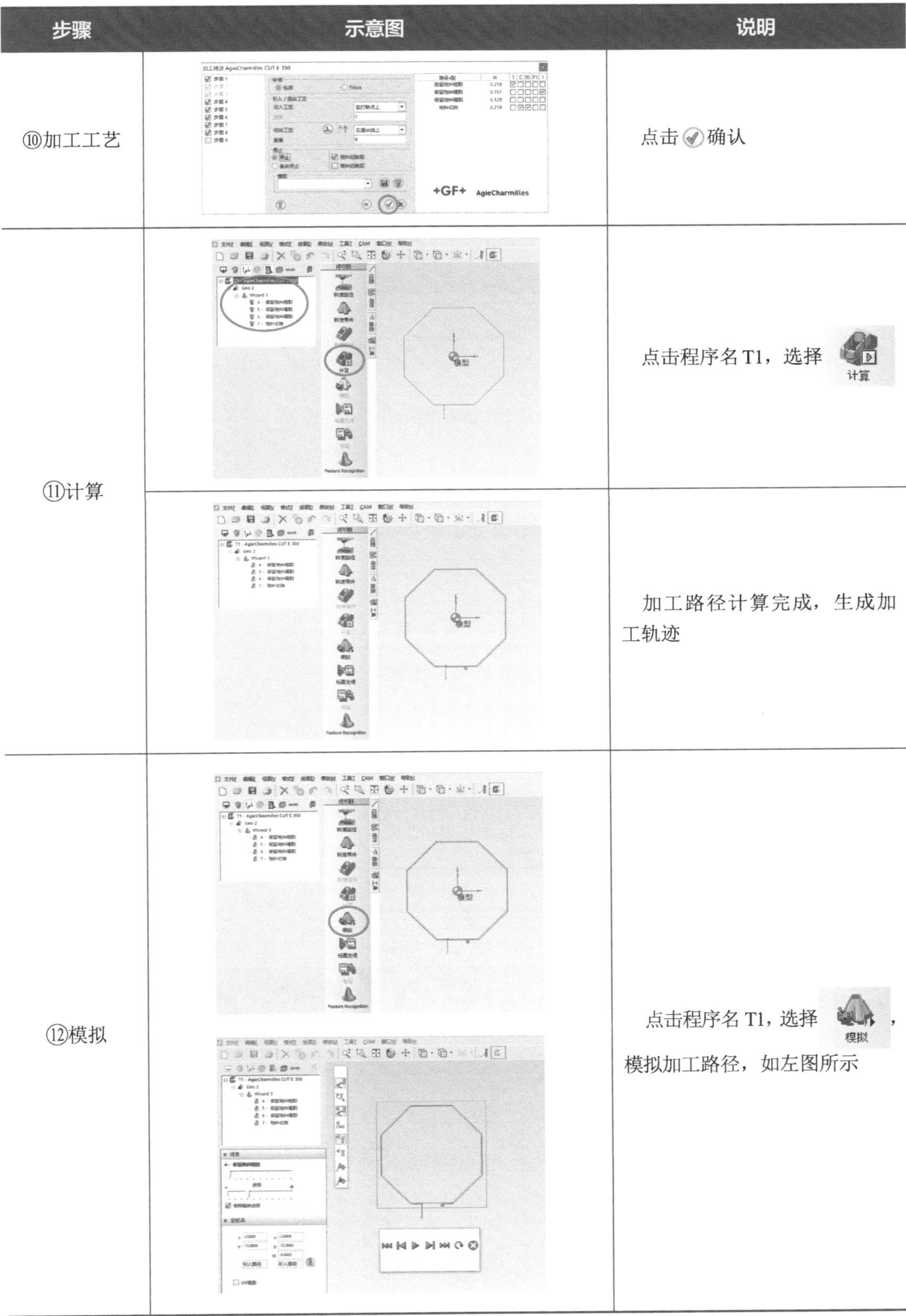

步骤	示意图	说明
⑩加工工艺		点击（确认图标）确认
⑪计算		点击程序名T1，选择（计算图标）计算
		加工路径计算完成，生成加工轨迹
⑫模拟		点击程序名T1，选择（模拟图标）模拟，模拟加工路径，如左图所示

续表

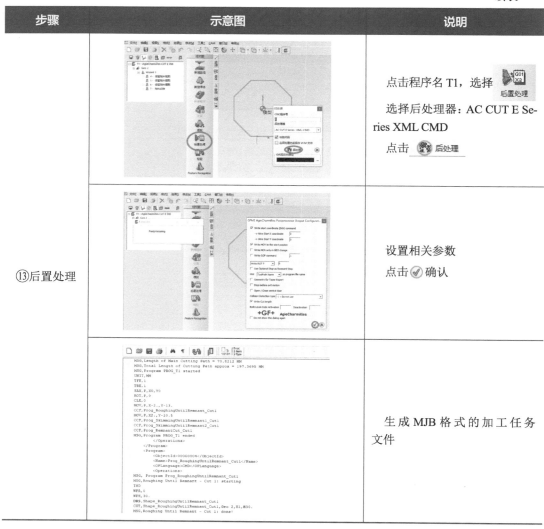

步骤	示意图	说明
	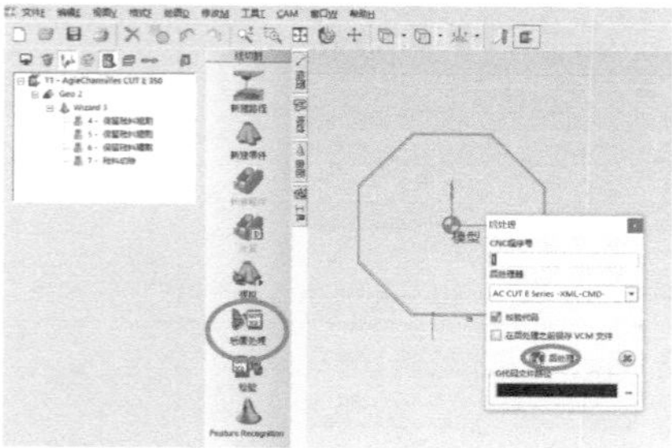	点击程序名 T1，选择 后置处理 选择后处理器：AC CUT E Series XML CMD 点击 后处理
⑬后置处理	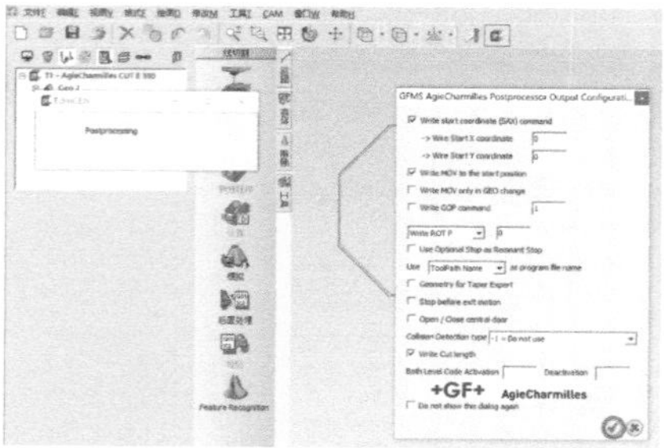	设置相关参数 点击确认
	 MSG,Length of Main Cutting Path = 70.8212 MM MSG,Total Length of Cutting Path approx = 197.3695 MM MSG,Program PROG_T1 started UNIT,MM TFE,1 TRE,1 SAX,P,X0,Y0 ROT,P,0 CLE,0 MOV,P,X-2.,Y-13. CCF,Prog_RoughingUntilRemnant_Cut1 MOV,P,X2.,Y-10.5 CCF,Prog_SkimmingUntilRemnant1_Cut1 CCF,Prog_SkimmingUntilRemnant2_Cut1 CCF,Prog_RemnantCut_Cut1 MSG,Program PROG_T1 ended </Operations> </Program> <Program> <ObjectId>00000004</ObjectId> <Name>Prog_RoughingUntilRemnant_Cut1</Name> <OPLanguage>CMD</OPLanguage> <Operations> MSG, Program Prog_RoughingUntilRemnant_Cut1 MSG,Roughing Until Remnant - Cut 1: starting THD WPR,0 WPH,30. DRS,Shape_RoughingUntilRemnant_Cut1 CUT,Shape_RoughingUntilRemnant_Cut1,Geo 2,E1,H30. MSG,Roughing Until Remnant - Cut 1: done!	生成 MJB 格式的加工任务文件

⑧ 加工运行（见表 4-5）。

表 4-5 加工运行

步骤	示意图	说明
①选择程序	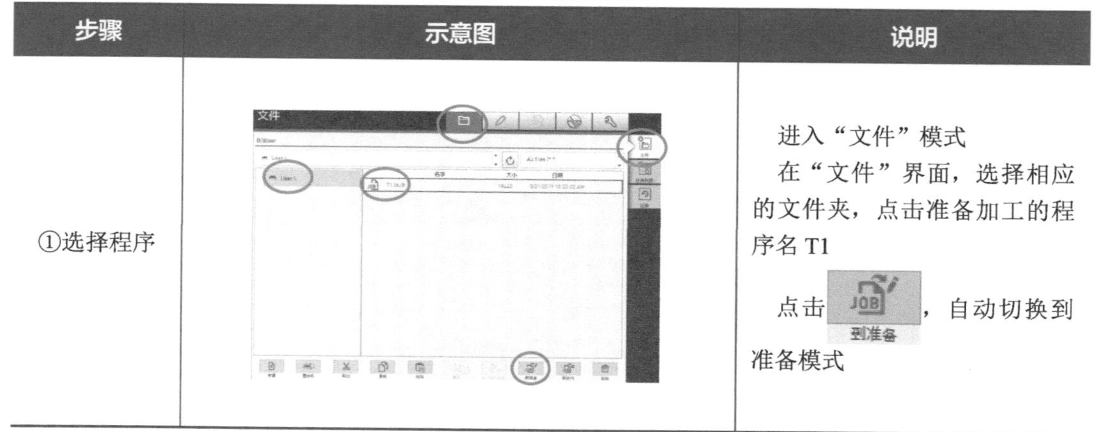	进入“文件”模式 在“文件”界面，选择相应的文件夹，点击准备加工的程序名 T1 点击 到准备，自动切换到准备模式

续表

步骤	示意图	说明
②程序校验	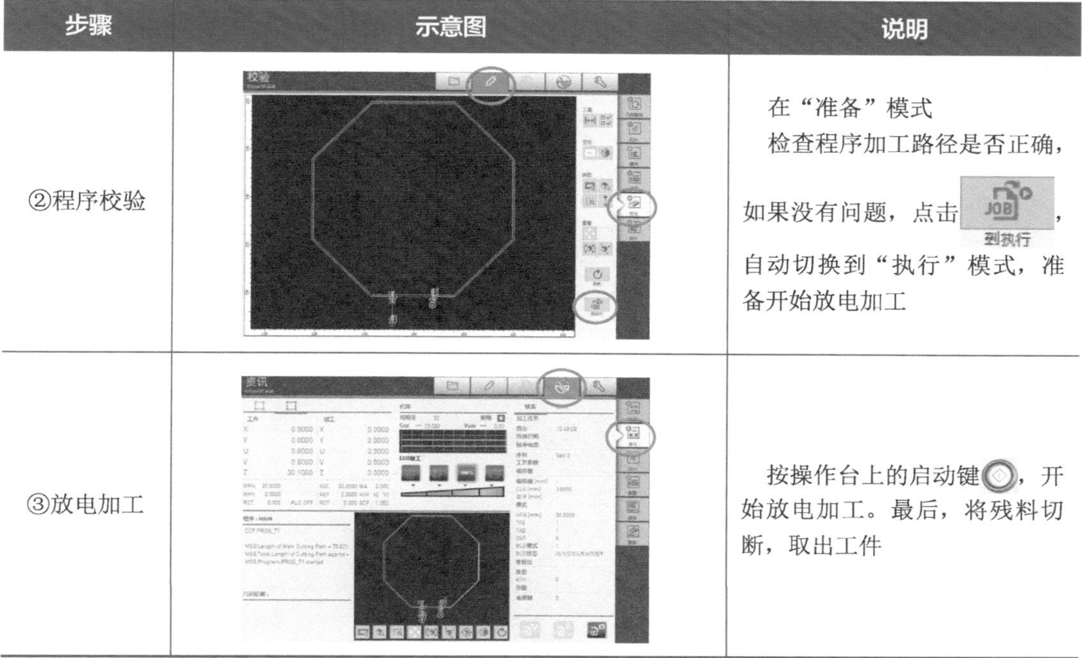	在“准备”模式 检查程序加工路径是否正确，如果没有问题，点击 JOB 到执行，自动切换到“执行”模式，准备开始放电加工
③放电加工		按操作台上的启动键，开始放电加工。最后，将残料切断，取出工件

⑨ 零件检测（见表 4-6）。

表 4-6　零件检测

步骤	示意图	说明
①清洗工件	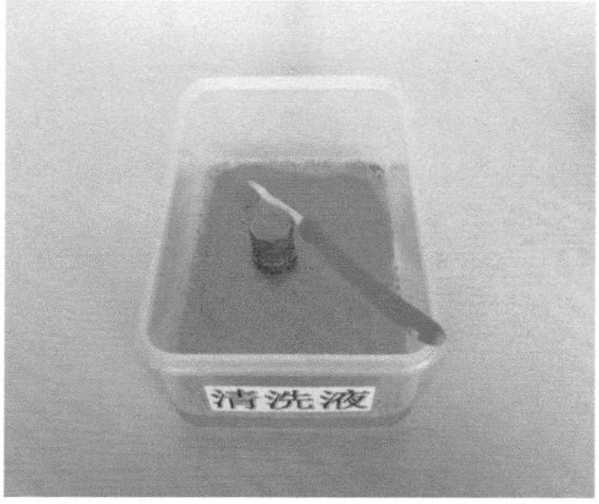 清洗液	用清洗液清洗工件
	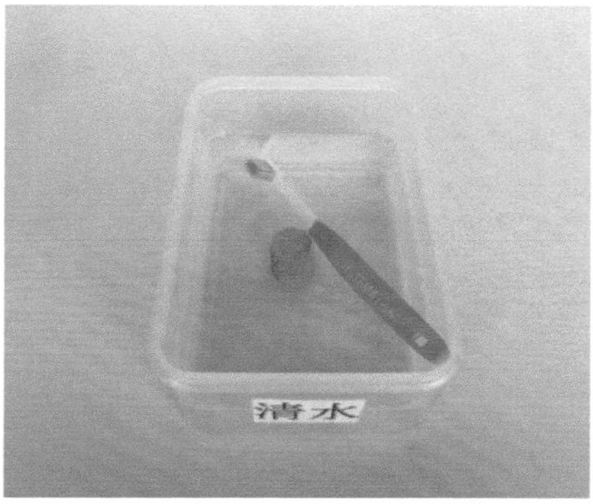 清水	然后用清水将工件冲洗干净

续表

步骤	示意图	说明
①清洗工件	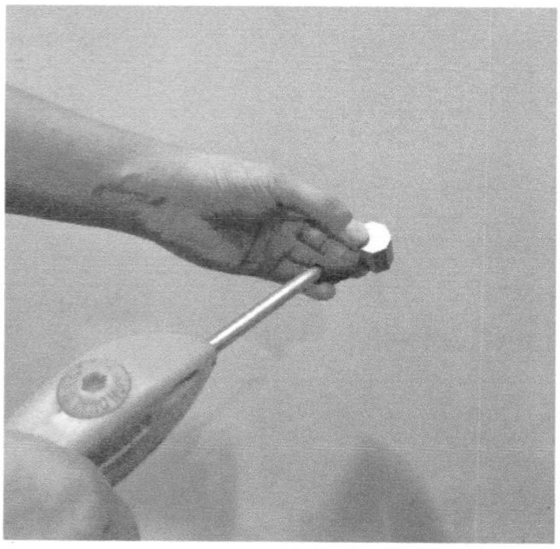	最后用气枪吹干工件
②测量工件	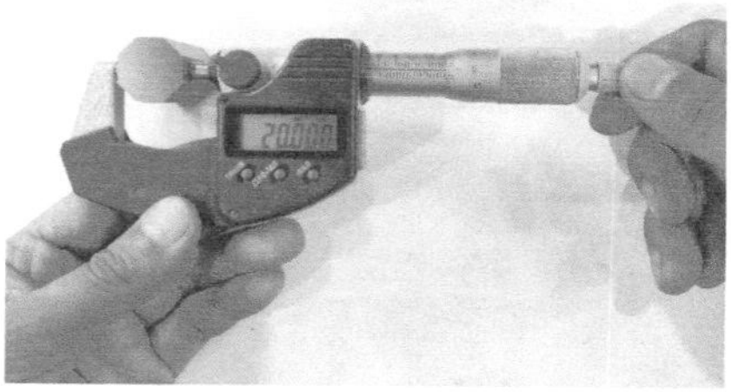	用千分尺测量工件，记录数据
		用粗糙度仪测量工件表面粗糙度 *Ra*

续表

步骤	示意图	说明
③加工完成	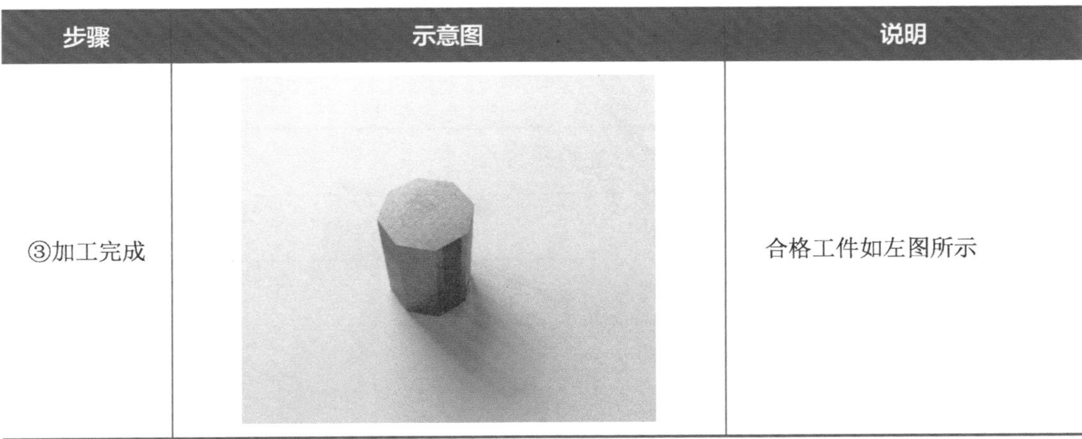	合格工件如左图所示

⑩ 关机保养（详见项目二中任务 1 的相关内容）。

【任务评价】

根据掌握情况填写学生自评表，见表 4-7。

表 4-7　学生自评表

项目	序号	考核内容及要求	能	不能	其他
开机操作	1	会检查储丝桶			
	2	会检查污水箱			
	3	会检查净水箱			
	4	会开机床和制冷机			
	5	会识读机床压力表			
	6	会检查上、下喷嘴			
回零操作	7	能找到服务界面			
	8	能回机床零点			
安装电极丝	9	能正确将电极丝安装在运丝板			
	10	能正确激活电极丝			
穿丝	11	会手动穿丝			
	12	会自动穿丝			
校正电极丝	13	能找到服务界面			
	14	会使用 GAJ 校正方式及正确设置相关参数			

续表

项目	序号	考核内容及要求	能	不能	其他
安装工件	15	能正确测量毛坯			
	16	能正确清理工作台和液槽			
	17	能正确装夹工件			
	18	能正确校正工件			
定位电极丝	19	能正确检查上、下喷嘴			
	20	能正确设置 Z0			
	21	会使用 CRN 测量工件			
编辑程序	22	能正确绘制加工零件图			
	23	会设置加工工艺参数			
	24	会生成 MJB 程序			
加工运行	25	会选择加工程序			
	26	会程序校验			
	27	能执行程序			
	28	能完成零件加工			
零件检验	29	会清洗工件			
	30	会检测零件			
关机保养	31	会拆卸工件			
	32	会关机操作			
	33	会清理和保养机床			
签名	学生签名（ ） 教师签名（ ）				

【任务反思】

总结归纳学习所得，发现存在的问题，并填写学习反思内容，见表 4-8。

表 4-8　学习反思内容

类型	内　容
掌握知识	
掌握技能	
收获体会	
需解决问题	
学生签名	

【课后练习】

练习题　编写加工程序

加工如图 4-7 所示的零件，加工信息如表 4-9 所示，使用 Fikus 软件进行编程。

表 4-9　加工信息

加工准备	工件	钢（厚度为 30mm 板料）
	夹具	压板、螺钉
加工要求	切割次数	切一修二（*Ra*0.55μm）
	TKM	±0.003mm

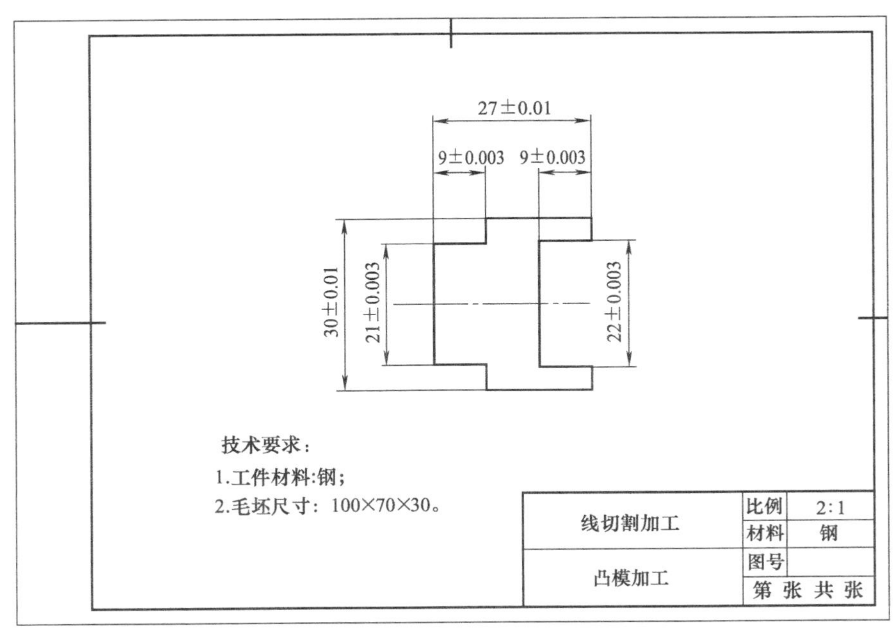

图 4-7　练习零件

任务 2

凹模加工

【工作任务】

凹模加工零件图如图 4-8 所示。

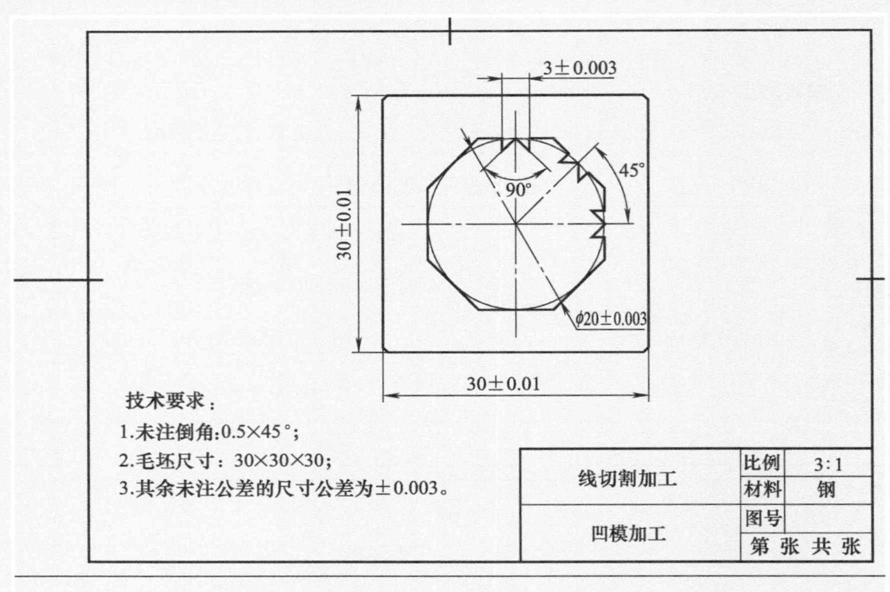

图 4-8　零件图

【知识技能】

知识点 1　凹模加工的引入路径

由于凹模的引入路径位于切割轮廓的内部，所以在起割点位置需要加工穿丝孔，以供穿丝使用。如果在同一工件上要切割多个凹模时，应设置各自独立的穿丝孔。穿丝孔大小要合适，一般在 $\phi1.0 \sim 3.0$mm。通常使用电火花穿孔机加工，穿丝孔的位置要在切割路径里面，否则会造成过切，将孔切破。

对于比较小的凹模，起割点可设在型孔中心，这样可准确地加工穿丝孔，如图 4-9

(a）所示。对于大的凹模，起割点可设在靠近加工轨迹的 3 ～ 5mm 处，这样引入路径比较短，节省加工时间，如图 4-9（b）所示。

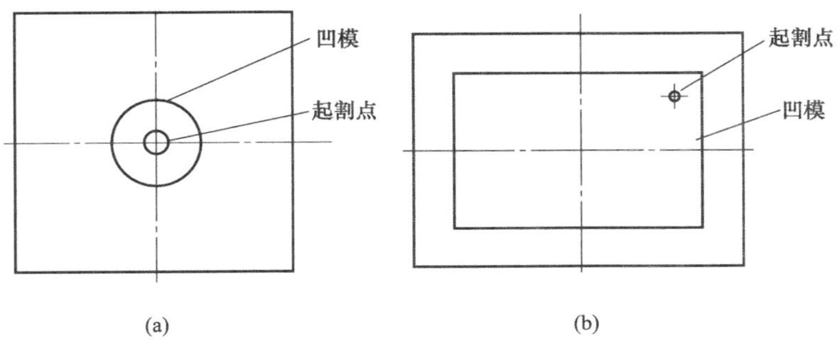

图 4-9　凹模加工穿丝孔的位置

知识点 2　加工工艺

（1）合理的装夹方式

根据加工工件的特征（形状、大小、重量），选择合适的夹具固定工件。对于某些形状复杂，容易变形的工件，必要时可以设计制作专用夹具，如图 4-10 所示。

工件的装夹应有利于工件找正，并与机床的行程相适应；固定螺钉的高度要合适，避免在加工中发生干涉，碰到上、下喷水嘴；对工件夹持的力要均匀，避免工件产生变形。

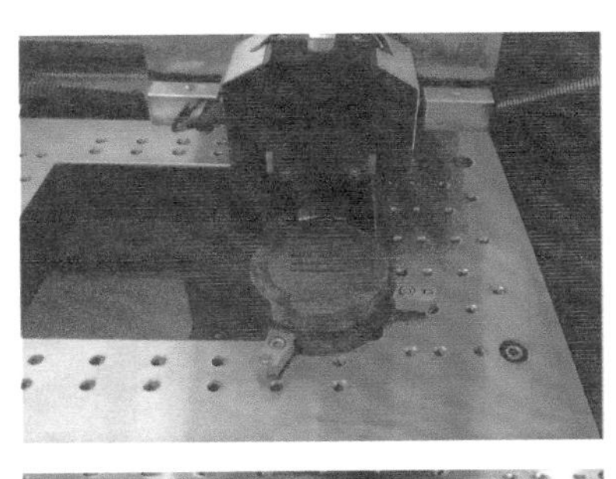

图 4-10　装夹方式

（2）选择合适的工艺参数

编程时，根据加工要求，正确选择加工工艺参数。

在选择加工工艺时，根据工件材料、高度、电极丝类型、切割次数、有无锥度和优先级，生成正确的工艺序列文件，如图 4-11 所示。

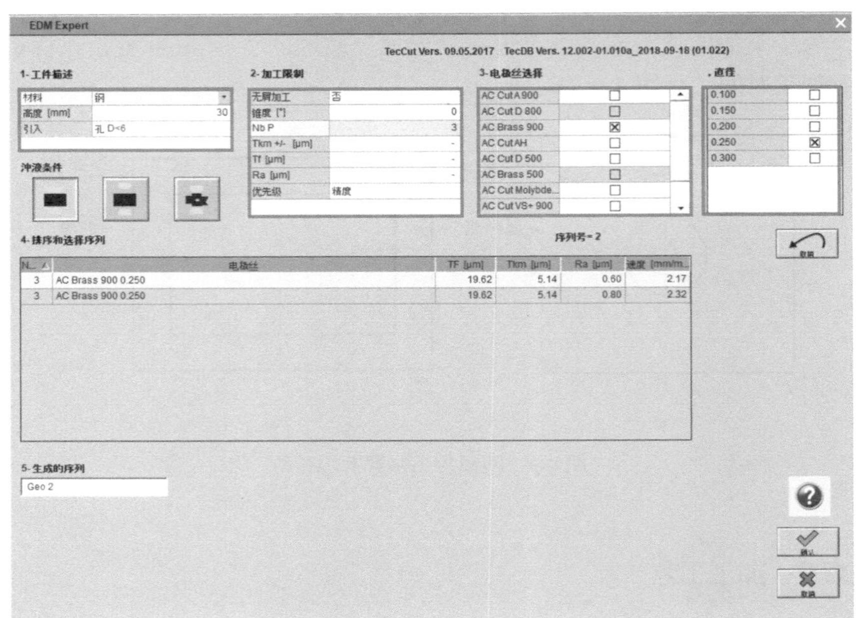

图 4-11　EDM Expert 界面

知识点 3　凹模进刀处丝痕解决方法

（1）采用圆弧切入 / 圆弧切出方式

在编程时，采用圆弧切入 / 圆弧切出方式，圆弧大小为 0.5mm 即可，如图 4-12 所示。

图 4-12　圆弧切入 / 圆弧切出方式

（2）采用切入点 / 退出点分离方式

编程时，通过使用应用增量靠近，将每次进刀点和退刀点错开，避免从同一点进刀、退刀。切入点 / 退出点分离方式如图 4-13 所示。

图 4-13　切入点 / 退出点分离方式

【任务目标】

① 能够选用加工所需工具、量具及夹具。
② 能够编写凹模加工程序。
③ 能够操作机床进行放电加工。

【任务实施】

（1）基本要求

① 培养学生良好的工作作风和安全意识。
② 培养学生的责任心和团队精神。
③ 掌握凹模加工方法。

（2）设备与器材

实训所需的设备与器材见表 4-10。

表 4-10　设备及器材清单

项目	名称	规格	数量
设备	慢走丝线切割机床	GF 加工方案 CUT E 350	3 ～ 5 台
夹具	压板	配套	3 ～ 5 个
	3R 三向找正夹具	套装	1 副
电极丝	黄铜丝	ϕ0.25mm、5kg/卷	3 ～ 5 卷

续表

项目	名称	规格	数量
工具	内六角扳手	配套	3～5套
	紫铜棒	配套	3～5个
	杠杆式千分表	0.002mm	1个
	千分表架	配套	1副
量具	游标卡尺	0～150mm	3～5把
	内径千分尺	5～30mm	3～5把
	外径千分尺	0～25mm	3～5把

（3）内容与步骤

① 开机（详见项目二中任务1的相关内容）。

② 安装电极丝（详见项目二中任务1的相关内容）。

③ 穿丝（详见项目二中任务1的相关内容）。

④ 校正电极丝（详见项目二中任务1的相关内容）。

⑤ 装夹及校正工件（见表4-11）。

表4-11　装夹及校正工件

步骤	示意图	说明
①测量毛坯		用卡尺测量工件外形尺寸，检查是否符合加工要求
②清理工作台	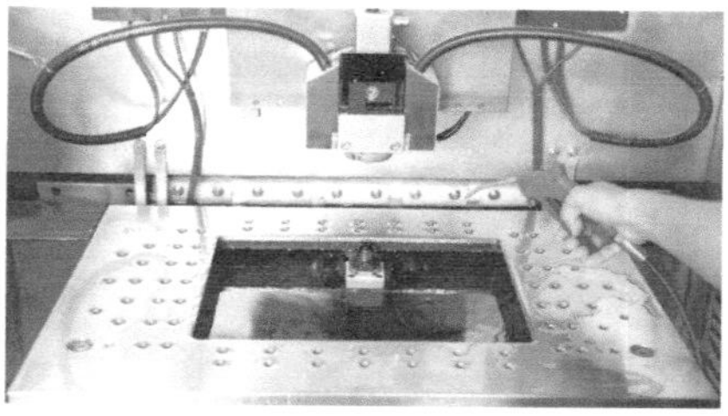	清理工作台面上的污垢

续表

步骤	示意图	说明
③装夹工件	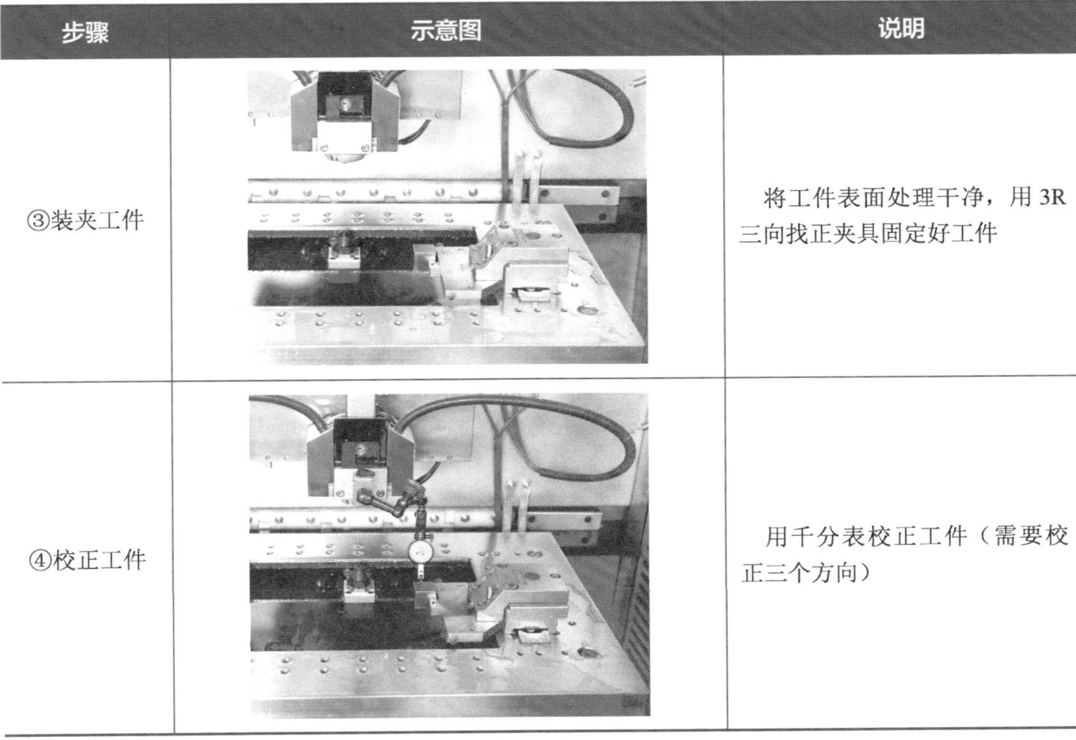	将工件表面处理干净，用 3R 三向找正夹具固定好工件
④校正工件		用千分表校正工件（需要校正三个方向）

⑥ 电极丝定位（见表 4-12）。

表 4-12 电极丝定位

步骤	示意图	说明
①设置上、下喷嘴高度	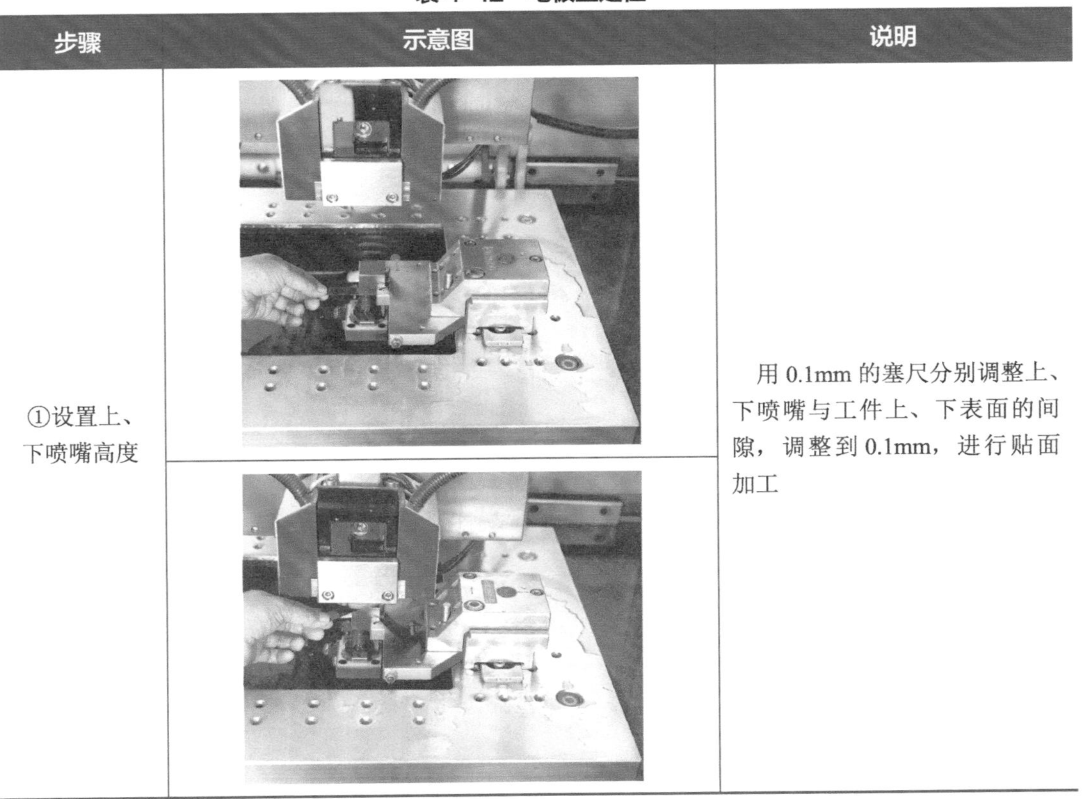	用 0.1mm 的塞尺分别调整上、下喷嘴与工件上、下表面的间隙，调整到 0.1mm，进行贴面加工

续表

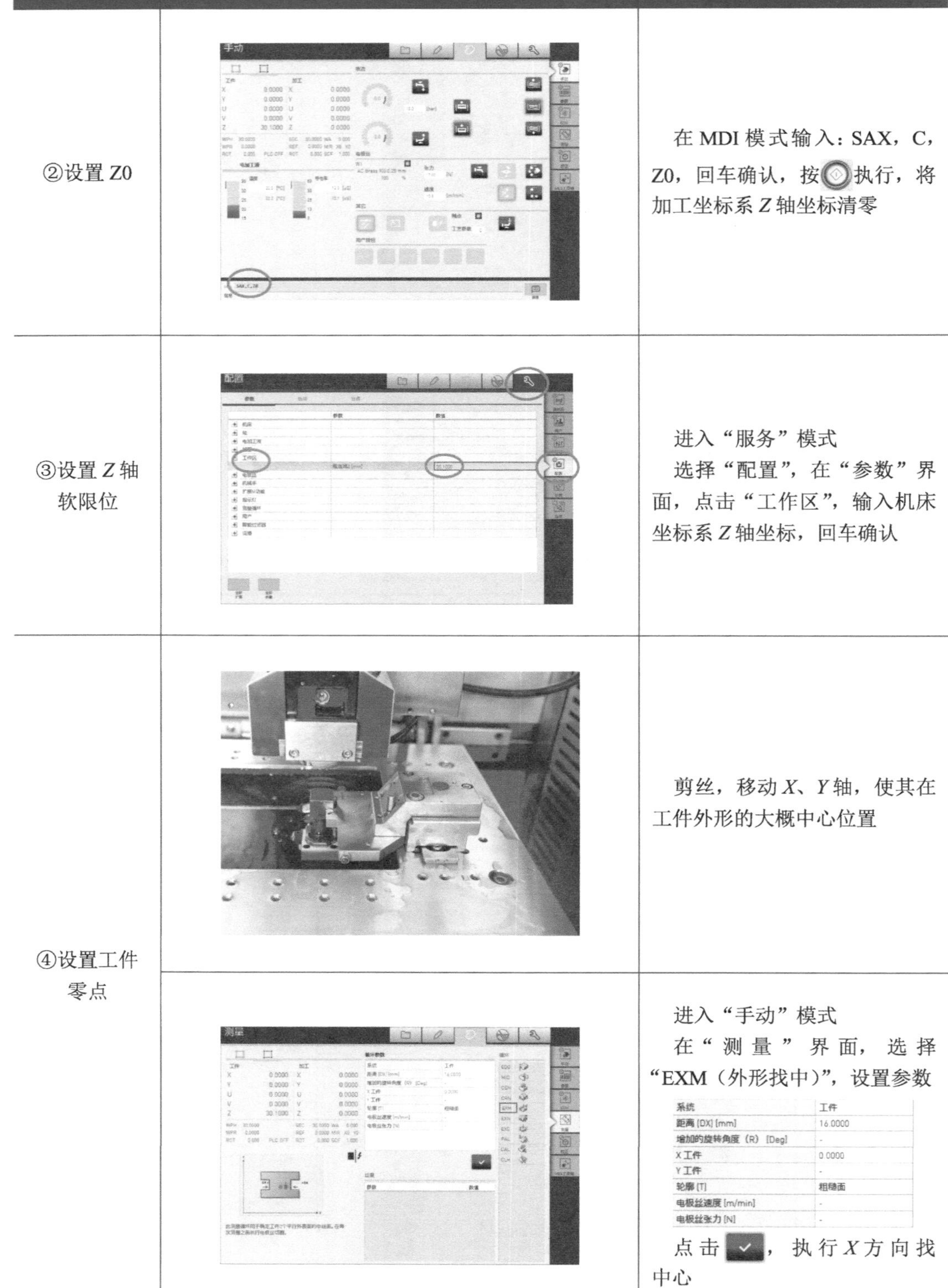

<table>
<tr><th>步骤</th><th>示意图</th><th>说明</th></tr>
<tr><td>②设置 Z0</td><td></td><td>在 MDI 模式输入：SAX，C，Z0，回车确认，按执行，将加工坐标系 Z 轴坐标清零</td></tr>
<tr><td>③设置 Z 轴软限位</td><td></td><td>进入“服务”模式
选择“配置”，在“参数”界面，点击“工作区”，输入机床坐标系 Z 轴坐标，回车确认</td></tr>
<tr><td rowspan="2">④设置工件零点</td><td></td><td>剪丝，移动 X、Y 轴，使其在工件外形的大概中心位置</td></tr>
<tr><td></td><td>进入“手动”模式
在“测量”界面，选择“EXM（外形找中）”，设置参数
<table><tr><td>系统</td><td>工件</td></tr><tr><td>距离 [DX] [mm]</td><td>16.0000</td></tr><tr><td>增加的旋转角度（R）[Deg]</td><td>-</td></tr><tr><td>X 工件</td><td>0.0000</td></tr><tr><td>Y 工件</td><td>-</td></tr><tr><td>轮廓 [T]</td><td>粗糙面</td></tr><tr><td>电极丝速度 [m/min]</td><td>-</td></tr><tr><td>电极丝张力 [N]</td><td>-</td></tr></table>
点击 ，执行 X 方向找中心</td></tr>
</table>

续表

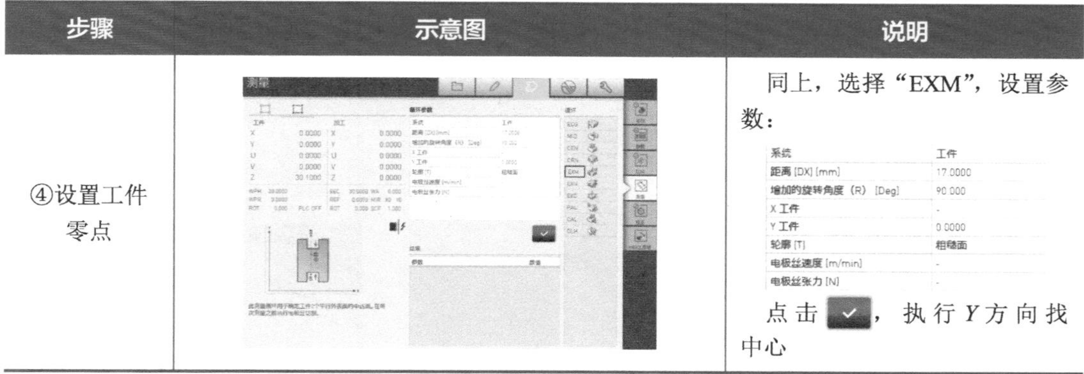

步骤	示意图	说明
④设置工件零点		同上，选择“EXM”，设置参数： 系统：工件 距离 [DX] [mm]：17.0000 增加的旋转角度（R）[Deg]：90.000 X 工件：- Y 工件：0.0000 轮廓 [T]：粗糙面 电极丝速度 [m/min]：- 电极丝张力 [N]：- 点击 ✓，执行 Y 方向找中心

⑦ 编写加工程序（见表 4-13）。

表 4-13　编写加工程序

步骤	示意图	说明
①新建 CAM 任务	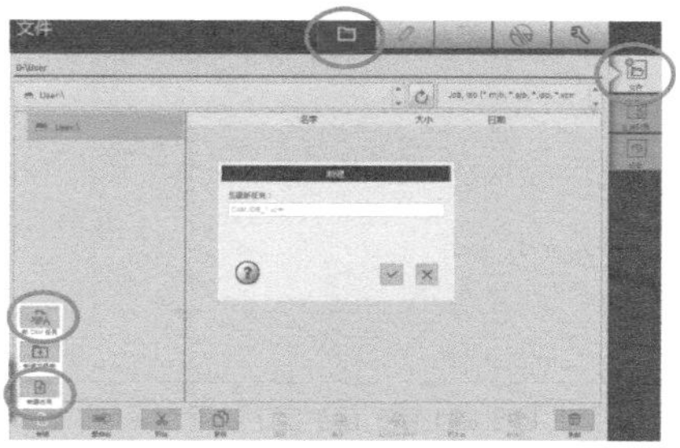	进入“文件”模式 选择“文件”，点击“新建”，选择“新建 CAM 任务”，点击确认，自动切换到编程软件界面，启动软件
②绘图	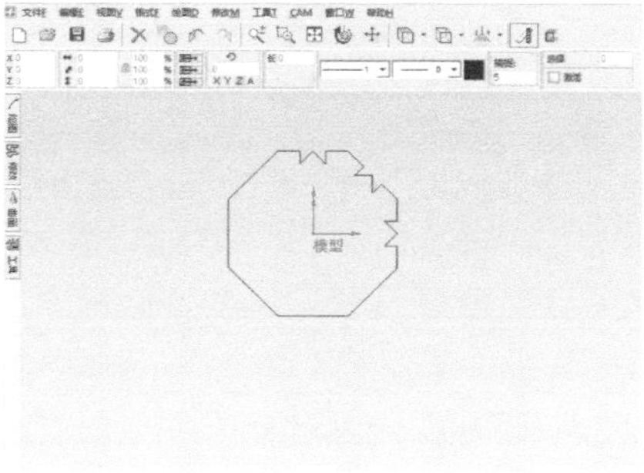	根据图纸绘制出零件的形状，如左图所示
③线切割	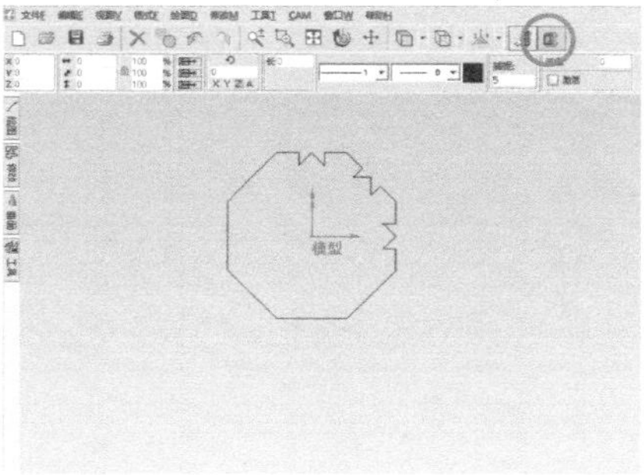	点击（线切割）

续表

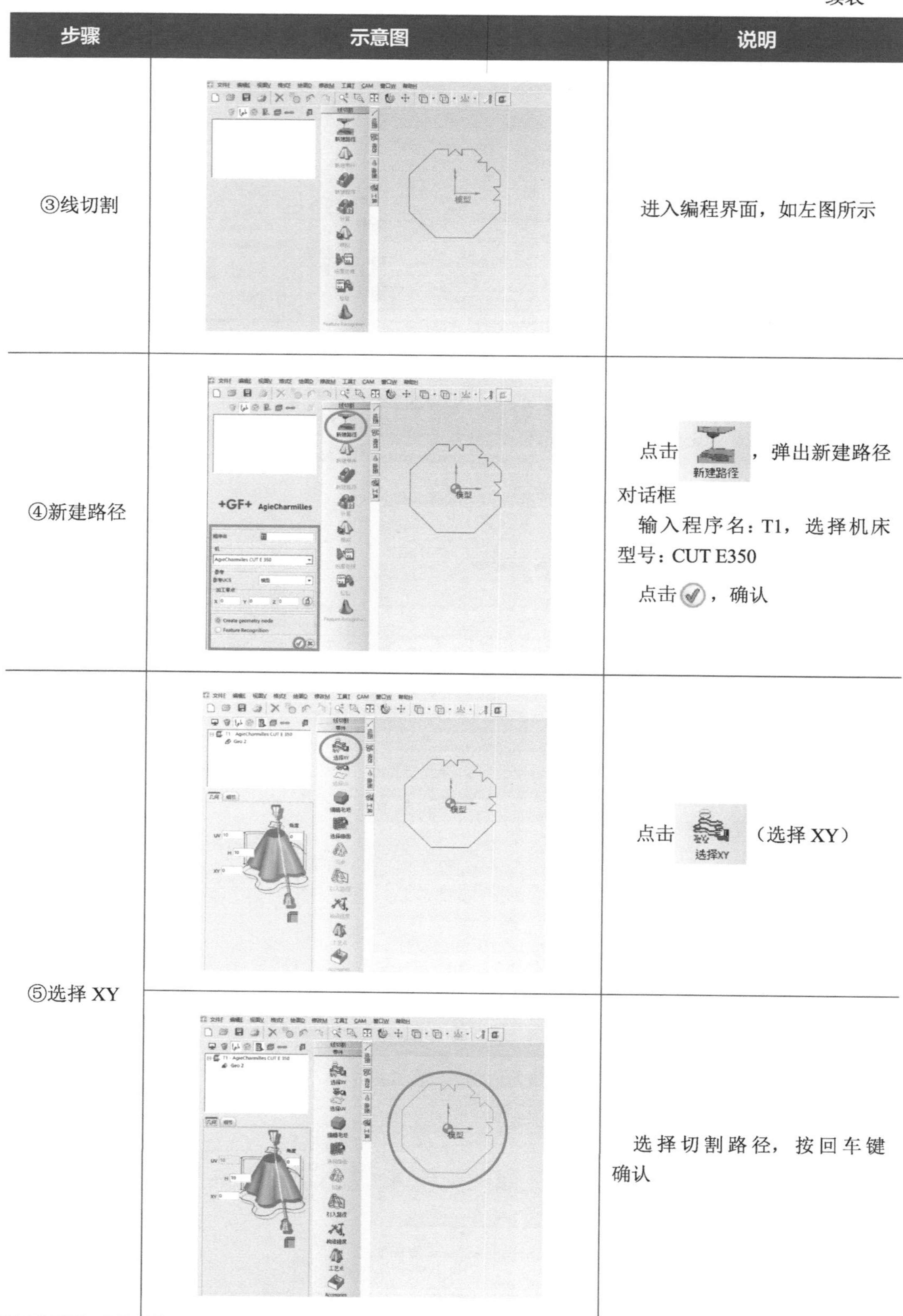

步骤	示意图	说明
③线切割		进入编程界面，如左图所示
④新建路径		点击 新建路径，弹出新建路径对话框 输入程序名：T1，选择机床型号：CUT E350 点击 ，确认
⑤选择 XY		点击 选择XY （选择 XY）
		选择切割路径，按回车键确认

续表

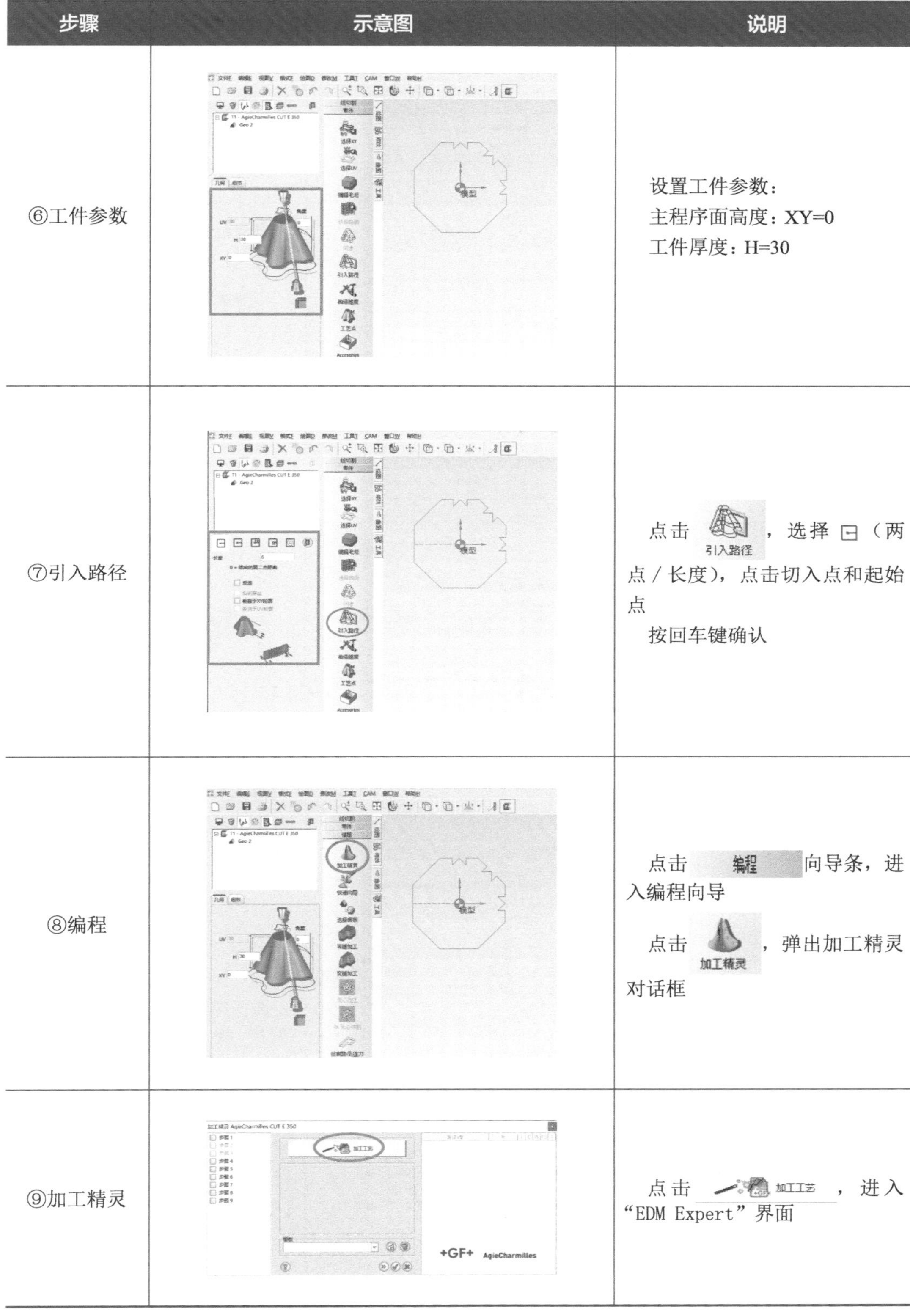

步骤	示意图	说明
⑥工件参数		设置工件参数： 主程序面高度：XY=0 工件厚度：H=30
⑦引入路径		点击 引入路径 ，选择 ⊟（两点 / 长度），点击切入点和起始点 按回车键确认
⑧编程		点击 编程 向导条，进入编程向导 点击 加工精灵 ，弹出加工精灵对话框
⑨加工精灵		点击 加工工艺 ，进入“EDM Expert”界面

续表

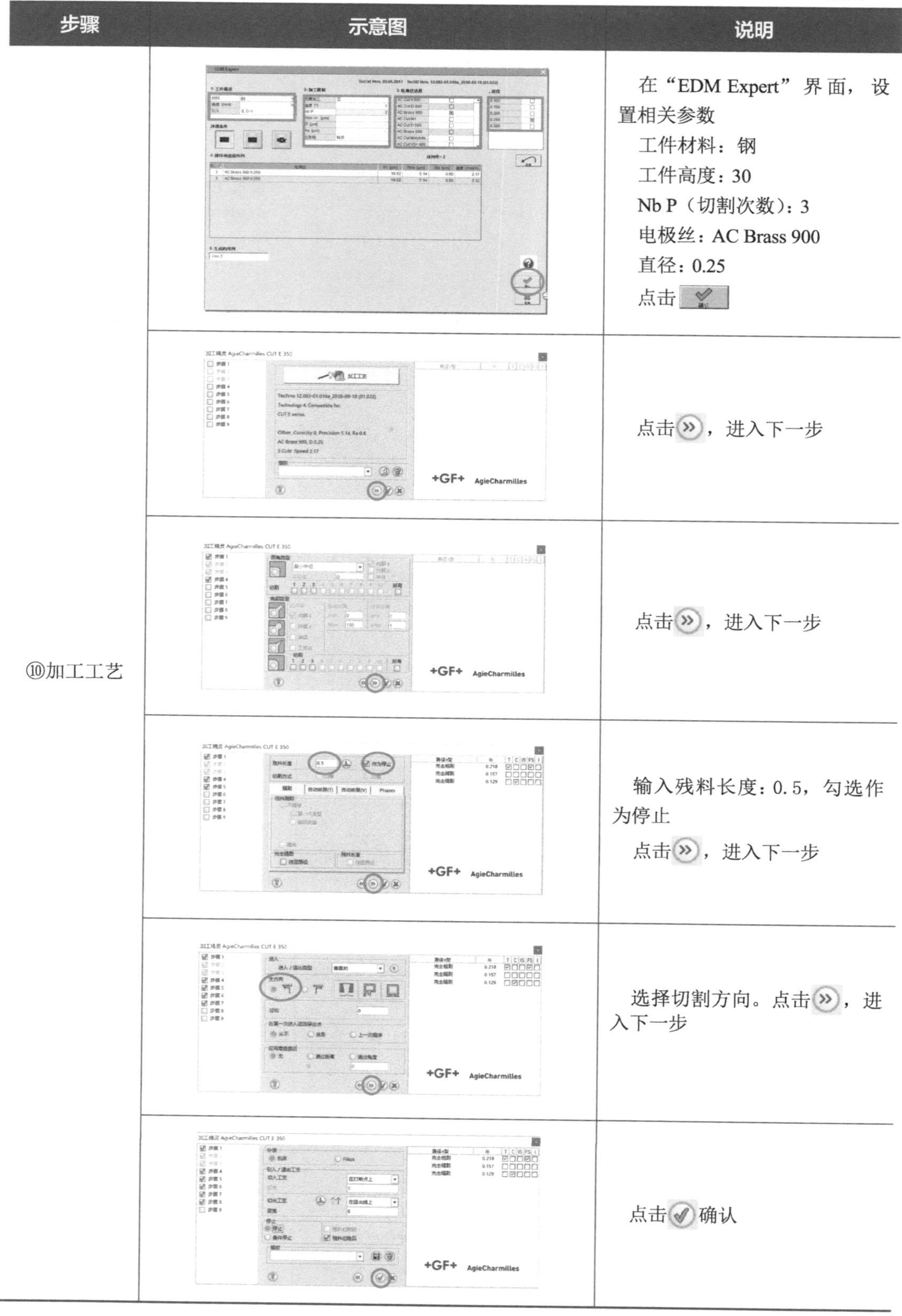

步骤	示意图	说明
⑩加工工艺		在“EDM Expert”界面，设置相关参数 工件材料：钢 工件高度：30 Nb P（切割次数）：3 电极丝：AC Brass 900 直径：0.25 点击
		点击(»)，进入下一步
		点击(»)，进入下一步
		输入残料长度：0.5，勾选作为停止 点击(»)，进入下一步
		选择切割方向。点击(»)，进入下一步
		点击(✓)确认

步骤	示意图	说明
⑪计算	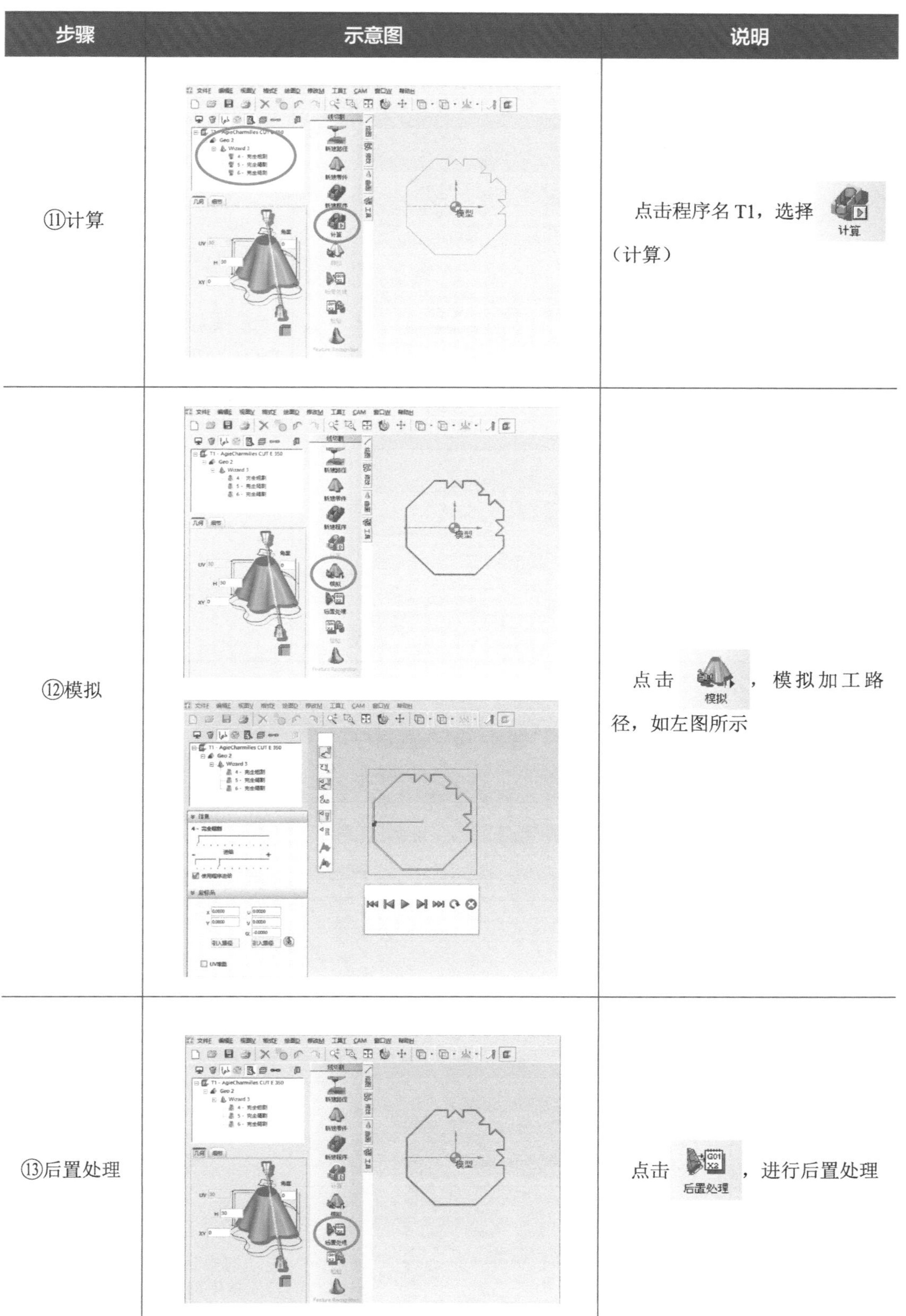	点击程序名T1，选择（计算）
⑫模拟		点击（模拟），模拟加工路径，如左图所示
⑬后置处理		点击（后置处理），进行后置处理

续表

步骤	示意图	说明
⑭后置处理	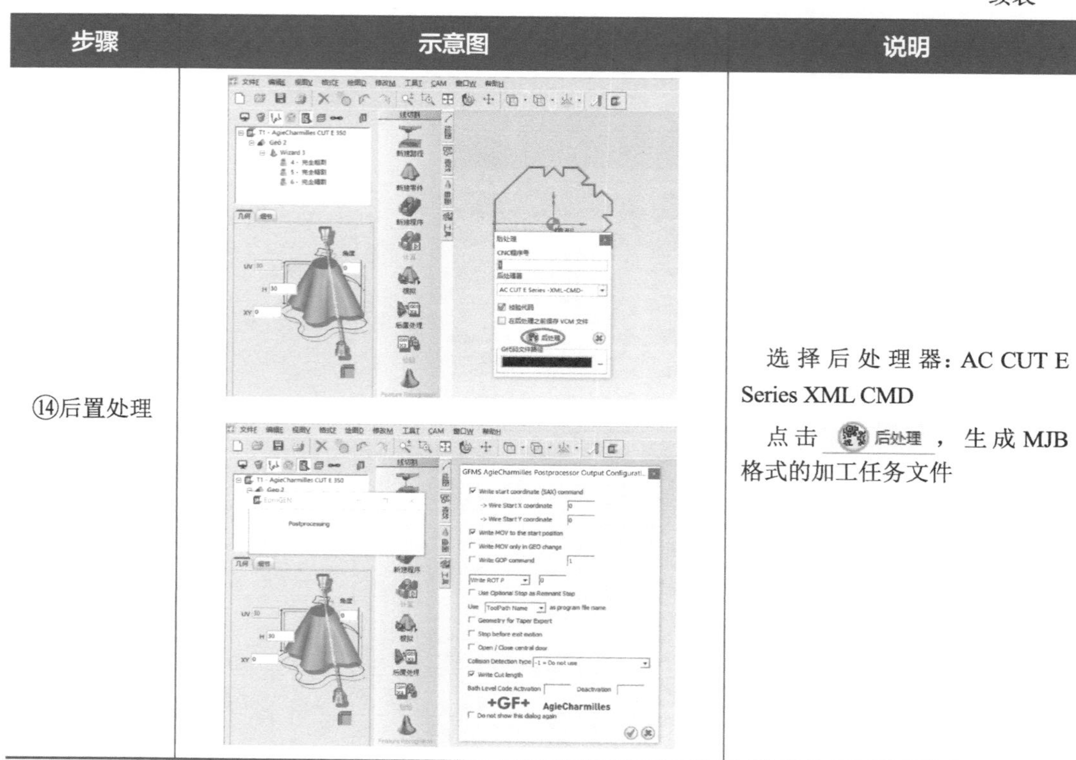	选择后处理器：AC CUT E Series XML CMD 点击 后处理 ，生成 MJB 格式的加工任务文件

⑧ 加工运行（见表 4-14）。

表 4-14　加工运行

步骤	示意图	说明
①选择程序	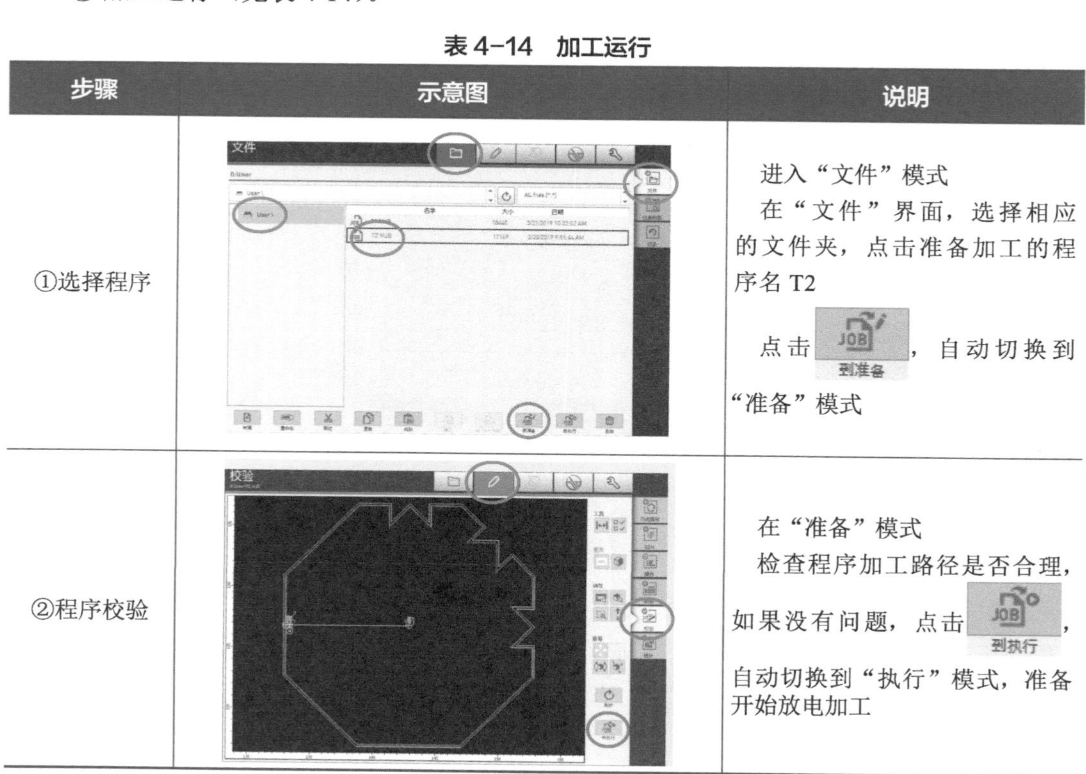	进入“文件”模式 在“文件”界面，选择相应的文件夹，点击准备加工的程序名 T2 点击 JOB 到准备，自动切换到“准备”模式
②程序校验		在“准备”模式 检查程序加工路径是否合理，如果没有问题，点击 JOB 到执行，自动切换到“执行”模式，准备开始放电加工

续表

步骤	示意图	说明
③放电加工	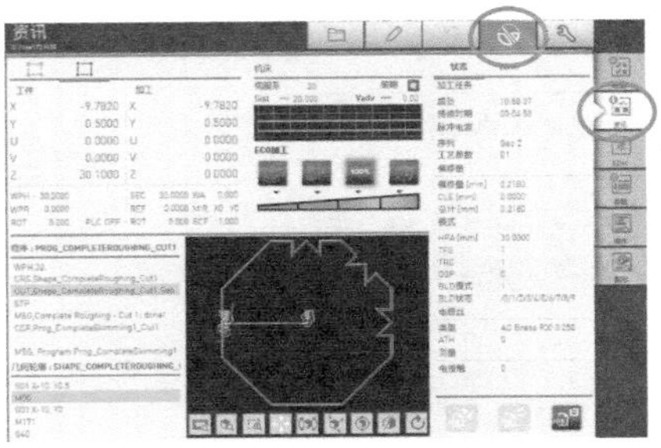	按操作台上的启动键◇，开始放电加工
④暂停加工	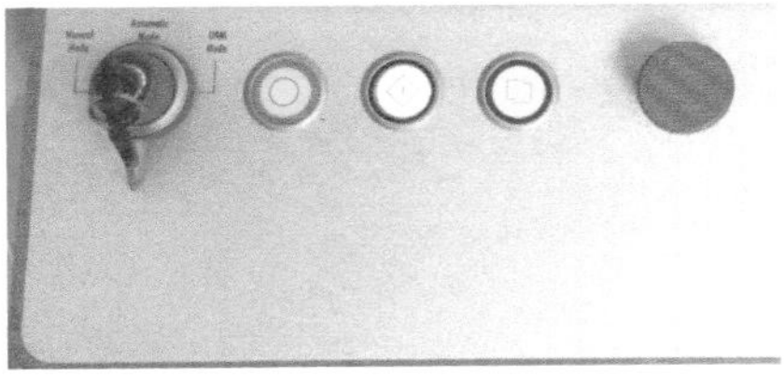	程序执行到废料切断前的暂停点时，会自动暂停，操作台上三个按键全部变亮
⑤继续加工	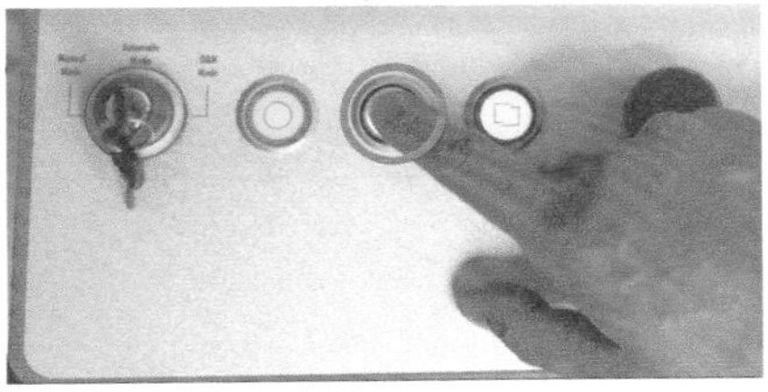	按启动键，继续放电加工，切断废料
⑥暂停加工	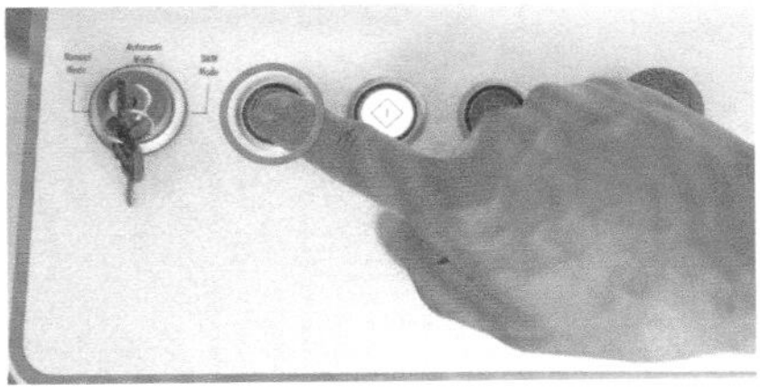	废料即将切断时，冲水、放电声音变大，一定要及时按下暂停键，避免废料落下，二次放电，烧坏型腔内壁
⑦取废料		将 Z 轴抬起至合适高度

续表

步骤	示意图	说明
⑦取废料	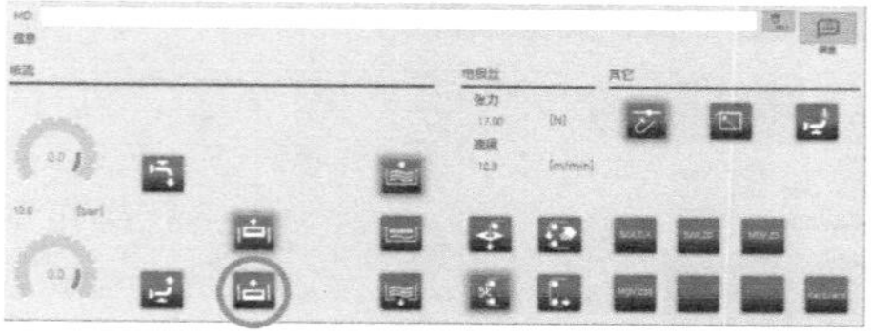	点击[icon]，打开液槽门
	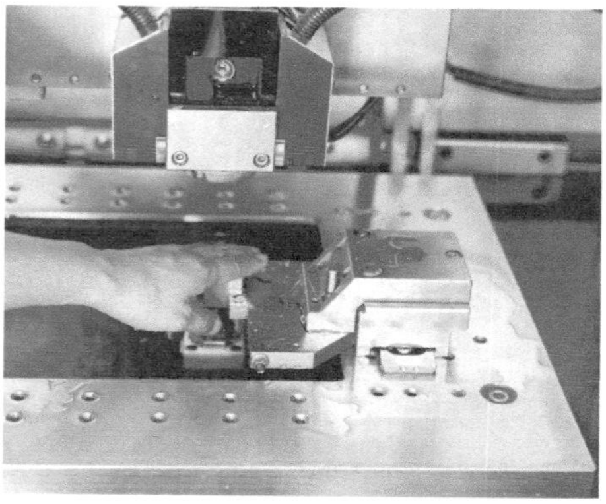	抬高Z轴，将手放在工件上面，挡住废料，防止水溅出 在操作屏幕右下角，按[icon]，打开下机头冲水
		取出废料
	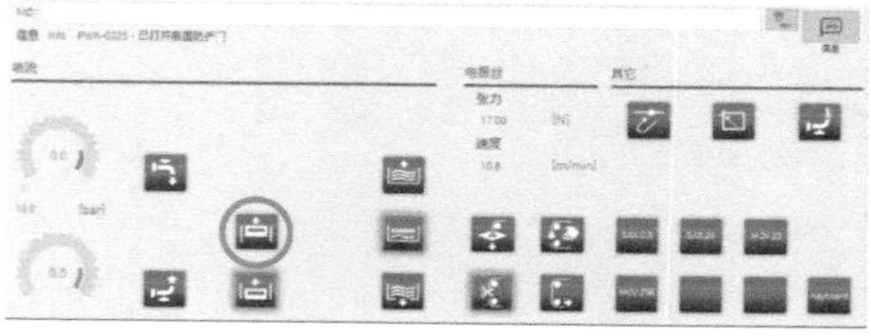	点击[icon]，关闭液槽门
⑧精加工	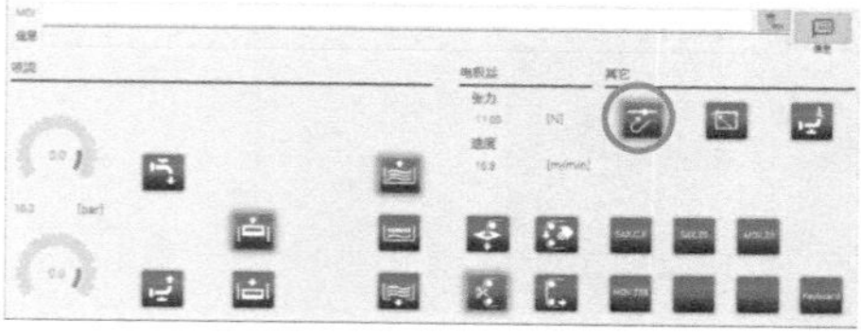	点击[icon]，返回暂停点 按启动键[icon]，继续加工，直到最终加工完成

⑨ 零件检测（见表 4-15）。

表 4-15　零件检测

步骤	示意图	说明
①清洗工件	 清洗液	用清洗液清洗工件
	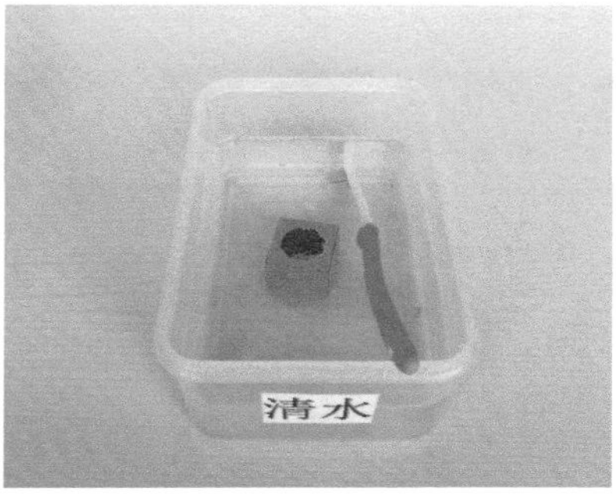 清水	然后用清水将工件冲洗干净
	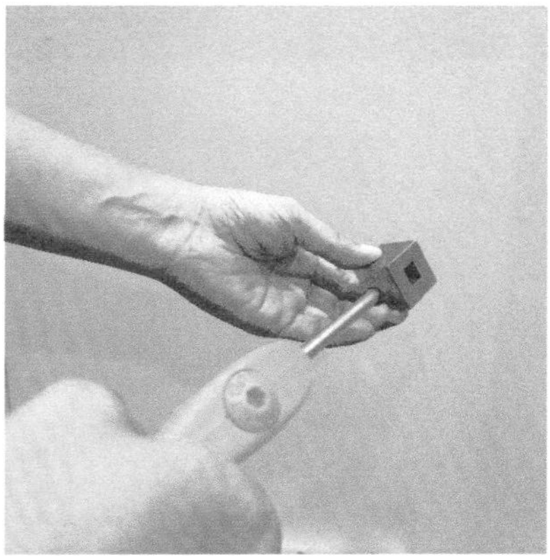	最后用气枪吹干工件
②测量工件	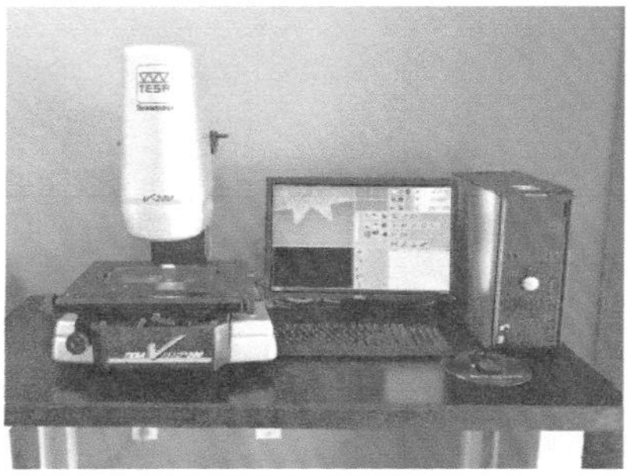	用投影仪测量工件，记录数据

续表

步骤	示意图	说明
③加工完成		合格工件如左图所示

⑩ 关机保养（详见项目二中任务 1 的相关内容）。

【任务评价】

根据掌握情况填写学生自评表，见表 4-16。

表 4-16　学生自评表

项目	序号	考核内容及要求	能	不能	其他
开机操作	1	会检查储丝桶			
	2	会检查污水箱			
	3	会检查净水箱			
	4	会开机床和冷却机			
	5	会识读机床压力表			
	6	会检查上、下喷嘴			
回零操作	7	能找到服务界面			
	8	能操作机床回零			
安装电极丝	9	能将电极丝正确安装在运丝板			
	10	能正确激活电极丝			
穿丝	11	会手动穿丝			
	12	会自动穿丝			

续表

项目	序号	考核内容及要求	能	不能	其他
校正电极丝	13	能找到服务界面			
	14	会使用 GAJ 校正方式及正确设置相关参数			
安装工件	15	能正确测量毛坯			
	16	能正确清理工作台和液槽			
	17	能正确装夹工件			
	18	能正确校正工件			
定位电极丝	19	能正确检查上、下喷嘴			
	20	能正确设置 Z0			
	21	会使用 EXM（G142）测量工件			
编辑程序	22	能正确绘制加工零件图			
	23	会设置加工工艺参数			
	24	会生成 MJB 程序			
加工运行	25	会选择加工程序			
	26	会程序效验			
	27	能执行程序			
	28	会取废料			
	29	能完成零件加工			
零件检验	30	会清洁工件			
	31	会检测零件			
关机保养	32	会拆卸工件			
	33	会关机操作			
	34	会清洁和保养机床			
签名	学生签名（ ）		教师签名（ ）		

【任务反思】

总结归纳学习所得，发现存在的问题，并填写学习反思内容，见表 4-17。

表 4-17　学习反思内容

类型	内　容
掌握知识	
掌握技能	
收获体会	
需解决问题	
学生签名	

【课后练习】

练习题　编写加工程序

加工如图 4-14 所示的零件，加工信息如表 4-18 所示，使用 Fikus 软件进行编程。

表 4-18　加工信息

加工准备	工件	钢（30mm×30mm 方料）
	夹具	3R 三向找正座、平口钳
加工要求	切割次数	切一修二（*Ra*0.55μm）
	TKM	±0.003mm

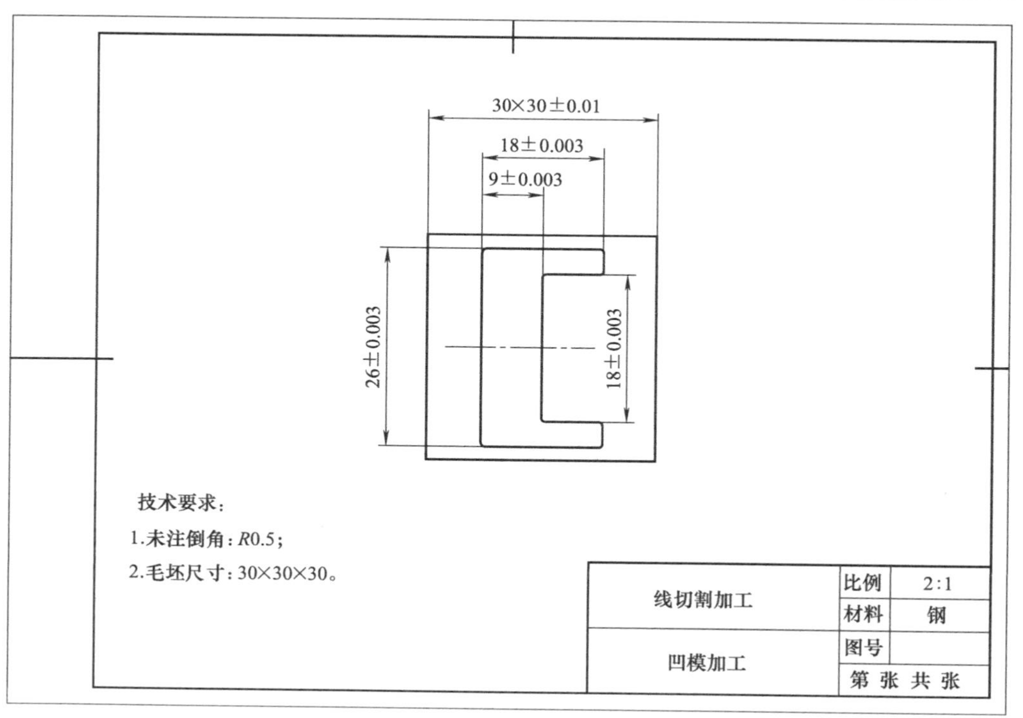

图 4-14　练习题

任务 3

复合件加工

【工作任务】

复合件加工零件图如图 4-15 所示。

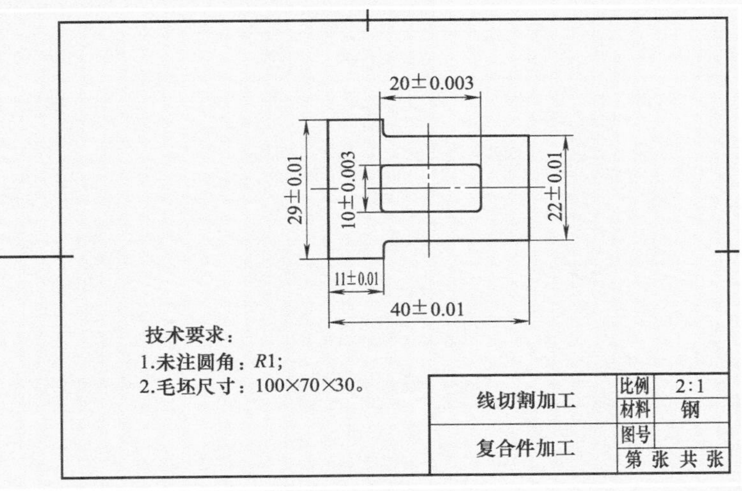

图 4-15　零件图

【知识技能】

知识点 1　工艺参数

（1）工艺参数（见表 4-19）

表 4-19　工艺参数

类型	参数	全称	含义
脉冲参数	MODE		放电模式
	I		放电电流
	UHP	Voltage HP	空载电压

续表

类型	参数	全称	含义
脉冲参数	ISH	I Short	短路电流减小量
	P	Power	脉冲频率
	T_{on}	Time On	脉冲宽度
	SPL	Short Pulse Limit	短路脉冲限制
	P_{pos}	Pulse Positive	正脉冲数
	P_{neg}	Pulse Negative	负脉冲数
进给调节	SMODE	Servo Mode	伺服模式
	SSOLL	Servo Soll	伺服进给率
	VS	Vorschub	恒定进给速度
	REG	Regulation	伺服调节类型
优化控制	WTY	Work Type	工序类型
	STR	Strategy	拐角切割策略
	ACO	Adaptive Control Optimization	自动过程优化
冲液参数	B	Bath	浸液类型
	Q	Quantity	冲液类型
	P	Pressure	冲液压力
	K	Microsiemens	工作液电导率
	DPSIC	Delta Piano Sicurezza	修切时 Z 轴抬升的高度
电极丝参数	张力	Tension	丝张力
	丝速	Speed	丝速
轨迹补偿	OFS	Offset	补偿量
	PMR	Removal Rate	材料去除量
	CCON	Conical Compensation	锥度补偿

① 放电模式 MODE　参数 MODE 定义了加工的类型和所选电源模块。选择相应的数字，相对应模块的放电模式被激活。放电模式 MODE 表如表 4-20 所示。

表 4-20　放电模式 MODE 表

模式	X0	X1	X2
0x	粗加工模块	未使用	未使用
1x	精加工模块	未使用	未使用
2x	精加工模块	未使用	未使用
3x	超精加工模块	未使用	未使用

② 放电电流 I　放电电流与工艺种类的选择以及工件的高度均有关。一般来说，这个参数在加工过程中不能修改，如果改动将影响放电间隙、修切速度、表面粗糙度和加工精度。

每一个模块都设定了电流参数 I，从 0（无电流）开始慢慢增长，直到达到所选模块规定的最大电流值。电流 I 的增大将带来如下影响：

a. 切割速度增大；

b. 断丝风险增加；

c. 粗糙度增大；

d. 几何误差加大；

e. 材料表面的变质层增加；

f. 放电间隙增加。

③ 短路电流减小量 ISH　短路电流减小量范围从 0 ～ −7。该参数用来防止断丝，ISH 绝对值的增加可以防止电极丝断丝。只有在主切时，它才会被激活。在主切过程中，如有短路倾向，当前电流 I 将自动减小设置的数值（由 ISH 定义）。

注意：在主切不稳定的情况下，ISH 会经常干预。这表明加工用的电流比设定值低。

④ 脉冲频率 P　脉冲频率 P 是指 1s 发出的脉冲数。脉冲频率影响放电加工功率，最终影响切割速度。在冲液条件不好和断丝时可以适当减小 P 值。

脉冲频率 P 值取决于电源参数 I 和 MODE（模块）。

P 值增大对加工的影响：

a. 切割速度增大；

b. 电极丝断丝风险增大。

⑤ 脉冲宽度 T_{on}　脉冲宽度的参数设置范围从 0 ～ 32。T_{on} 参数由所选的 MODE（放电模块）确定，这一参数在加工中不能修改。

脉冲宽度 T_{on} 增大对加工的影响：

a. 粗糙度增大；

b. 电极丝断丝风险增大；

c. 热影响区增大。

⑥ 短路脉冲限制 SPL　短路脉冲限制是指在脉冲电源限定起作用前最大的短路脉冲数，它的参数设置范围从 0 ～ 31。这一参数用来防止因加工状态不好可能造成的断丝。

只有在 MODE 0x（主切）加工，SPL 才激活；在“MODE 30”（精修）加工时，不激活。

对加工的影响：

a. 减小 SPL，断丝风险降低，放电加工时间增加；

b. 增大 SPL，断丝风险增加，放电加工时间减少；

c. SPL=0，没有保护。

⑦ 正、负脉冲数 P_{pos}、P_{neg}　P_{pos}= 正脉冲数，P_{neg}= 负脉冲数。

⑧ 空载电压 UHP　空载电压取决于工件材料和所用的电极丝，参数范围从 0 ～ 7。

在修切过程中，当 UHP 增大时：

a. 切割速度增大；

b. 材料去除率增大；

c. 工件表面粗糙度变差。

⑨ 伺服模式 SMODE　伺服模式的选择与要进行的切割类型有关。SMODE=0x 用于主切，SMODE=1x 用于修切。

⑩ 伺服进给率 SSOLL　SSOLL（Servo Soll）是一个参考值，用于加工过程中决定进给速度，用百分比表示，范围：8% ～ 95%。SSOLL 8%：提高进给率，趋于短路；SSOLL 95%：减小进给率，趋向空载。

在整个切割过程中，主切时，调整 SSOLL 对加工的影响：SSOLL 值减小，切割速度增大，但同时加工稳定性变差（断丝的可能性增大）；SSOLL 值增大，切割速度降低。修切时，如果 SSOLL 调整不当，会影响切割面的形状，如图所示：

SSOLL 太高，轮廓上会产生凹心。

SSOLL 太低，轮廓上会产生鼓肚子。

⑪ 恒定进给速率 *VS*

当选择 REG 为恒速时，预置进给速度（0.01 ～ 40mm/min），修改 *VS* 参数对工件加工表面的影响：

VS 值太高，会产生鼓肚子。

VS 值太低，会产生凹心。

⑫ 切割类型

Main——主切；

Trim——修切；

Entry——切入；

Exit——切出；

Broken——电极丝断丝后重新加工；

Pocketing——无芯切割。

在锥度切割中：

CMain——主切；

CTrim——修切；

CEntry——切入；

CExit——切出；

CBroken——电极丝断丝后重新加工。

CPocketing——无屑加工。

⑬ 拐角保护策略 STR　在切割到拐角前，自动关闭高压冲水，降低切割速度；切出拐角后，打开高压冲水，速度恢复到正常的切割速度。

STR——0：没有拐角策略保护。

参数格式：STR=d c b a（两位或者四位数字）

式中　a——内角保护策略；

b——外角保护策略；

c——动态拐角策略（1：激活；0：无）；

d——拐角策略启动方式（1：快速；0：渐进式）。

⑭ 冲液压力 *P*　在主切加工过程中，冲液压力过低会导致电极丝断丝；冲液压力过高会导致电极丝偏移其理论位置，造成各个面上的修切量不均匀。

在修切加工过程中，冲液压力过低会导致放电加工过程不稳定，在工件上留下丝痕；压力过高会引起几何误差，也会在表面上出现丝痕。

为了减少顶部的冲液压力，修切时，由参数 DPSIC 控制，*Z* 轴会自动抬高 2mm。

⑮ 工作液电导率 *K*　通常情况下较低的工作电导率会使粗糙度略有提高，同时会提高加工的稳定性；工作液电导率增加则会得到相反的效果，且较高的电导率会有明显的腐蚀现象，尤其是硬质合金。

⑯ 锥度补偿 CCON

由于电极丝的损耗，在工件上会出现上下大小头的现象。根据工件的厚度，在工艺参数里面会自动生成 CCON，在加工中自动补偿工件上下大小头。单位：0.1μm。

如图 4-16 所示凸模：

$A = 10.0000$（顶部）

$B = 10.0060$（底部）→ CCON = 30

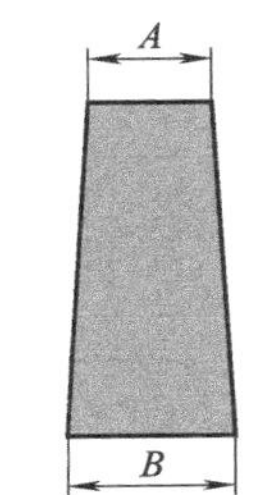

图 4-16　凸模

知识点 2　短路的处理

机床在启动加工时或者加工过程中，遇到短路时，会报警“负极腐蚀速度延时请求”。针对短路，有以下两种方法解决：

（1）处理方法一

① 减小电极丝张力、冲液压力；

② 正常放电后，逐渐改回原参数。

（2）处理方法二

① 移动 *X*、*Y* 轴到不短路的位置；

② 输入 CTA，P，X_，Y_（短路点的工件坐标）回车，按执行键，开始手动放电；

③ 手动放电完成后，返回暂停点；

④ 按执行键，继续执行放电加工。

【任务目标】

① 能够选用加工所需工具、量具及夹具。

② 能够编写复合件加工程序。

③ 能够操作机床进行零件加工。

【任务实施】

（1）基本要求

① 培养学生良好的工作作风和安全意识。

② 培养学生的责任心和团队精神。

③ 掌握复合件加工方法。

（2）设备与器材

实训所需的设备与器材见表 4-21。

表 4-21　设备及器材清单

项目	名称	规格	数量
设备	慢走丝线切割机床	GF 加工方案　CUT E 350	3 ～ 5 台
夹具	压板	配套	3 ～ 5 个
	3R 三向找正夹具	套装	1 副
电极丝	黄铜丝	ϕ0.25mm、5kg/ 卷	3 ～ 5 卷
工具	内六角扳手	配套	3 ～ 5 套
	紫铜棒	配套	3 ～ 5 个
	杠杆式千分表	0.002mm	1 个
	千分表架	配套	1 副
量具	游标卡尺	0 ～ 150 mm	3 ～ 5 把
	内径千分尺	5 ～ 30mm	3 ～ 5 把
	外径千分尺	0 ～ 25mm	3 ～ 5 把

（3）内容与步骤

① 开机（详见项目二中任务 1 的相关内容）。

② 安装电极丝（详见项目二中任务 1 的相关内容）。

③ 穿丝（详见项目二中任务 1 的相关内容）。

④ 校正电极丝（详见项目二中任务 1 的相关内容）。

⑤ 装夹及校正工件（见表 4-22）。

表 4-22　装夹及校正工件

步骤	示意图	说明
①测量毛坯		用游标卡尺测量工件外形尺寸，检查是否符合加工要求

续表

步骤	示意图	说明
②清理工作台	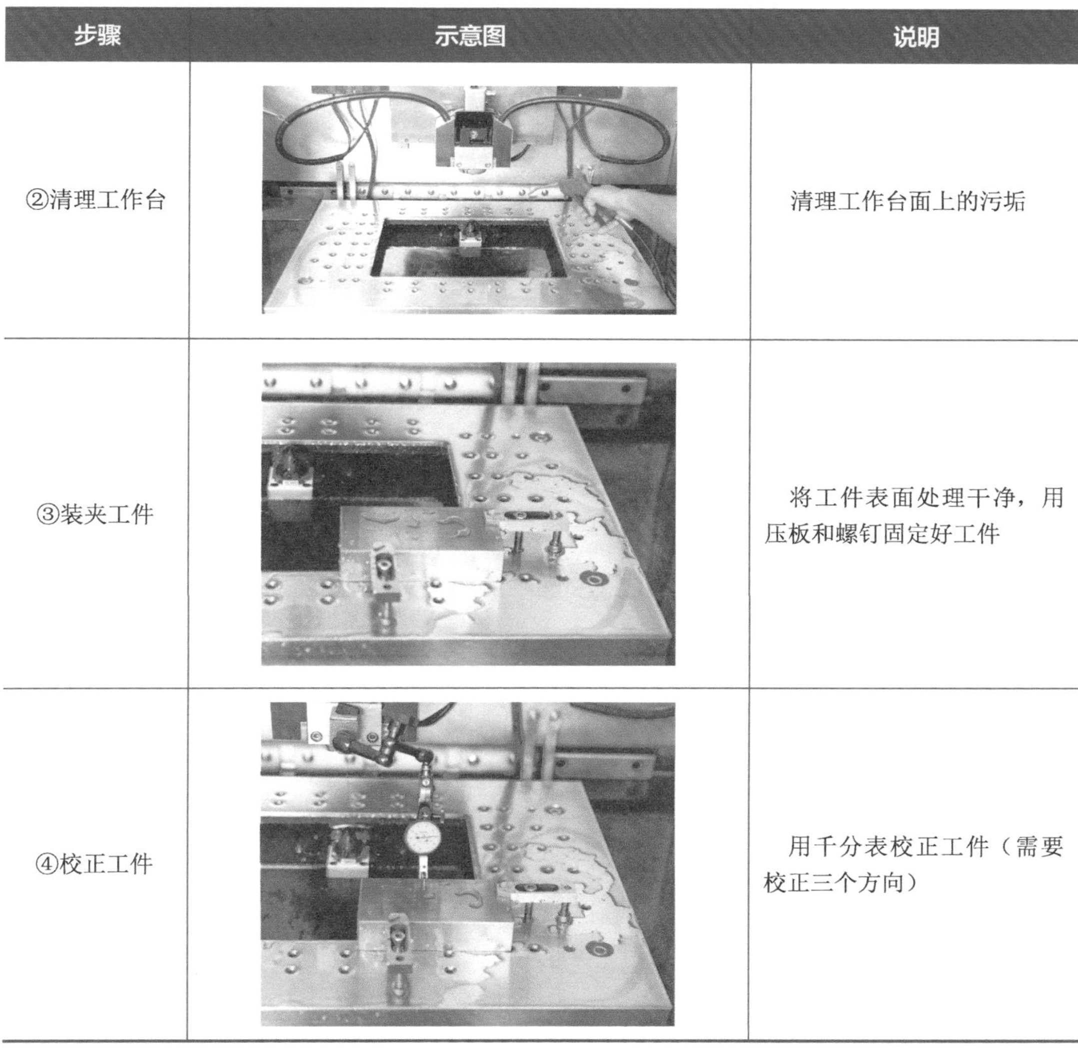	清理工作台面上的污垢
③装夹工件		将工件表面处理干净，用压板和螺钉固定好工件
④校正工件		用千分表校正工件（需要校正三个方向）

⑥ 电极丝定位（见表 4-23）。

表 4-23 电极丝定位

步骤	示意图	说明
① 设置上、下喷嘴高度		用 0.1mm 的塞尺分别调整上、下喷嘴与工件上、下表面的间隙，调整到 0.1mm，进行贴面加工

续表

<table>
<tr><th>步骤</th><th>示意图</th><th>说明</th></tr>
<tr><td>①设置上、下喷嘴高度</td><td> 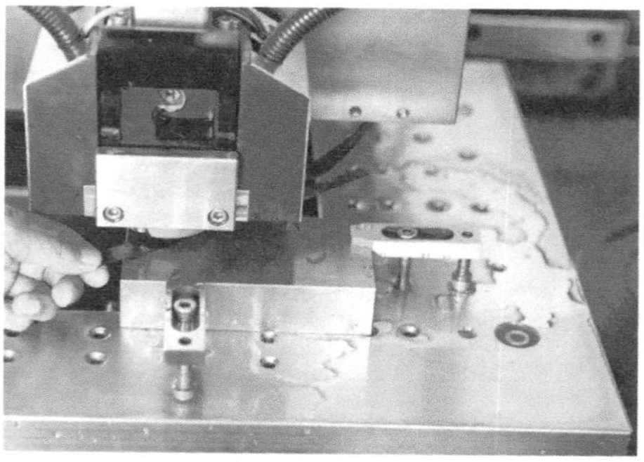</td><td>用0.1mm的塞尺分别调整上、下喷嘴与工件上、下表面的间隙，调整到0.1mm，进行贴面加工</td></tr>
<tr><td>②设置Z0</td><td> 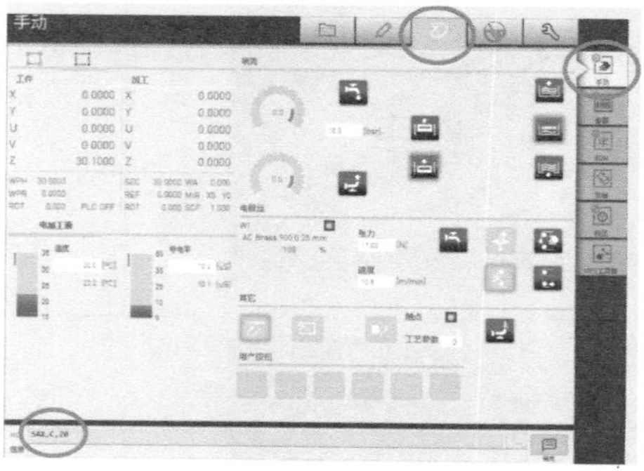</td><td>在MDI模式输入：SAX，C，Z0，回车，按◎执行，将加工坐标系Z轴坐标清零</td></tr>
<tr><td>③设置Z轴软限位</td><td> 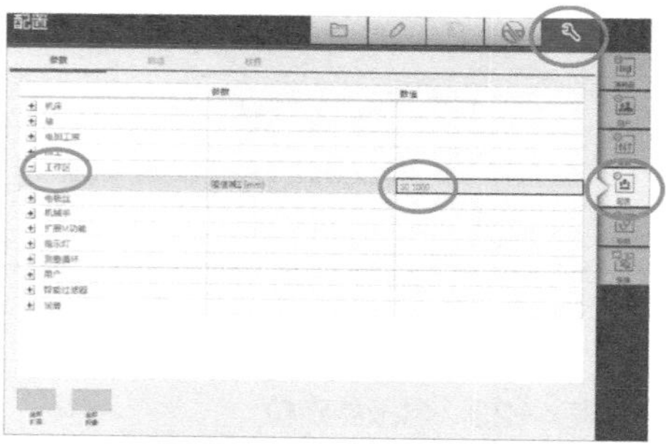</td><td>进入“服务”模式
在“配置”界面，选择“参数”，在“工作区”里，输入机床坐标系Z轴坐标</td></tr>
<tr><td>④设置工件零点</td><td> 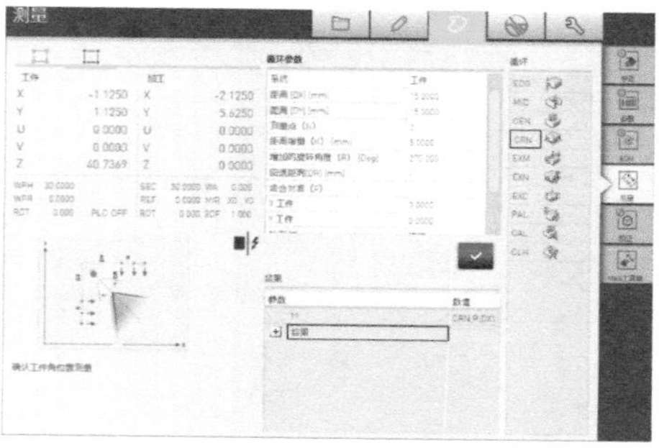</td><td>进入“手动”模式
选择“测量”，在“循环”指令里面，选择“CRM（找角）”，设置参数：
<table><tr><td>系统 [W]</td><td>工件</td></tr><tr><td>距离 [DX] [mm]</td><td>15.0000</td></tr><tr><td>距离 [DY] [mm]</td><td>15.0000</td></tr><tr><td>测量点（N）</td><td>2</td></tr><tr><td>距离增量（K）[mm]</td><td>5.0000</td></tr><tr><td>增加的旋转角度（R）[Deg]</td><td>270.000</td></tr><tr><td>回退距离[DR] [mm]</td><td>-</td></tr><tr><td>综合校准（F）</td><td>-</td></tr><tr><td>X 工件</td><td>0.0000</td></tr><tr><td>Y 工件</td><td>0.0000</td></tr></table>点击✓，执行找角循环</td></tr>
</table>

⑦ 编写加工程序（见表 4-24）。

表 4-24 编写加工程序

步骤	示意图	说明
①新建 CAM 任务	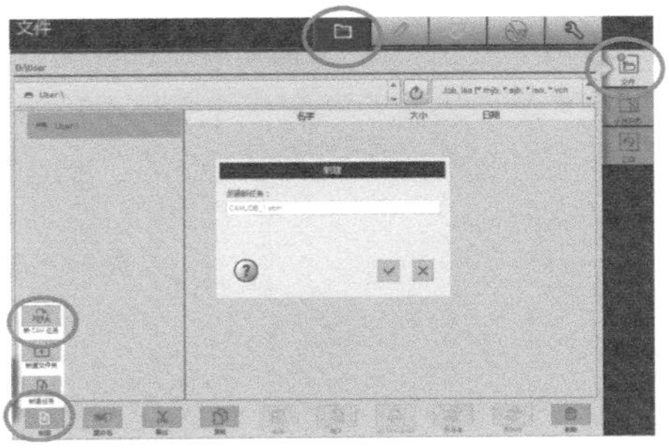	进入“文件”模式 选择“文件”，点击“新建”，选择“新建 CAM 任务”，点击确认，自动切换到编程软件界面，启动软件
②绘图	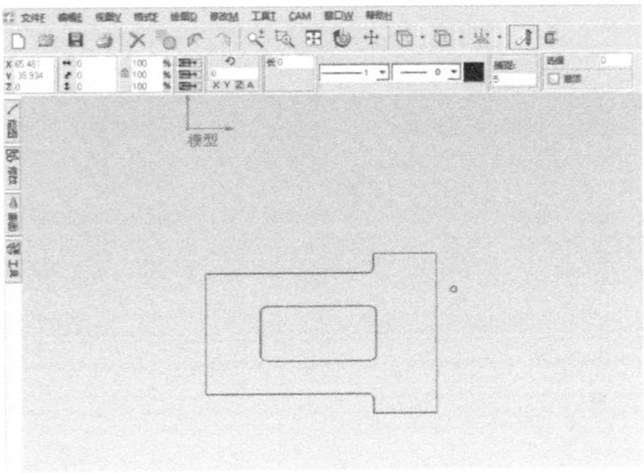	根据图纸绘制出零件的形状，如左图所示
③线切割	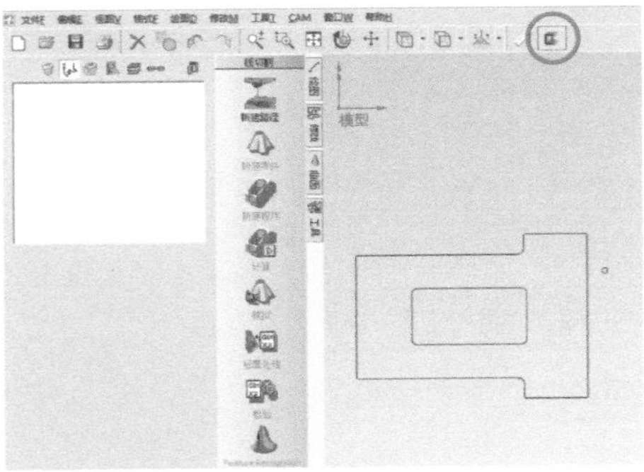	点击 （线切割）进入编程界面，如左图所示
④新建路径	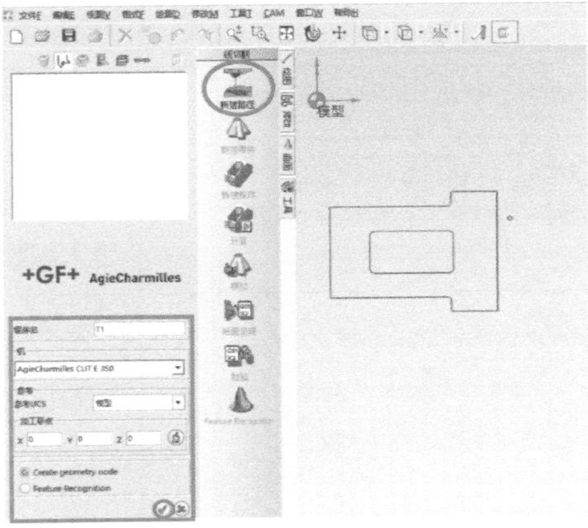	输入程序名：T1，选择机床型号：CUT E350 点击 确认或回车键确认，创建新的加工路径

续表

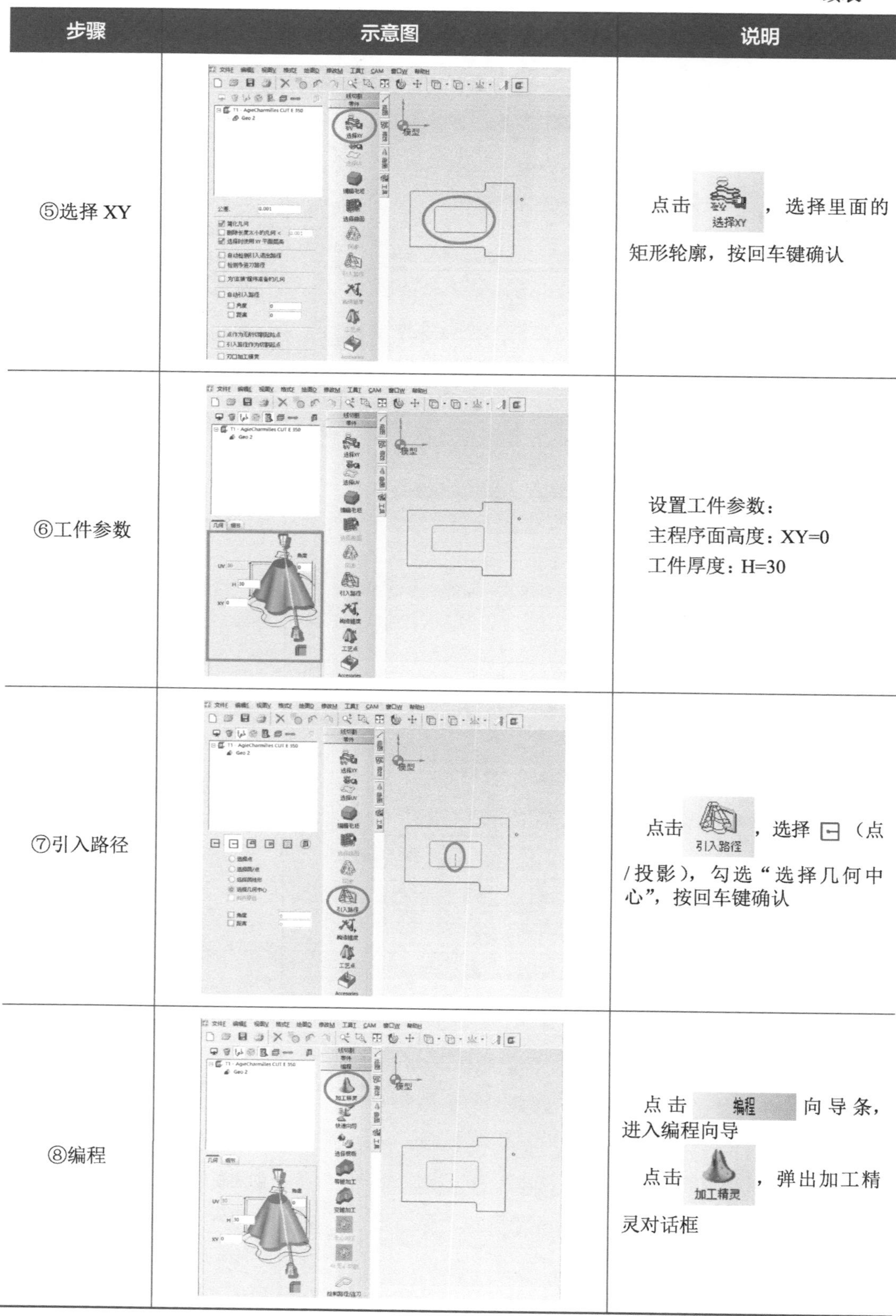

步骤	示意图	说明
⑤选择 XY		点击 选择XY ，选择里面的矩形轮廓，按回车键确认
⑥工件参数		设置工件参数： 主程序面高度：XY=0 工件厚度：H=30
⑦引入路径		点击 引入路径 ，选择 （点/投影），勾选“选择几何中心”，按回车键确认
⑧编程		点击 编程 向导条，进入编程向导 点击 加工精灵 ，弹出加工精灵对话框

续表

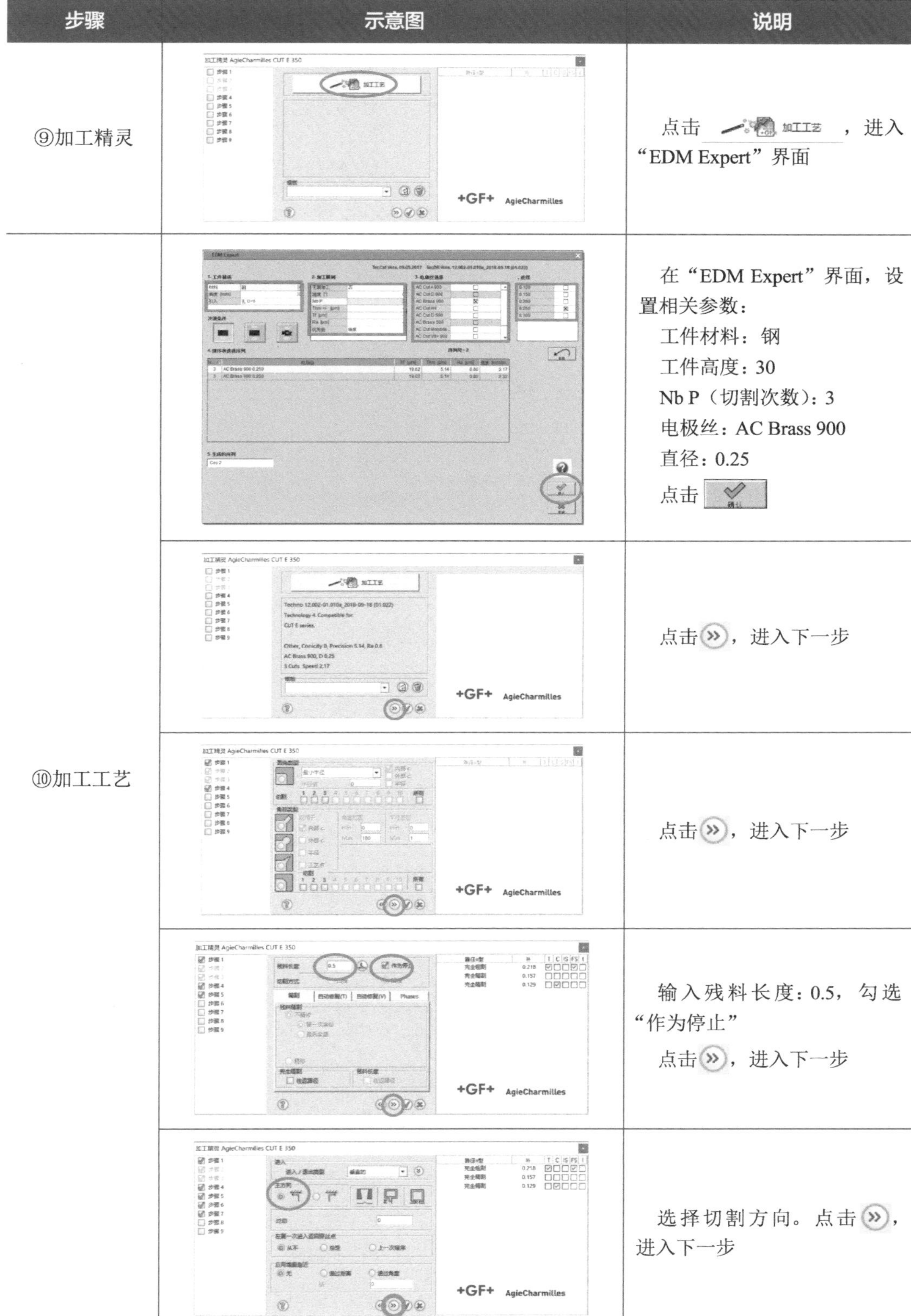

步骤	示意图	说明
⑨加工精灵		点击 加工工艺 ，进入"EDM Expert"界面
		在"EDM Expert"界面，设置相关参数： 工件材料：钢 工件高度：30 Nb P（切割次数）：3 电极丝：AC Brass 900 直径：0.25 点击 确认
		点击»，进入下一步
⑩加工工艺		点击»，进入下一步
		输入残料长度：0.5，勾选"作为停止" 点击»，进入下一步
		选择切割方向。点击»，进入下一步

续表

步骤	示意图	说明
⑩加工工艺	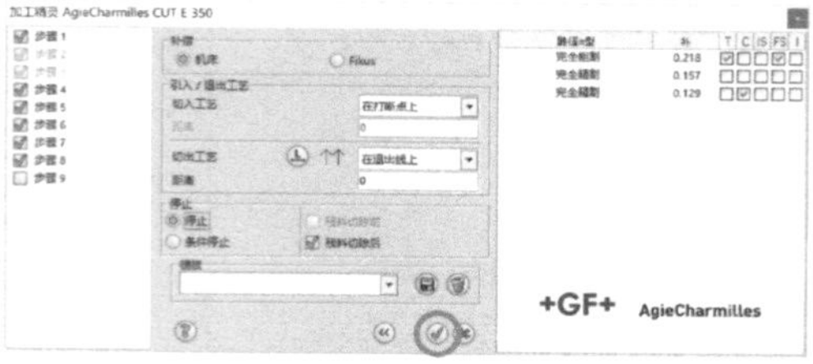	点击确认
⑪线切割	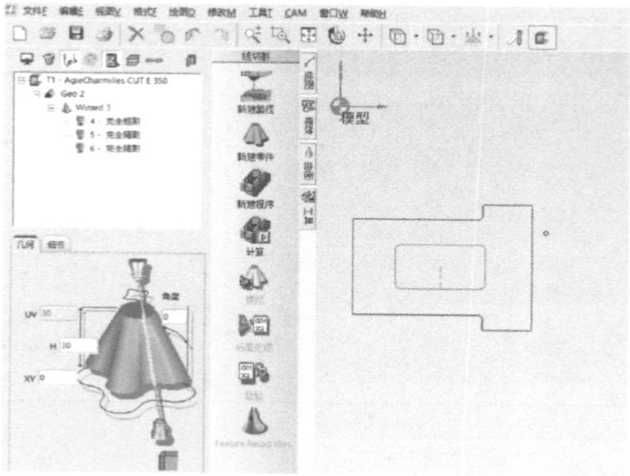	点击 线切割 向导条，进入线切割向导
⑫新建零件	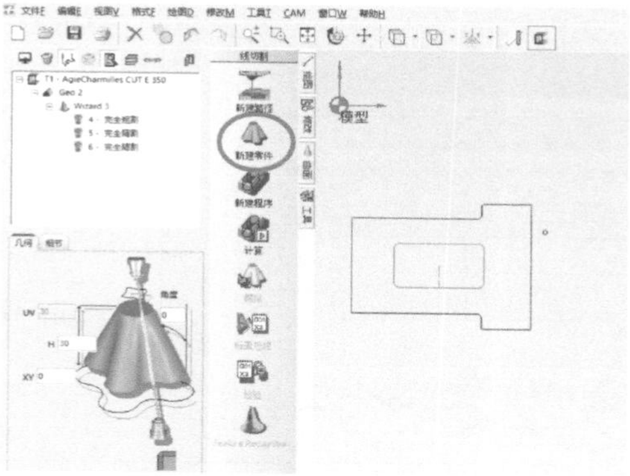	点击，新建一个零件
⑬选择 XY	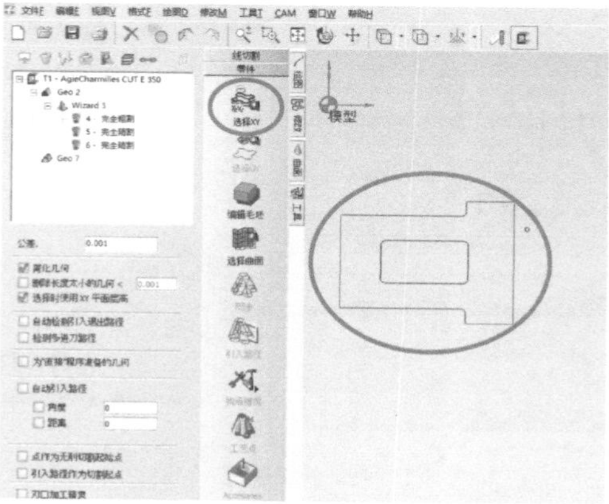	点击，选择外形轮廓，按回车键确认

续表

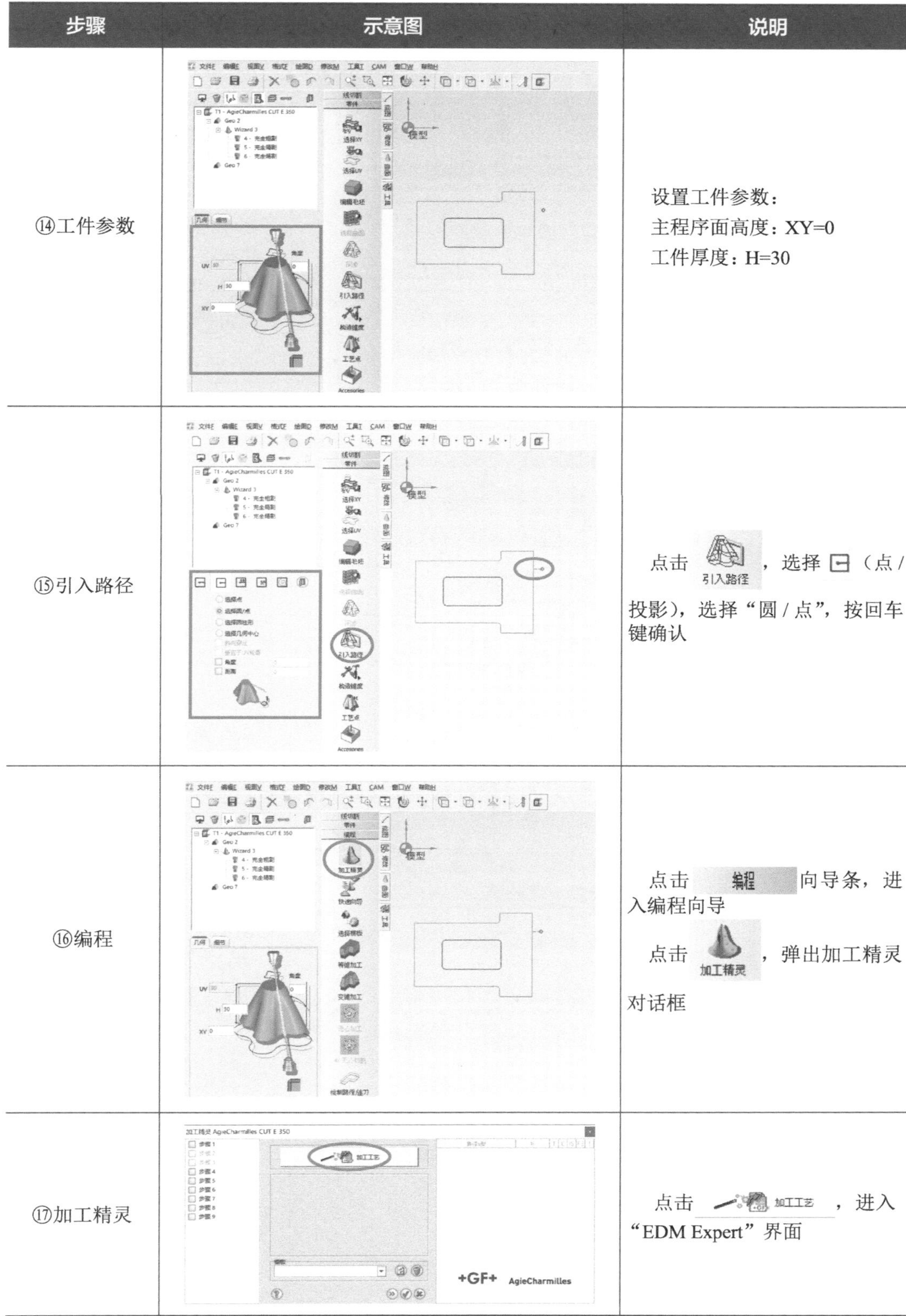

步骤	示意图	说明
⑭工件参数		设置工件参数： 主程序面高度：XY=0 工件厚度：H=30
⑮引入路径		点击 引入路径，选择 （点/投影），选择“圆/点”，按回车键确认
⑯编程		点击 编程 向导条，进入编程向导 点击 加工精灵，弹出加工精灵对话框
⑰加工精灵		点击 加工工艺，进入“EDM Expert”界面

续表

步骤	示意图	说明
⑱加工工艺	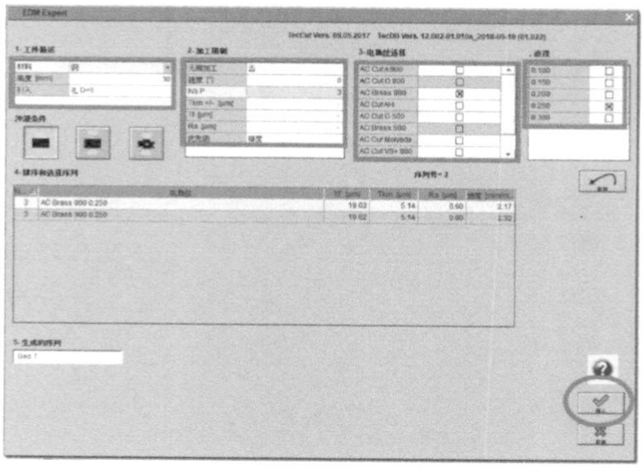	在“EDM Expert”界面，设置相关参数： 工件材料：钢 工件高度：30 Nb P（切割次数）：3 电极丝：AC Brass 90 直径：0.25 点击✔
	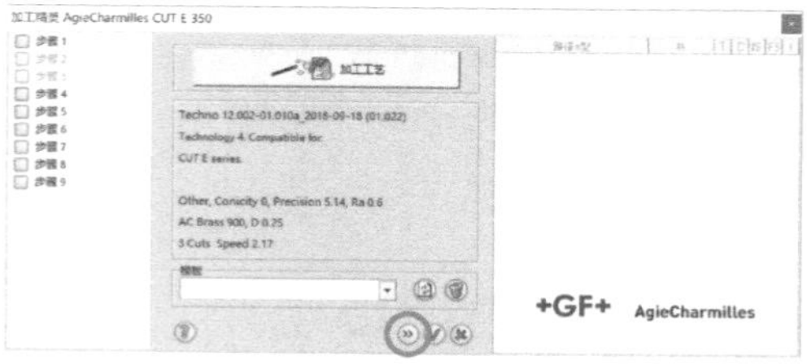	点击»，进入下一步
	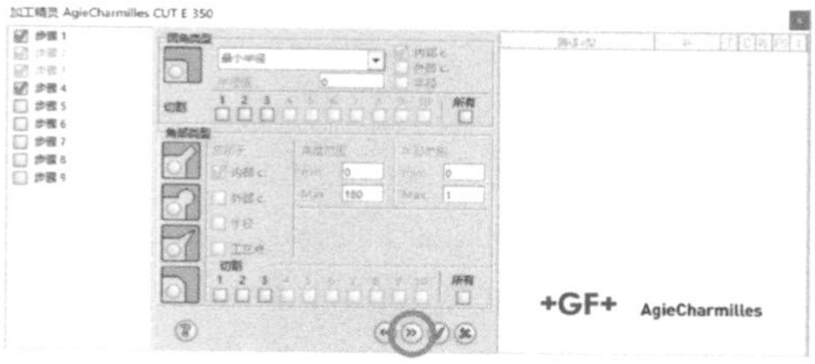	点击»，进入下一步
	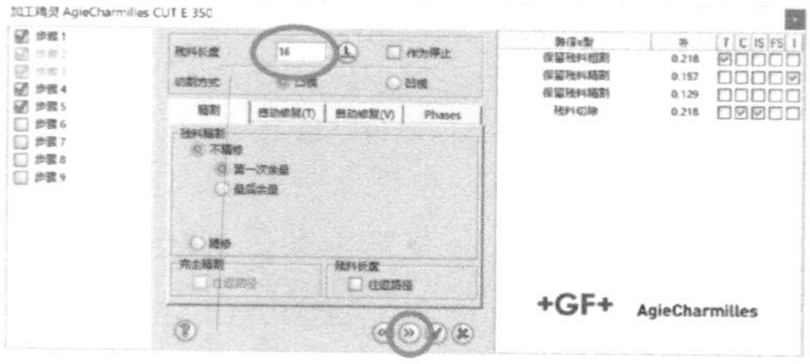	输入残料长度：16 切割方式：凸模 点击»，进入下一步
		选择切割方向。点击»，进入下一步

续表

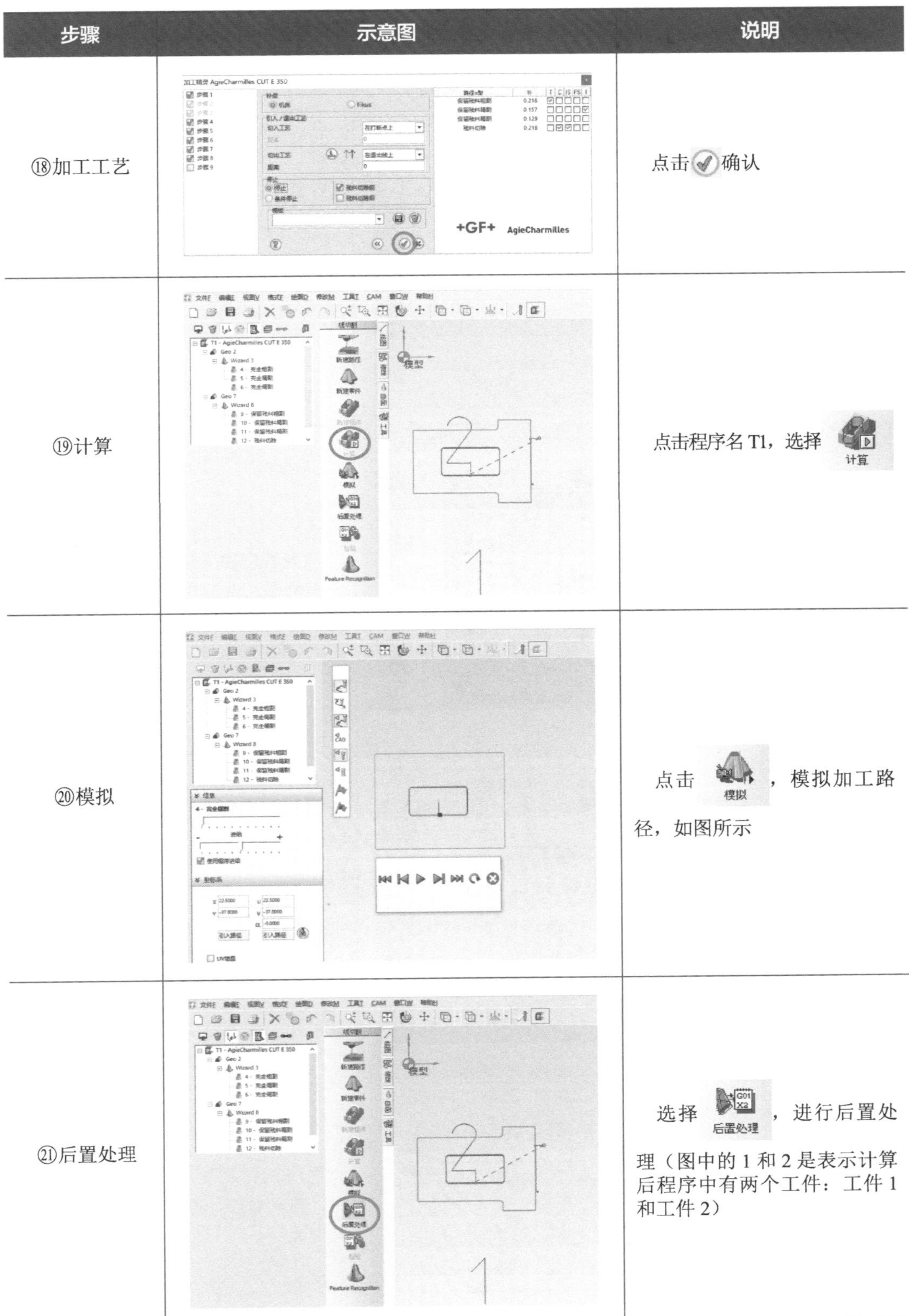

步骤	示意图	说明
⑱加工工艺		点击✓确认
⑲计算		点击程序名 T1，选择 计算
⑳模拟		点击 模拟 ，模拟加工路径，如图所示
㉑后置处理		选择 后置处理 ，进行后置处理（图中的 1 和 2 是表示计算后程序中有两个工件：工件 1 和工件 2）

⑧ 加工运行（见表 4-25）。

表 4-25　加工运行

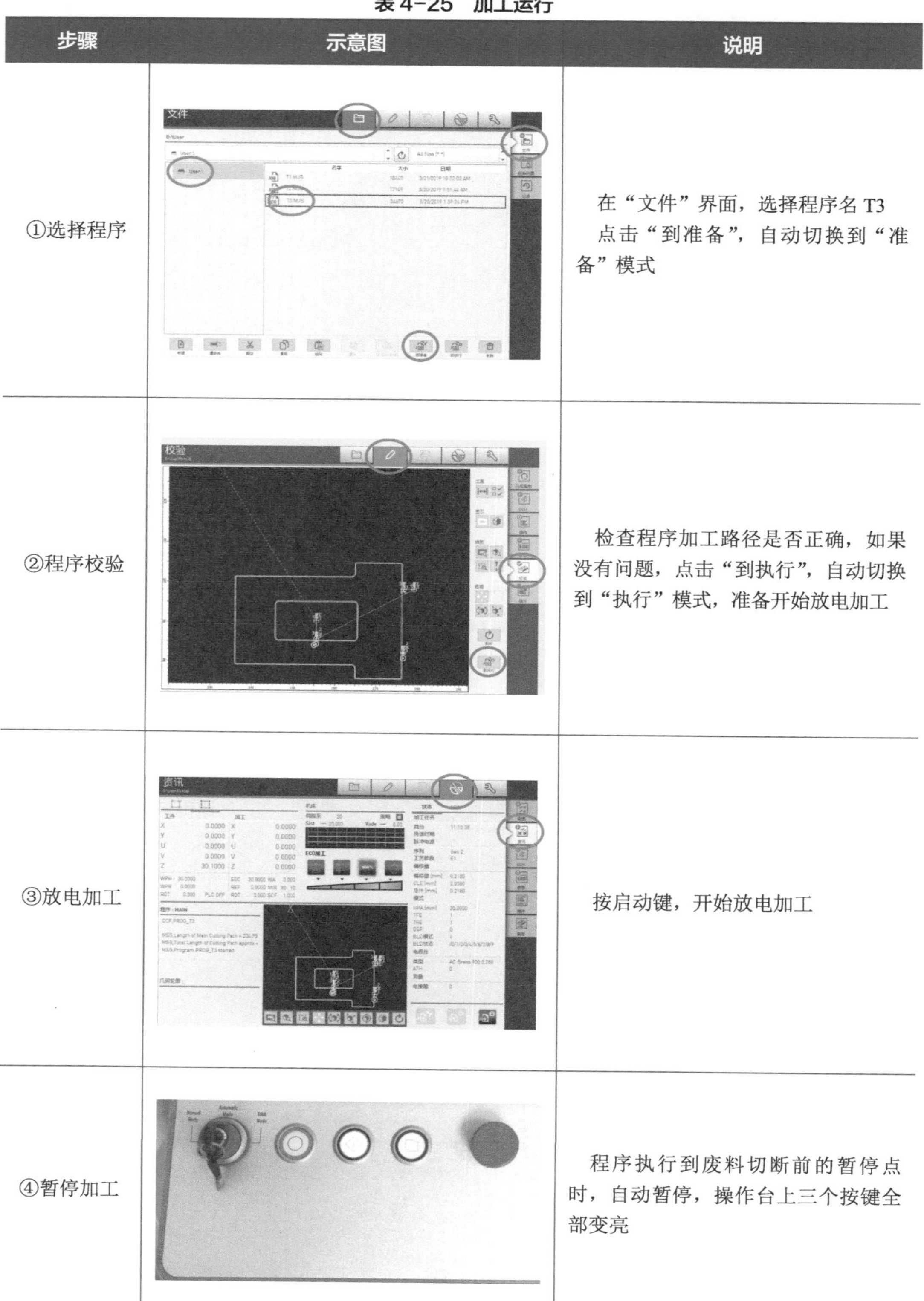

步骤	示意图	说明
①选择程序		在“文件”界面，选择程序名 T3 点击“到准备”，自动切换到“准备”模式
②程序校验		检查程序加工路径是否正确，如果没有问题，点击“到执行”，自动切换到“执行”模式，准备开始放电加工
③放电加工		按启动键，开始放电加工
④暂停加工		程序执行到废料切断前的暂停点时，自动暂停，操作台上三个按键全部变亮

续表

步骤	示意图	说明
⑤继续加工	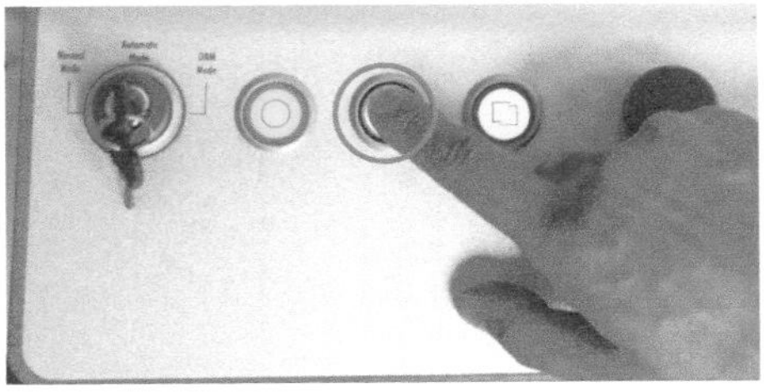	按启动键，继续放电加工，切断废料
⑥暂停	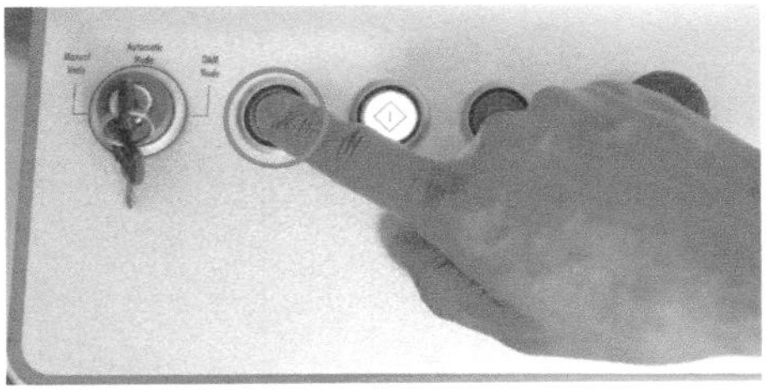	废料即将切断时，及时按下暂停键，避免废料落下，二次放电，烧坏型腔内壁
⑦取废料		打开液槽门，将 Z 轴抬起，取出废料
⑧精加工	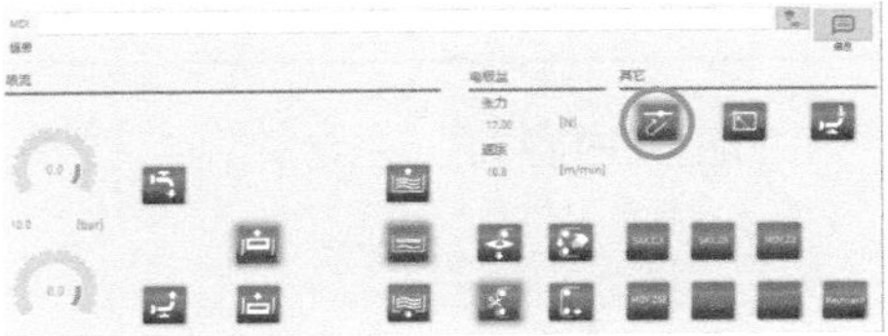	关闭液槽门，点击[图标]，返回暂停点按启动键，继续加工。内孔加工完成后，自动跳到外形的穿丝孔位置、穿丝、切割外形

⑨ 零件检测（见表 4-26）。

表 4-26　零件检测

步骤	示意图	说明
①清洗工件		用清洗液清洗工件

续表

步骤	示意图	说明
①清洗工件	清水	然后用清水将工件冲洗干净
		最后用气枪吹干工件
②测量工件		用投影仪测量，记录数据
③加工完成		合格工件如左图所示

⑩ 关机保养（详见项目二中任务 1 的相关内容）。

【任务评价】

根据掌握情况填写学生自评表，见表 4-27。

表 4-27 学生自评表

项目	序号	考核内容及要求	能	不能	其他
开机操作	1	会开机前的检查			
	2	会开机床和制冷机			
	3	会识读机床压力表			
	4	会检查上、下喷嘴			

续表

项目	序号	考核内容及要求	能	不能	其他
回零操作	5	能找到服务界面			
	6	能回机床零点			
安装电极丝	7	能将电极丝正确安装在运丝板			
	8	能正确激活电极丝			
穿丝	9	会手动穿丝			
	10	会自动穿丝			
校正电极丝	11	能找到服务界面			
	12	会使用 GAJ 校正方式及正确设置相关参数			
安装工件	13	能正确装夹工件			
	14	能正确校正工件			
电极丝定位	15	能正确检查上、下喷嘴			
	16	能正确设置 Z0			
	17	会使用 CRN 测量工件			
编辑程序	18	能正确绘制加工零件图			
	19	会复合件的编程			
	20	会设置加工工艺参数			
	21	会生成 MJB 程序			
加工运行	22	会选择加工程序			
	23	会程序效验			
	24	能执行程序			
	25	会取废料			
	26	能完成零件加工			
零件检验	28	会检测零件			
关机保养	29	会清理和保养机床			
签名	学生签名（ ）		教师签名（ ）		

【任务反思】

总结归纳学习所得，发现存在的问题，并填写学习反思内容，见表 4-28。

表 4-28　学习反思内容

类型	内　容
掌握知识	
掌握技能	
收获体会	
需解决问题	
学生签名	

【课后练习】

练习题　编写加工程序

加工如图 4-17 所示的零件，加工信息如表 4-29 所示，使用 Fikus 软件进行编程。

表 4-29　加工信息

加工准备	工件	钢（厚度为 30mm 板料）
	夹具	压板、螺钉
	切割次数	切一修二（*Ra*0.55μm）
	TKM	±0.003mm

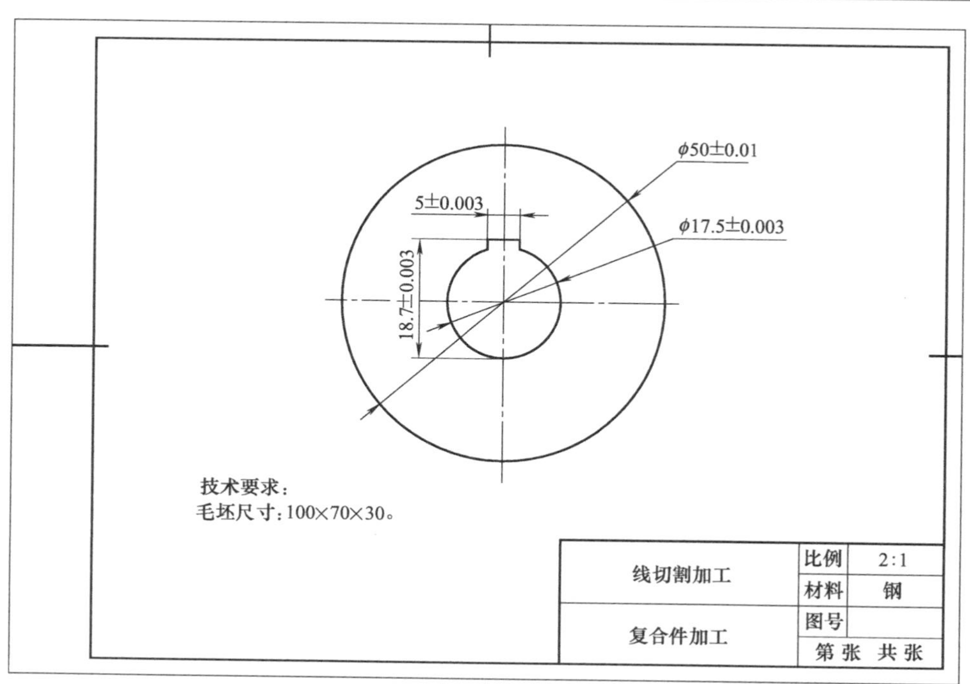

图 4-17　练习题

任务 4 全锥度加工

【工作任务】

全锥度加工零件图如图 4-18 所示。

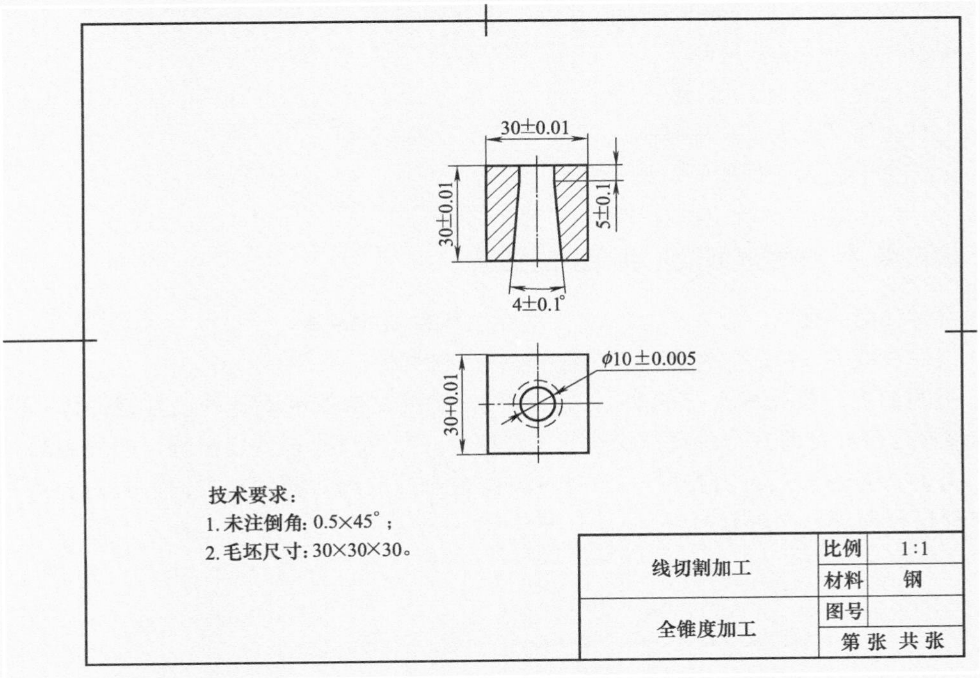

30±0.01

30±0.01

5±0.1

4±0.1°

ϕ10±0.005

30±0.01

技术要求：

1. 未注倒角：0.5×45°；
2. 毛坯尺寸：30×30×30。

线切割加工	比例	1:1
	材料	钢
全锥度加工	图号	
	第 张 共 张	

图 4-18　零件图

【知识技能】

知识点 1　锥度切割原理

慢走丝线切割机床加工锥度，是在程序里设定了 G51 T__或者 G52 T__，机床就会沿着主程序面产生锥度，最终得到锥度零件，如图 4-19 所示。

AXIS SET-UP

Kin Step 0	15
Kin Step 1	-10
Kin Step U	47.5
Kin Step V	47.5
Kin Step Z	25

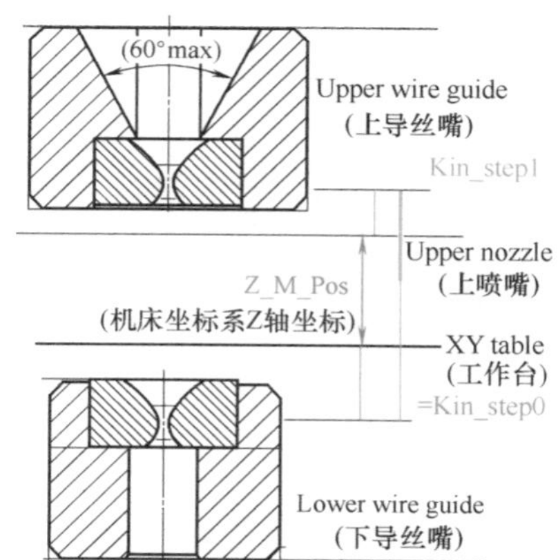

图 4-19　锥度切割相关参数

Kin_step1—上导丝嘴到上喷嘴底面的距离；Kin_step0—下导丝嘴到工作台面的距离

锥度的产生：以下导丝嘴为固定点，上导丝嘴随 *U*/*V* 轴的移动产生锥度，*U*/*V* 轴移动距离越大，产生的锥度越大。

下导丝嘴平面为 *XY* 轨迹；

上导丝嘴平面为 *UV* 轨迹；

工作台平面为主程序面轨迹。

知识点 2　主程序面及工件高度的设定

主程序面高度 *XY*（*J*）：工件 *XY* 平面至工作台面的距离。

工件高度 *H*（*I*）：工件 *XY* 平面至 *UV* 平面的距离。

锥度加工：机床加工时的实际加工轨迹，始终是根据机床 *Z* 轴位置进行计算的。因此锥度加工时，主程序面的高度必须设置准确，工件高度不需要很准确，如图 4-20 所示。

上、下异形加工：需要保证 *XY* 和 *UV* 两个平面的尺寸精度，主程序面高度和工件高度必须设置准确，如图 4-21 所示。

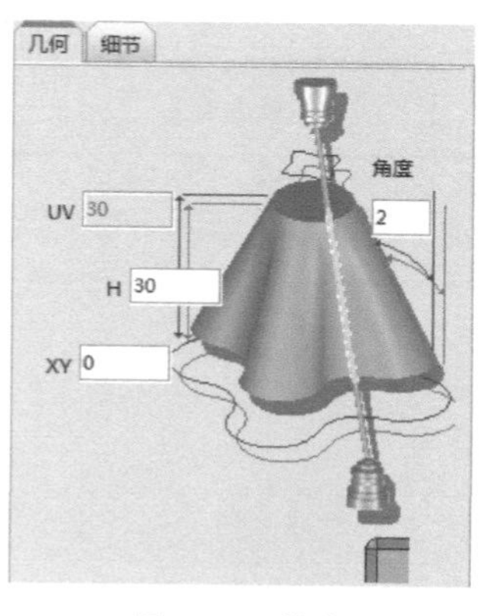

图 4-20　锥度

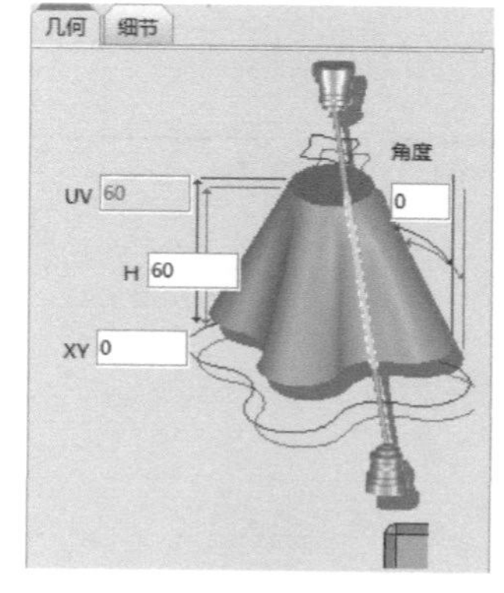

图 4-21　上下异形

正锥度：上小下大，刃口在上端，如图 4-22 所示。

负锥度：上大下小，刃口在下端，如图 4-23 所示。

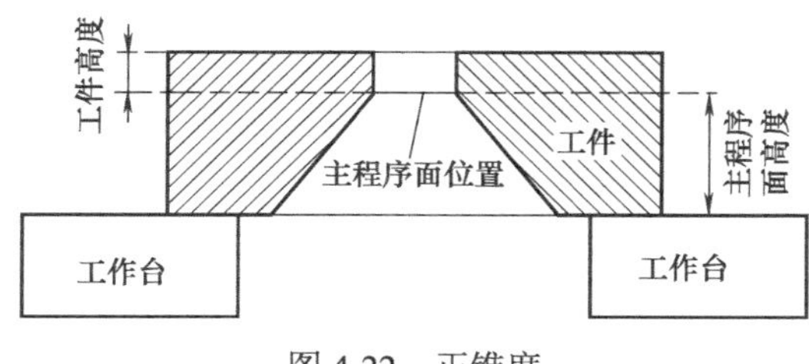

图 4-22　正锥度

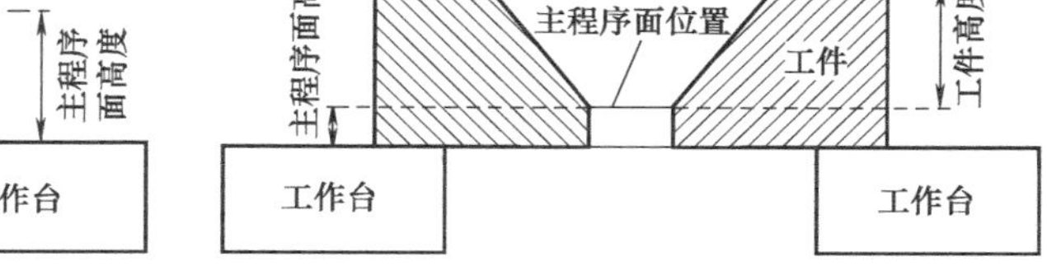

图 4-23　负锥度

知识点 3　工艺条件的选用

在“EDM Expert”对话框内的“加工锥度”数据框内选择加工锥度值。根据不同的设定值，系统会对放电加工的参数进行调整，以避免因冲水条件不佳引起断丝，同时放电加工的补偿量在工艺参数生成时会自动优化。

当 10° < 锥度 < 30°，选用张力为 400 ～ 500N 的软丝，并且使用大锥度导丝嘴加工。对于锥度切割，尤其是在锥度很大的情况下，效率会降低。这主要是由于锥度加工时冲水效果不好、排屑困难等多方面的原因造成的。因此，锥度切割需要适当降低脉冲频率。工艺条件的选用，如图 4-24 所示。

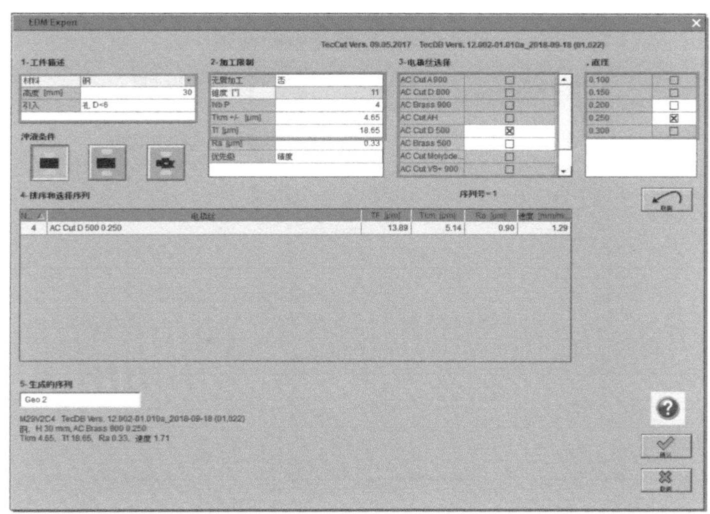

图 4-24　工艺条件的选用

知识点 4　全锥度加工编程注意事项

全锥度加工是指整个零件都按指定的锥度进行加工。

编程需要注意：

① 编程时，需要在零件的“几何”中设置“角度”值，该角度为单边的角度值。如图 4-25 所示。

② 只要在这里设置了角度，所有的边都采用这一锥度，也就是等锥。输入高度值可从图形上检查是否正确，其对程序并没有影响。

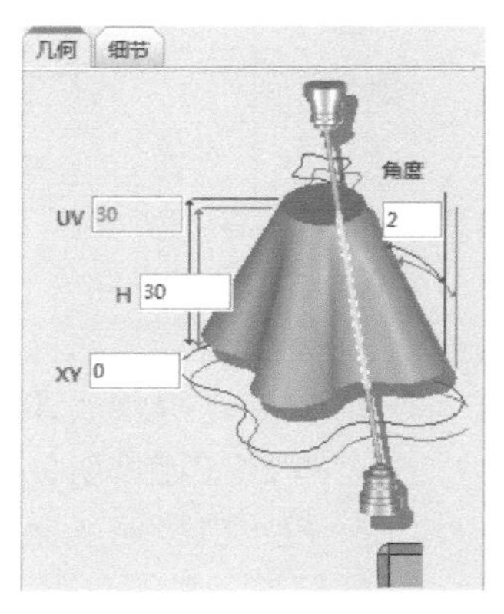

图 4-25　角度

【任务目标】

① 能够选用加工所需工具、量具及夹具。
② 能够编写全锥度加工程序。
③ 能够操作机床进行零件加工。

【任务实施】

(1) 基本要求

① 培养学生良好的工作作风和安全意识。
② 培养学生的责任心和团队精神。
③ 掌握全锥度加工方法。

(2) 设备与器材

实训所需的设备与器材见表 4-30。

表 4-30 设备及器材清单

项目	名称	规格	数量
设备	慢走丝线切割机床	GF 加工方案 CUT E 350	3 ～ 5 台
夹具	压板	配套	3 ～ 5 个
	3R 三向找正夹具	套装	1 副
电极丝	黄铜丝	ϕ0.25mm、5kg/ 卷	3 ～ 5 卷
工具	内六角扳手	配套	3 ～ 5 套
	紫铜棒	配套	3 ～ 5 个
	杠杆式千分表	0.002mm	1 个
	千分表架	配套	1 副
量具	游标卡尺	0 ～ 150 mm	3 ～ 5 把
	内径千分尺	5 ～ 30mm	3 ～ 5 把
	外径千分尺	0 ～ 25mm	3 ～ 5 把

(3) 内容与步骤

① 开机（详见项目二中任务 1 的相关内容）。
② 安装电极丝（详见项目二中任务 1 的相关内容）。
③ 穿丝（详见项目二中任务 1 的相关内容）。
④ 校正电极丝（详见项目二中任务 1 的相关内容）。
⑤ 装夹及校正工件（见表 4-31）。

表 4-31　装夹及校正工件

步骤	示意图	说明
①测量毛坯	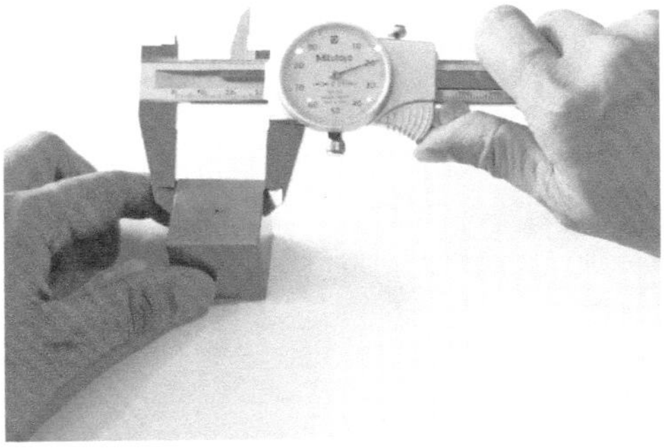	用游标卡尺测量工件外形尺寸，是否符合加工要求
②清理工作台	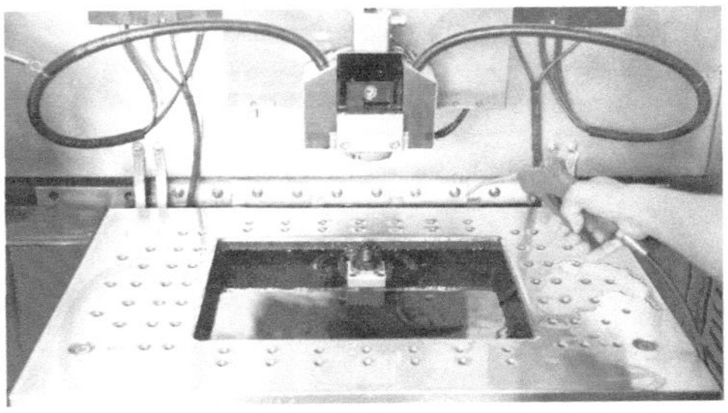	清理工作台面上的污垢，用水枪冲洗干净
③装夹工件	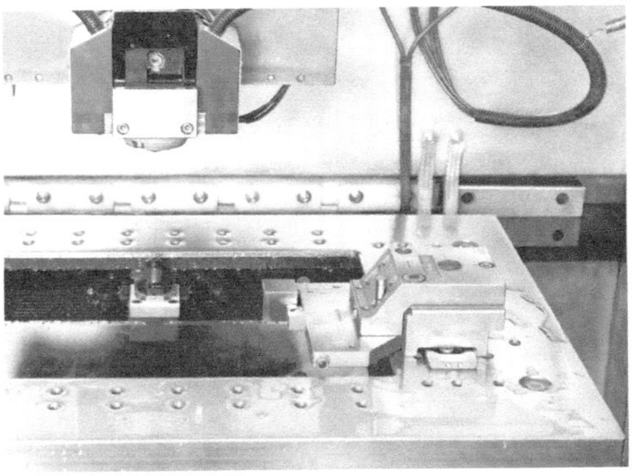	将工件表面处理干净，用夹具固定好工件
④校正工件		用千分表校正工件（需要测量三个方向）

⑥ 电极丝定位（见表 4-32）。

表 4-32　电极丝定位

步骤	示意图	说明
① 设置上、下喷嘴高度	 	用 0.1mm 的塞尺分别调整上、下喷嘴与工件上、下表面的间隙，调整到 0.1mm，进行贴面加工
②设置 Z0	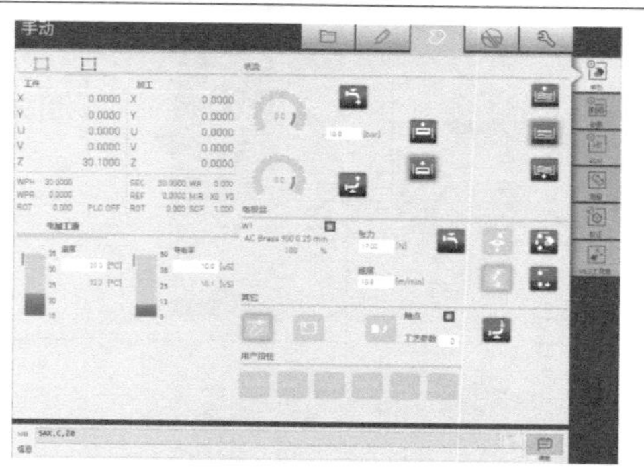	在 MDI 模式输入：SAX，C，Z0，回车确认，按执行，将加工坐标系的 *Z* 轴坐标清零
③设置 *Z* 轴软限位	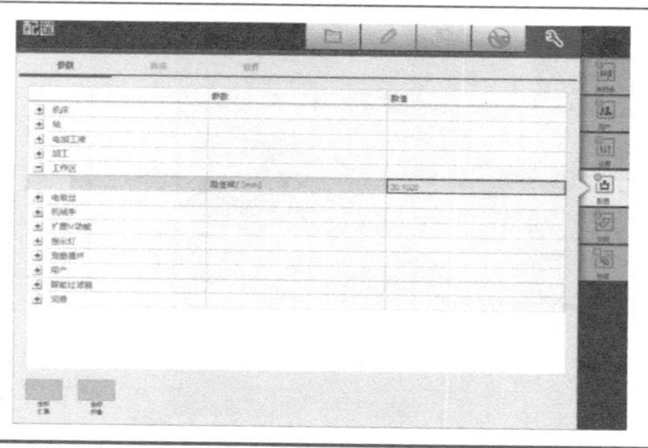	进入“服务”模式 选择“配置”，在“参数”界面，点击“工作区”，输入机床坐标系 *Z* 轴坐标，回车确认

<table>
<tr><th>步骤</th><th>示意图</th><th>说明</th></tr>
<tr><td rowspan="2">④设置工件零点</td><td>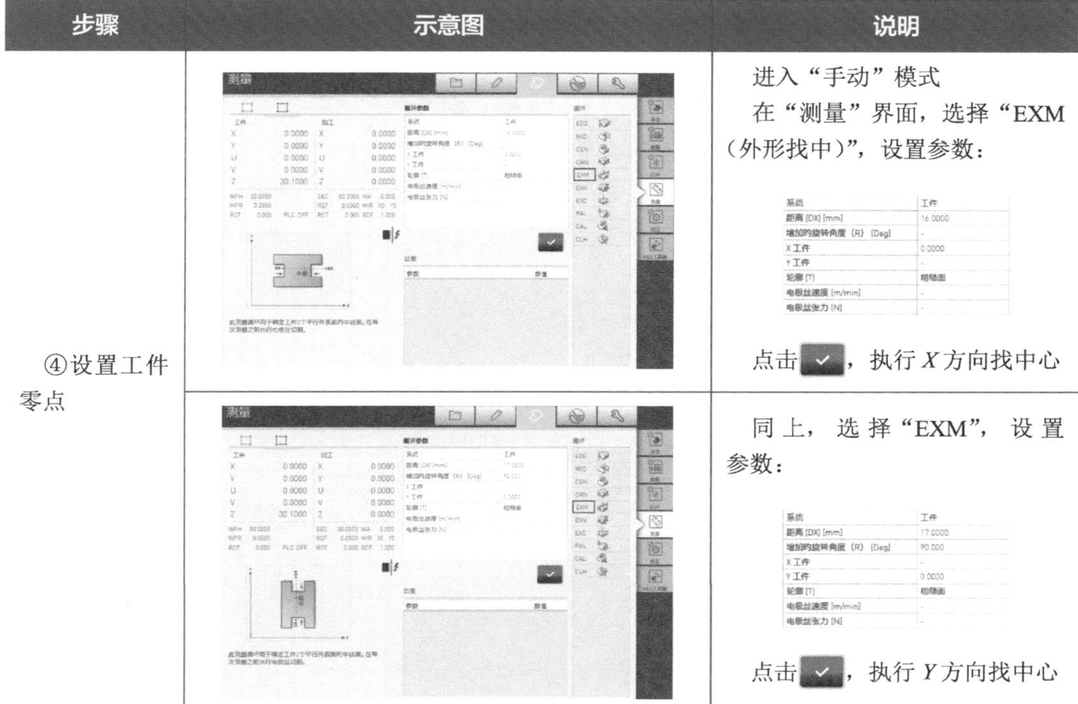</td><td>进入“手动”模式
在“测量”界面，选择“EXM（外形找中）”，设置参数：
<table>
<tr><td>系统</td><td>工件</td></tr>
<tr><td>距离 [DX] [mm]</td><td>16.0000</td></tr>
<tr><td>增加的旋转角度（R）[Deg]</td><td>-</td></tr>
<tr><td>X 工件</td><td>0.0000</td></tr>
<tr><td>Y 工件</td><td>-</td></tr>
<tr><td>轮廓 [T]</td><td>粗稳面</td></tr>
<tr><td>电极丝速度 [m/min]</td><td>-</td></tr>
<tr><td>电极丝张力 [N]</td><td>-</td></tr>
</table>
点击✓，执行 X 方向找中心</td></tr>
<tr><td></td><td>同上，选择“EXM”，设置参数：
<table>
<tr><td>系统</td><td>工件</td></tr>
<tr><td>距离 [DX] [mm]</td><td>17.0000</td></tr>
<tr><td>增加的旋转角度（R）[Deg]</td><td>90.000</td></tr>
<tr><td>X 工件</td><td>-</td></tr>
<tr><td>Y 工件</td><td>0.0000</td></tr>
<tr><td>轮廓 [T]</td><td>粗稳面</td></tr>
<tr><td>电极丝速度 [m/min]</td><td>-</td></tr>
<tr><td>电极丝张力 [N]</td><td>-</td></tr>
</table>
点击✓，执行 Y 方向找中心</td></tr>
</table>

⑦ 编写加工程序（见表 4-33）。

表 4-33 编写加工程序

<table>
<tr><th>步骤</th><th>示意图</th><th>说明</th></tr>
<tr><td>① 新建 CAM 任务</td><td>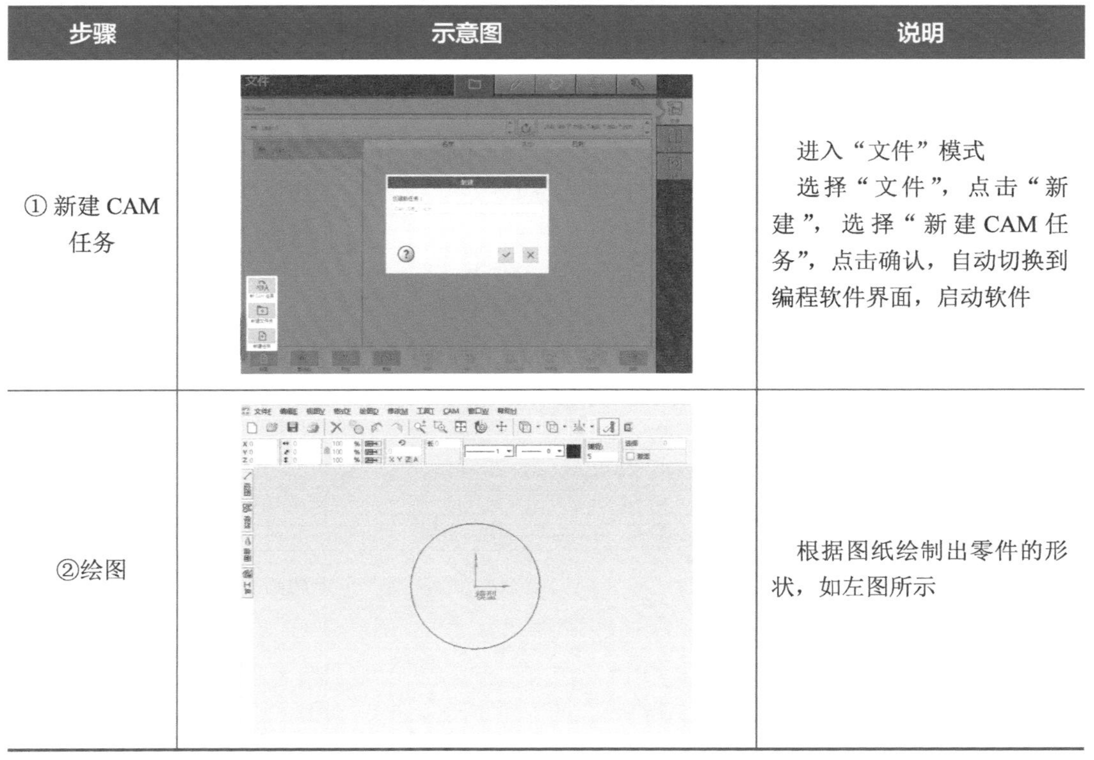</td><td>进入“文件”模式
选择“文件”，点击“新建”，选择“新建 CAM 任务”，点击确认，自动切换到编程软件界面，启动软件</td></tr>
<tr><td>②绘图</td><td></td><td>根据图纸绘制出零件的形状，如左图所示</td></tr>
</table>

续表

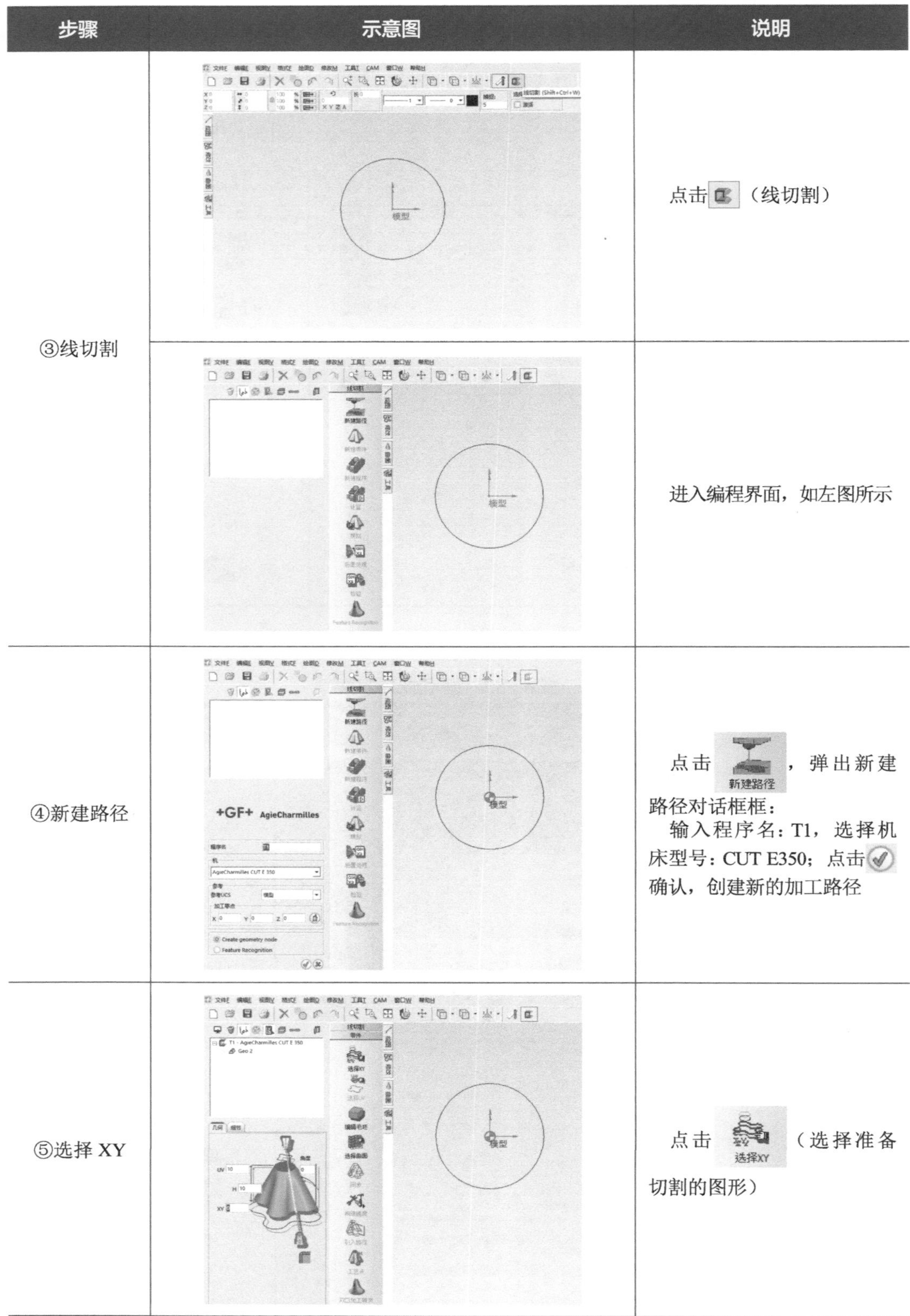

步骤	示意图	说明
③线切割		点击（线切割）
		进入编程界面，如左图所示
④新建路径		点击新建路径，弹出新建路径对话框框： 输入程序名：T1，选择机床型号：CUT E350；点击确认，创建新的加工路径
⑤选择 XY		点击选择XY（选择准备切割的图形）

续表

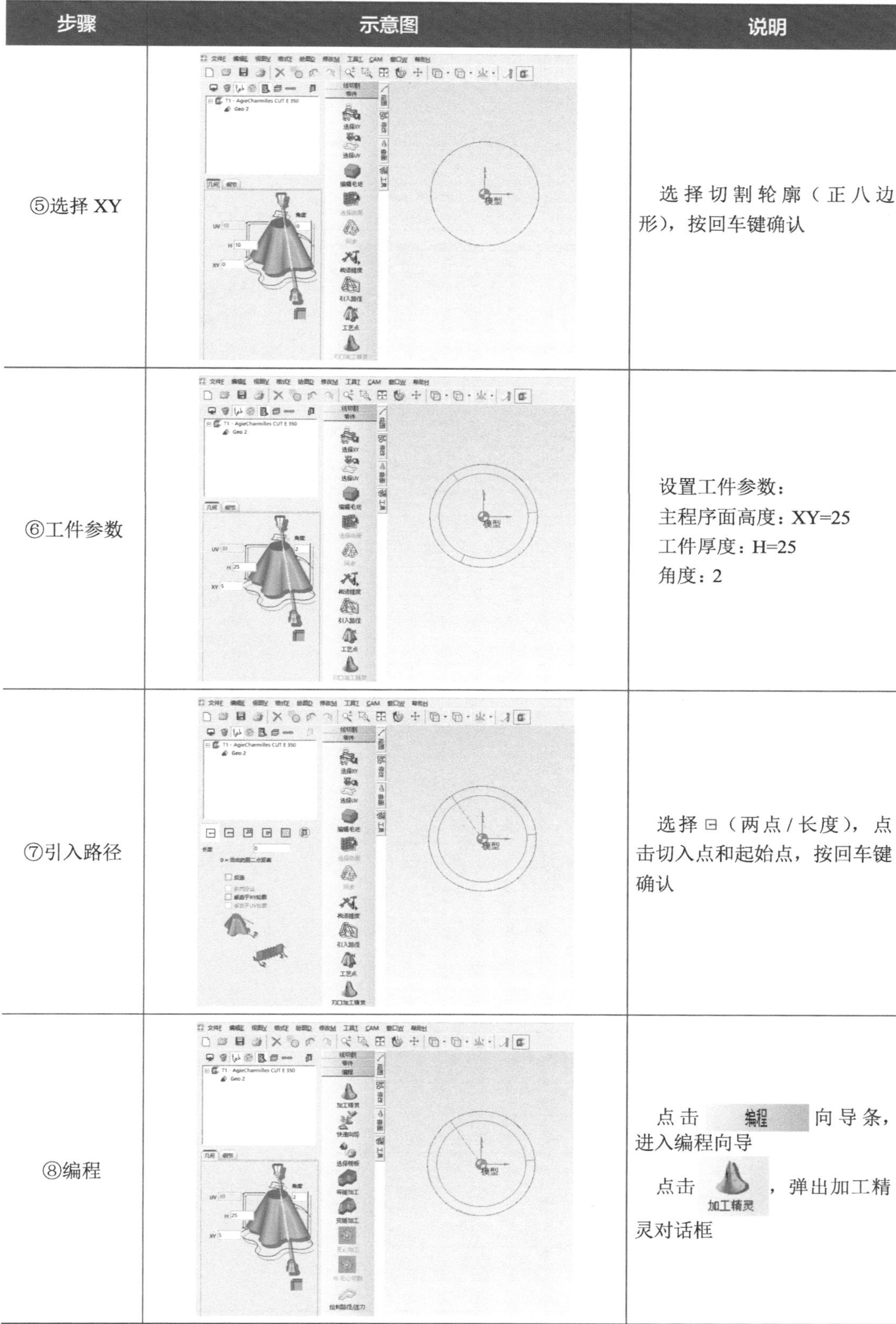

步骤	示意图	说明
⑤选择 XY		选择切割轮廓（正八边形），按回车键确认
⑥工件参数		设置工件参数： 主程序面高度：XY=25 工件厚度：H=25 角度：2
⑦引入路径		选择 ⊟（两点 / 长度），点击切入点和起始点，按回车键确认
⑧编程		点击 编程 向导条，进入编程向导 点击 加工精灵，弹出加工精灵对话框

续表

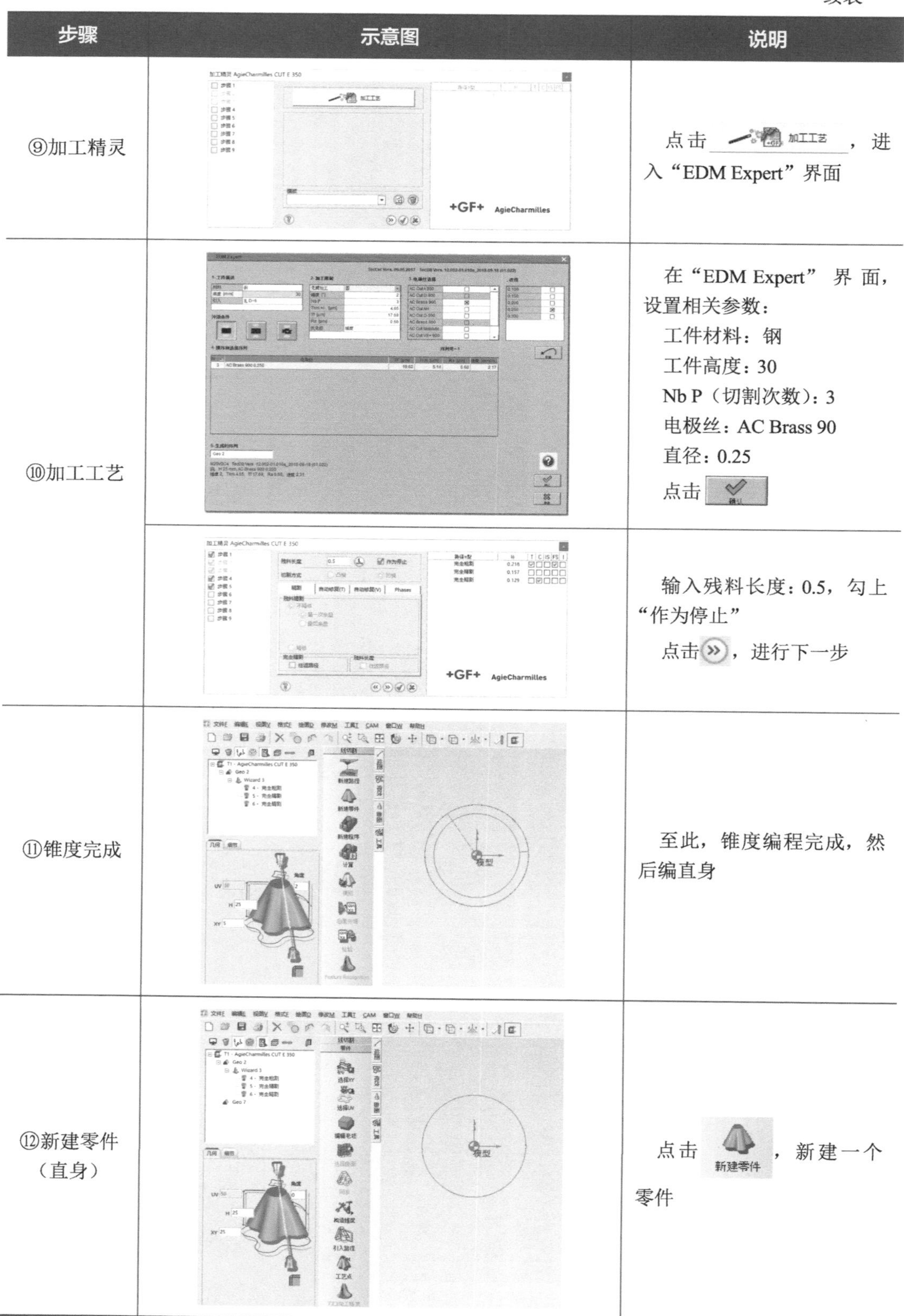

步骤	示意图	说明
⑨加工精灵		点击 加工工艺 ，进入“EDM Expert”界面
⑩加工工艺		在“EDM Expert”界面，设置相关参数： 工件材料：钢 工件高度：30 Nb P（切割次数）：3 电极丝：AC Brass 90 直径：0.25 点击
		输入残料长度：0.5，勾上“作为停止” 点击»，进行下一步
⑪锥度完成		至此，锥度编程完成，然后编直身
⑫新建零件（直身）		点击 新建零件 ，新建一个零件

续表

步骤	示意图	说明
⑬选择 XY	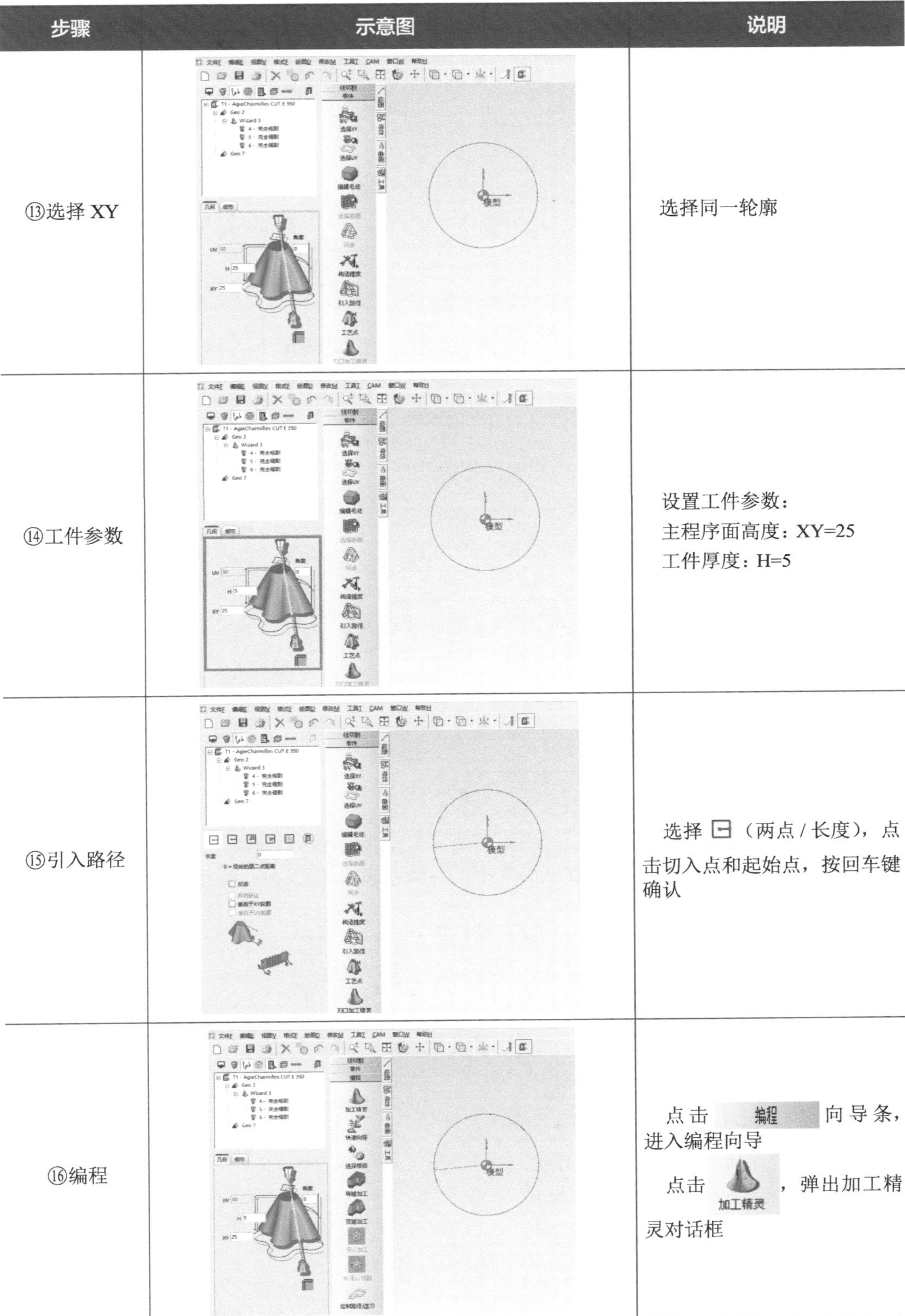	选择同一轮廓
⑭工件参数		设置工件参数： 主程序面高度：XY=25 工件厚度：H=5
⑮引入路径		选择 ⊟（两点 / 长度），点击切入点和起始点，按回车键确认
⑯编程		点击 编程 向导条，进入编程向导 点击 加工精灵，弹出加工精灵对话框

续表

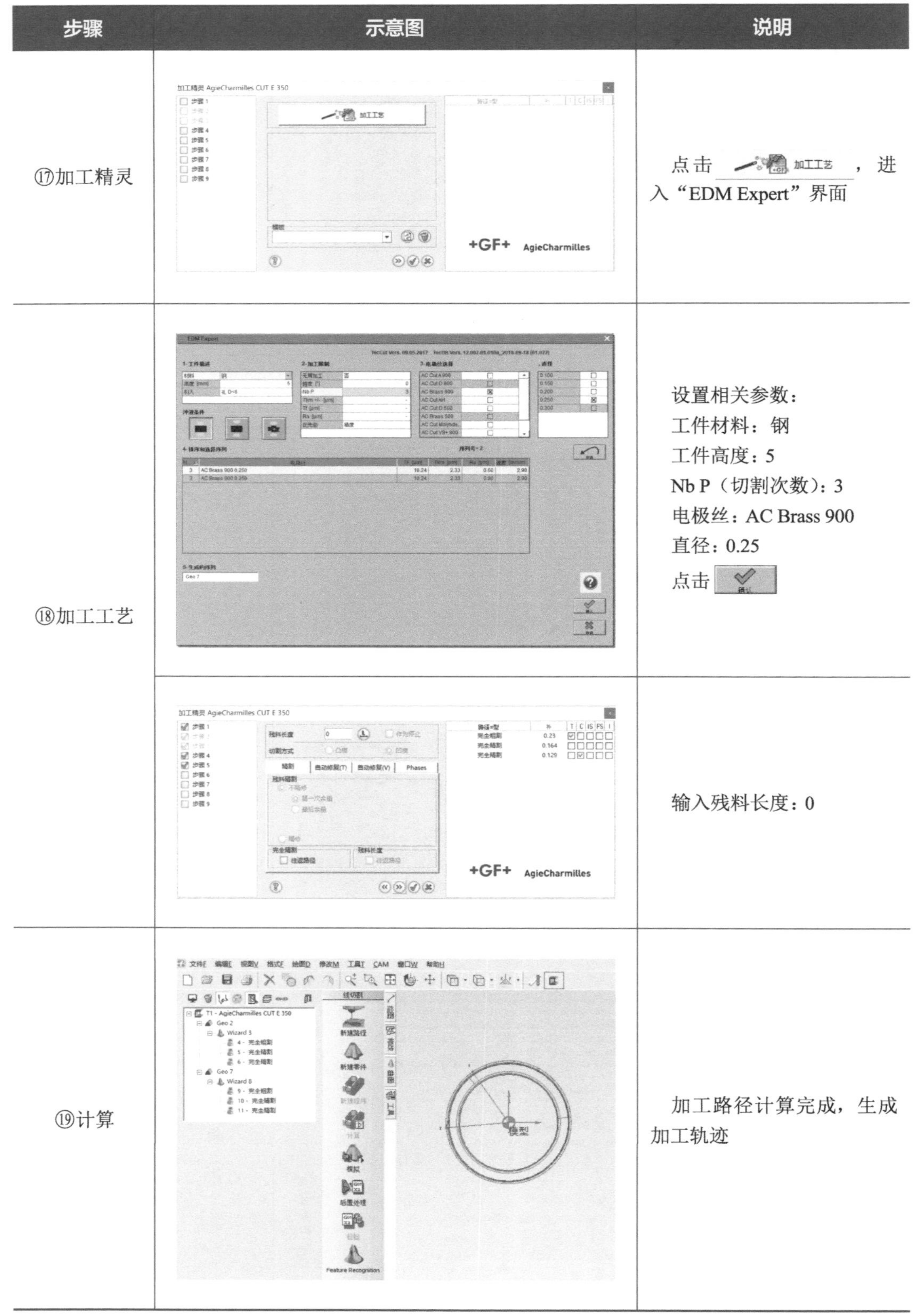

步骤	示意图	说明
⑰加工精灵		点击 加工工艺，进入“EDM Expert”界面
⑱加工工艺		设置相关参数： 工件材料：钢 工件高度：5 Nb P（切割次数）：3 电极丝：AC Brass 900 直径：0.25 点击 确认
		输入残料长度：0
⑲计算		加工路径计算完成，生成加工轨迹

续表

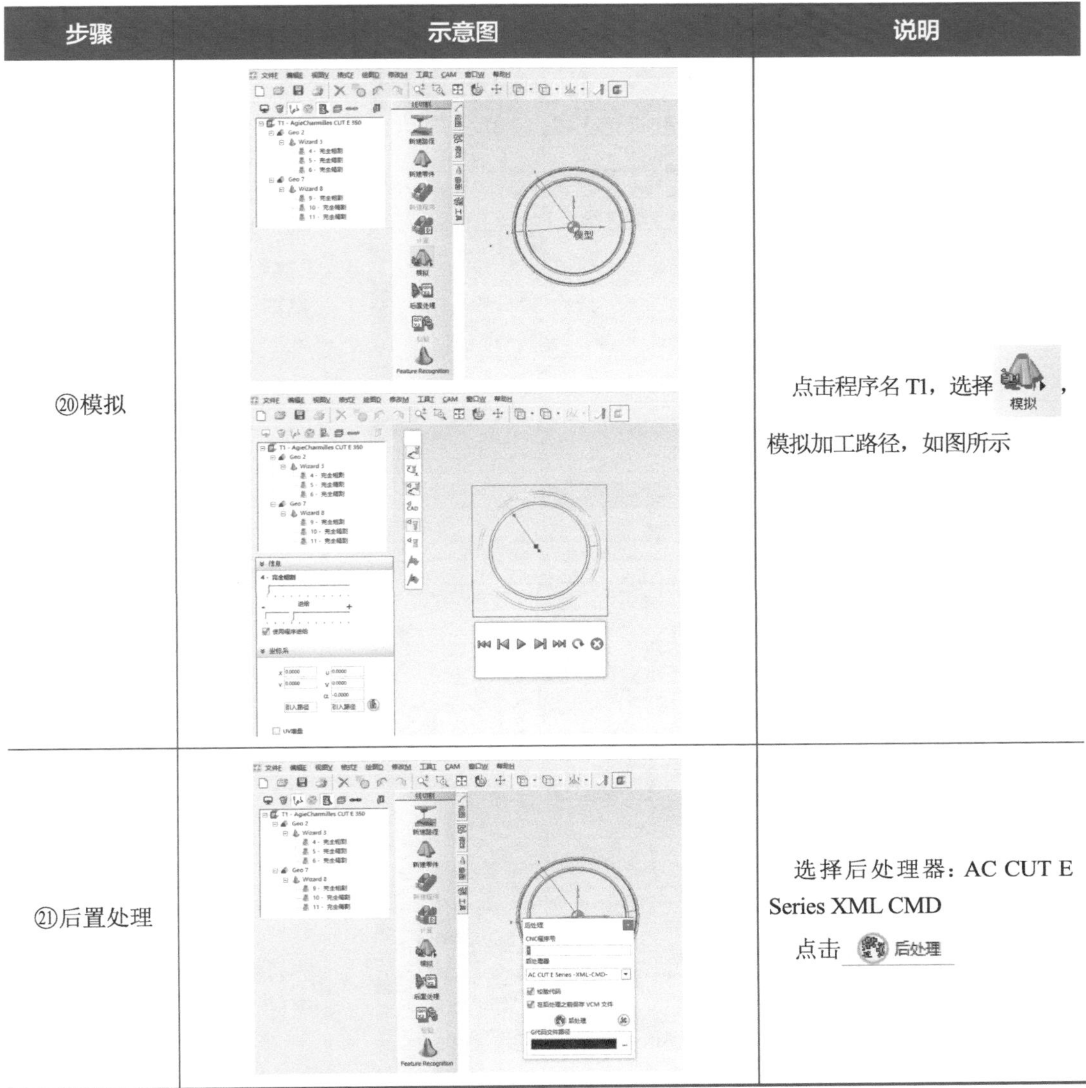

步骤	示意图	说明
⑳模拟		点击程序名 T1，选择 模拟，模拟加工路径，如图所示
㉑后置处理		选择后处理器：AC CUT E Series XML CMD 点击 后处理

⑧ 加工运行（见表 4-34）。

表 4-34　加工运行

步骤	示意图	说明
①选择程序		在“文件”界面，选择程序名 T4 点击“到准备”，自动切换到“准备”模式

续表

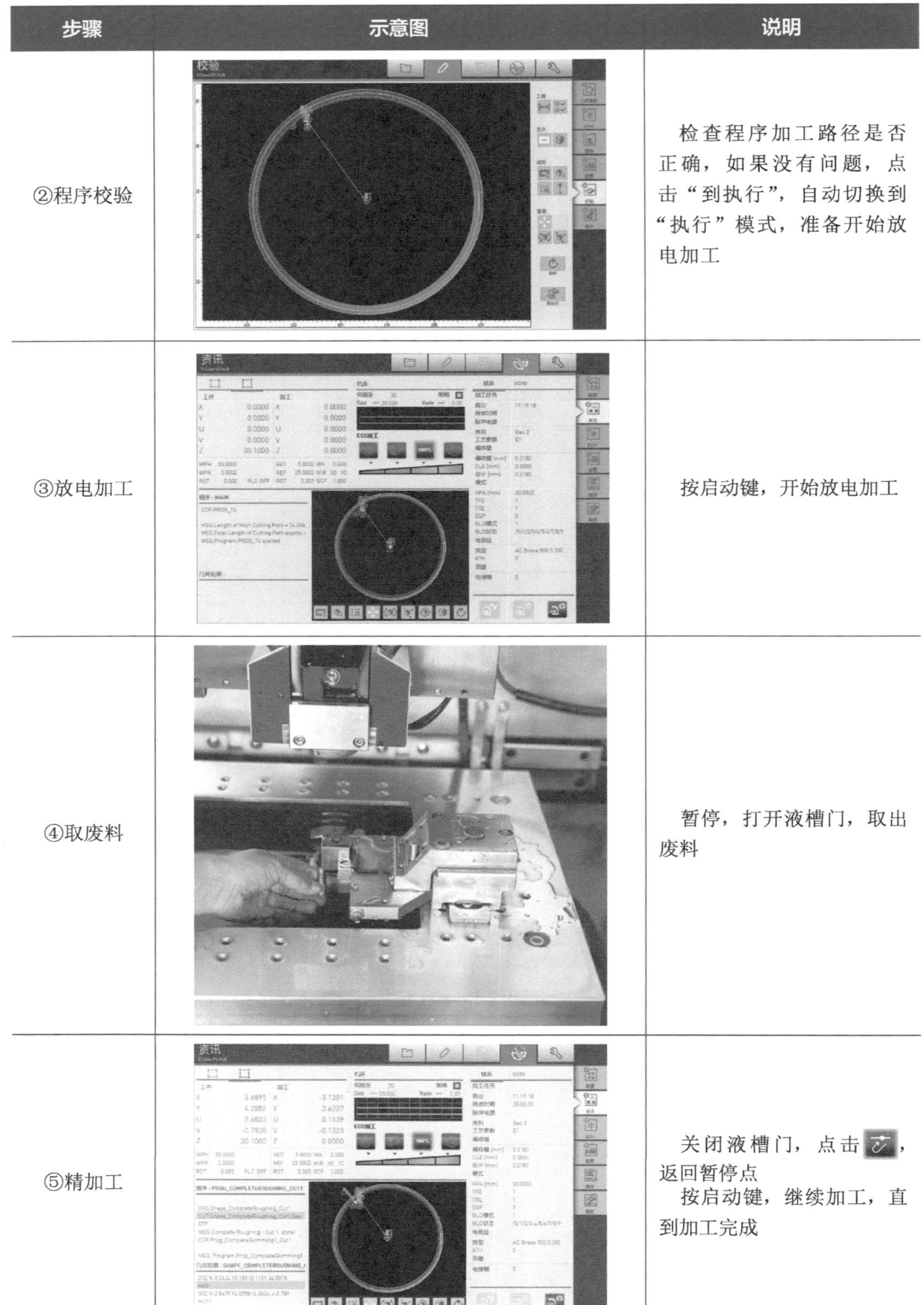

步骤	示意图	说明
②程序校验		检查程序加工路径是否正确，如果没有问题，点击“到执行”，自动切换到“执行”模式，准备开始放电加工
③放电加工		按启动键，开始放电加工
④取废料		暂停，打开液槽门，取出废料
⑤精加工		关闭液槽门，点击，返回暂停点 按启动键，继续加工，直到加工完成

⑨ 零件检测（见表 4-35）。

表 4-35　零件检测

步骤	示意图	说明
①清洗工件	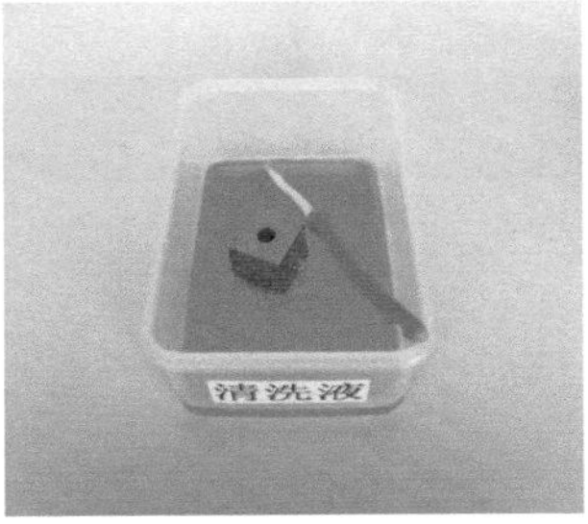	用清洗液清洗工件
		然后用清水将工件冲洗干净
	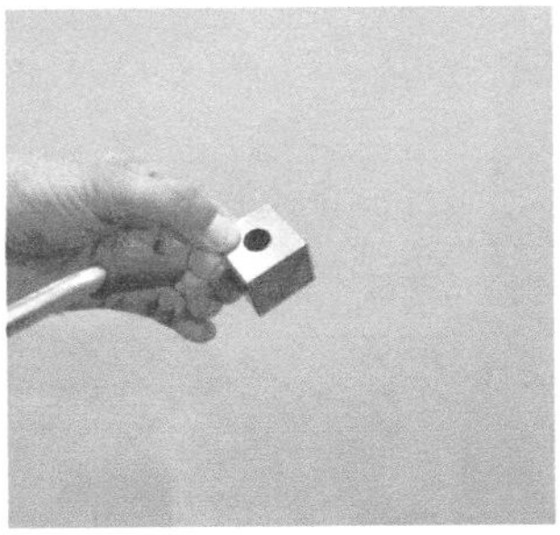	最后用气枪吹干工件
②测量工件		用投影仪测量，记录数据
③加工完成		合格工件如左图所示

⑩ 关机保养（详见项目二中任务 1 的相关内容）。

【任务评价】

根据掌握情况填写学生自评表，见表 4-36。

表 4-36　学生自评表

项目	序号	考核内容及要求	能	不能	其他
开机操作	1	会开机前的检查			
	2	会识读机床压力表			
	3	会检查上、下喷嘴			
回零操作	4	能回机床零点			
安装电极丝	5	能正确激活电极丝			
穿丝	6	会手动穿丝			
	7	会自动穿丝			
校正电极丝	8	能找到服务界面			
	9	会使用 GAJ 校正方式及正确设置相关参数			
安装工件	10	能正确装夹工件			
	11	能正确校正工件			
	12	能正确设置 Z0			
定位电极丝	13	会使用 EXM（G142）测量工件			
编辑程序	14	能正确绘制加工零件图			
	15	会全锥度的编程			
	16	会设置加工工艺参数			
加工运行	17	会程序效验			
	18	能执行程序			
	19	会取废料			
	20	能完成零件加工			
零件检验	21	会检测零件			
关机保养	22	会清理和保养机床			
签名	学生签名（　　　）		教师签名（　　　）		

【任务反思】

总结归纳学习所得，发现存在的问题，并填写学习反思内容，见表 4-37。

表 4-37 学习反思内容

类型	内容
掌握知识	
掌握技能	
收获体会	
需解决问题	
学生签名	

【课后练习】

练习题 编写加工程序

加工如图 4-26 所示的零件，加工信息如表 4-38 所示，使用 Fikus 软件进行编程。

表 4-38 加工信息

加工准备	工件	钢（30mm×30mm 方料）		
	夹具	3R 三向找正座、平口钳		
加工要求	正锥度加工	刃口	高度	5.0mm
			切割次数	切一修三（*Ra*0.35μm）
		锥度	角度	4°
			加工次数	切一修二（*Ra*0.55μm）
	负锥度加工	角度	5°	
		切割次数	切一修二（*Ra*0.55μm）	
	TKM	±0.003mm		

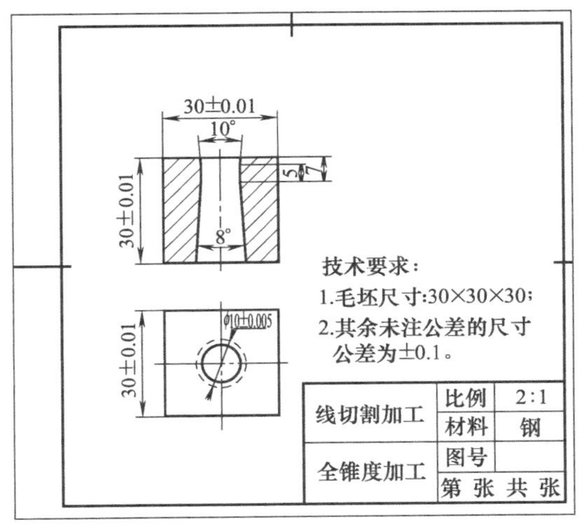

图 4-26 练习题

任务 5

变锥度加工

【工作任务】

变锥度加工零件图如图 4-27 所示。

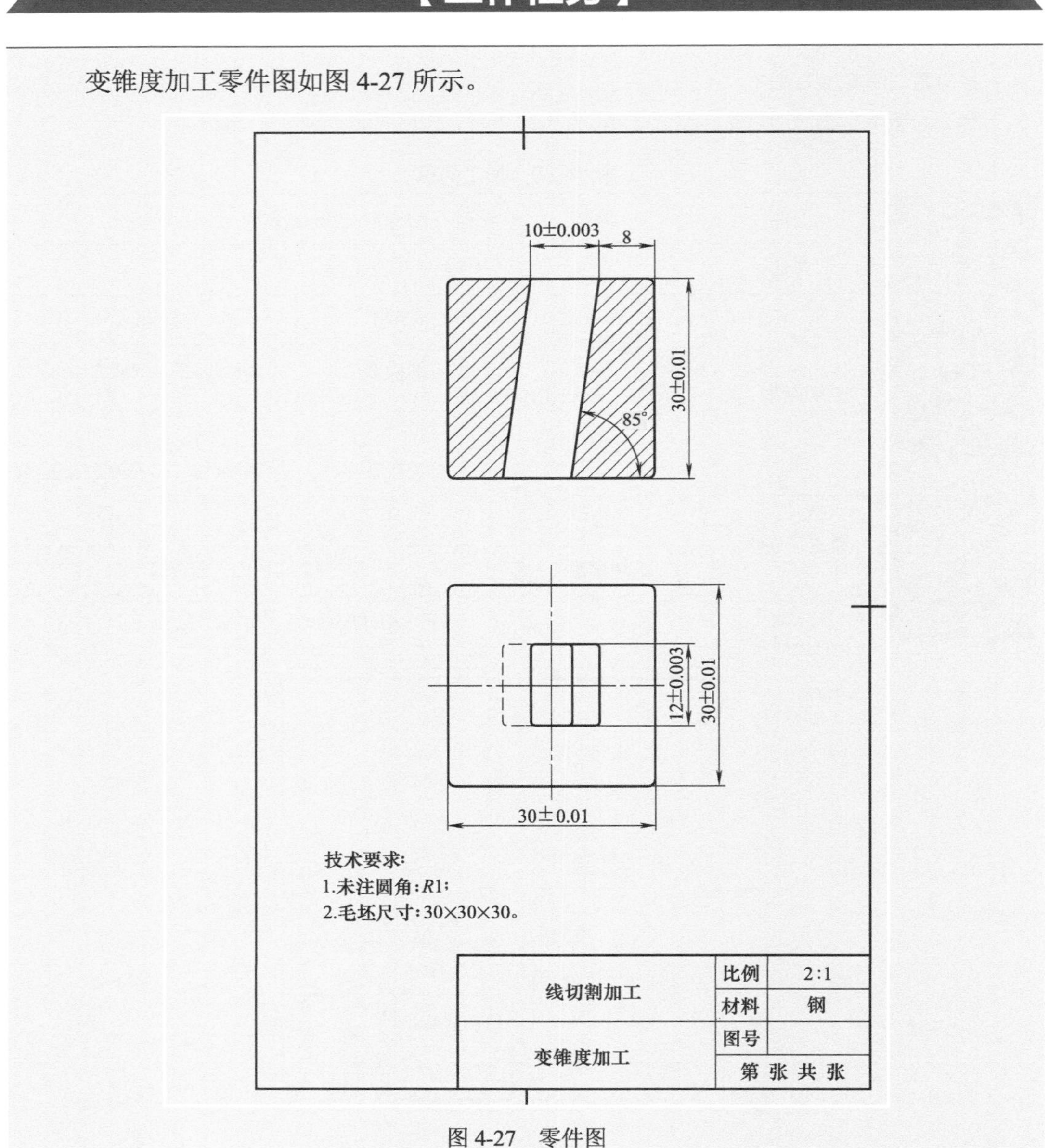

图 4-27　零件图

【知识技能】

知识点 1　变锥度加工编程注意事项

变锥度加工是指零件的不同边使用不同的锥度进行加工。

编程需要注意的问题：

① 编程时，主程序面高度 XY 和工件高度 H 必须设置准确，角度不需要设置，使用向导条“零件”栏中的“构造锥度”功能创建变锥度加工，如图 4-28 所示。

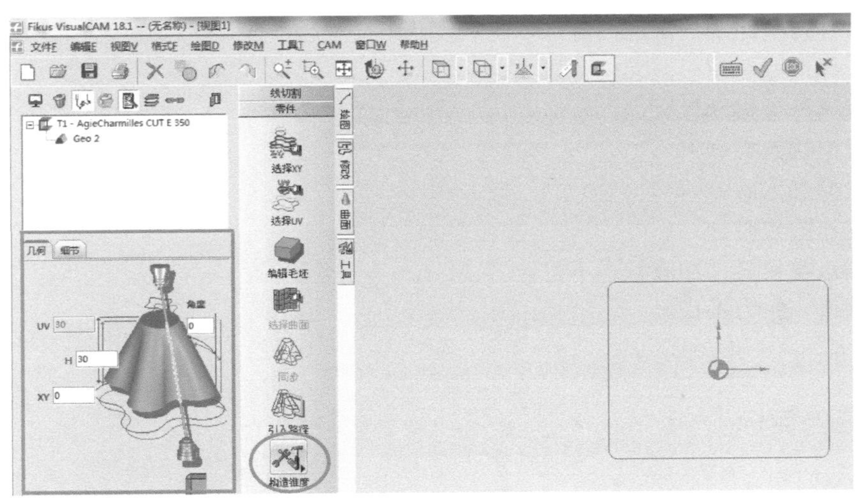

图 4-28　变锥度加工

② 点击 构造锥度，如图 4-29 所示，可以对每一条边定义角度，也可以对圆角的过渡进行定义。

③ 当前边的角度显示在“当前角度”里，只可预览，不可更改。在“新角度”里输入要设定的角度，点击上一步 或点下一步 ，可以将设置的角度应用于当前的边。用鼠标点击任意边，即可对当前这条边进行角度设置。

如果只是预览当前值的状况，而不作修改，点击上一个 或下一个 ，可以通过这个功能看到不同部位的角度值的状况。

④ 如果几何轮廓中有圆弧，在改变几何体的时候存在圆角变为锥圆角与圆角不变（上下同 R）的两种情况。当操作到圆弧时，“半径 UV”选项会自动激活。图 4-30 是在图 4-29（锥圆角）的基础上，将 UV 平面圆角的半径设置成与 XY 平面圆角半径相同，即上下同 R。

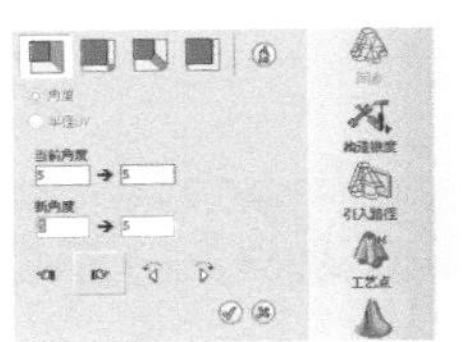
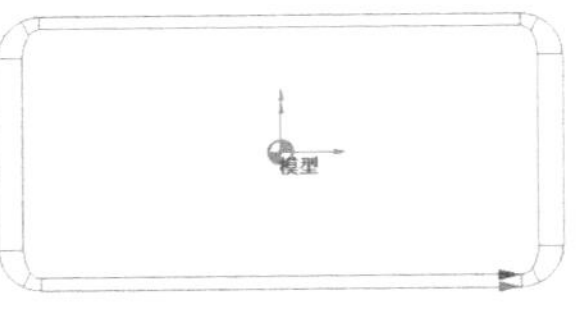

图 4-29　构造锥度

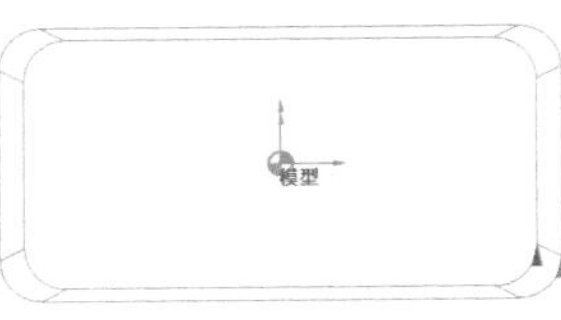

图 4-30　上下同 R

知识点 2　加工速度低的原因

① 为了避免断丝，降低了脉冲频率 P，甚至降低了电流 I。
② 冲液状态不好，达不到标准冲液压力。
③ 工件变形导致加工时放电状态不稳定，尤其是修切。
④ 拐角较多的工件，使用高精度参数加工可获得较高的拐角精度，但会降低效率。
⑤ 未及时对机床进行维护保养，主切切割效率会明显降低。

知识点 3　表面有丝痕的原因

① 工件材料、电极丝质量有问题。
② 工件材料组织内部应力释放，材料变形。
③ 工作液或者室温温差变化过大。
④ 机床外部振动较大。
⑤ 导电块磨损严重。
⑥ 导丝部太脏。
⑦ 工作液太脏。
⑧ 喷水嘴损坏，冲液状态不好。
⑨ 丝速、张力不稳。

【任务目标】

① 能够选用加工所需工具、量具及夹具。
② 能够编写变锥度加工程序。
③ 能够操作机床进行零件加工。

【任务实施】

（1）基本要求
① 培养学生良好的工作作风和安全意识。
② 培养学生的责任心和团队精神。
③ 掌握变锥度加工方法。
（2）设备与器材
实训所需的设备与器材见表 4-39。

表 4-39　设备及器材清单

项目	名称	规格	数量
设备	慢走丝线切割机床	GF 加工方案　CUT E 350	3～5 台

续表

项目	名称	规格	数量
夹具	压板	配套	3 ～ 5 个
	3R 三向找正夹具	套装	1 副
电极丝	黄铜丝	ϕ0.25mm、5kg/卷	3 ～ 5 卷
工具	内六角扳手	配套	3 ～ 5 套
	紫铜棒	配套	3 ～ 5 个
	杠杆式千分表	0.002mm	1 个
	千分表架	配套	1 副
量具	游标卡尺	0 ～ 150mm	3 ～ 5 把
	内径千分尺	5 ～ 30mm	3 ～ 5 把
	外径千分尺	0 ～ 25mm	3 ～ 5 把

（3）内容与步骤

① 开机（详见项目二中任务 1 的相关内容）。

② 安装电极丝（详见项目二中任务 1 的相关内容）。

③ 穿丝（详见项目二中任务 1 的相关内容）。

④ 校正电极丝（详见项目二中任务 1 的相关内容）。

⑤ 装夹及校正工件（见表 4-40）。

表 4-40　装夹及校正工件

步骤	示意图	说明
①测量毛坯		用游标卡尺测量工件外形尺寸，是否符合加工要求
②清理工作台		清理工作台面上的污垢，用水枪冲洗干净

续表

步骤	示意图	说明
③装夹工件	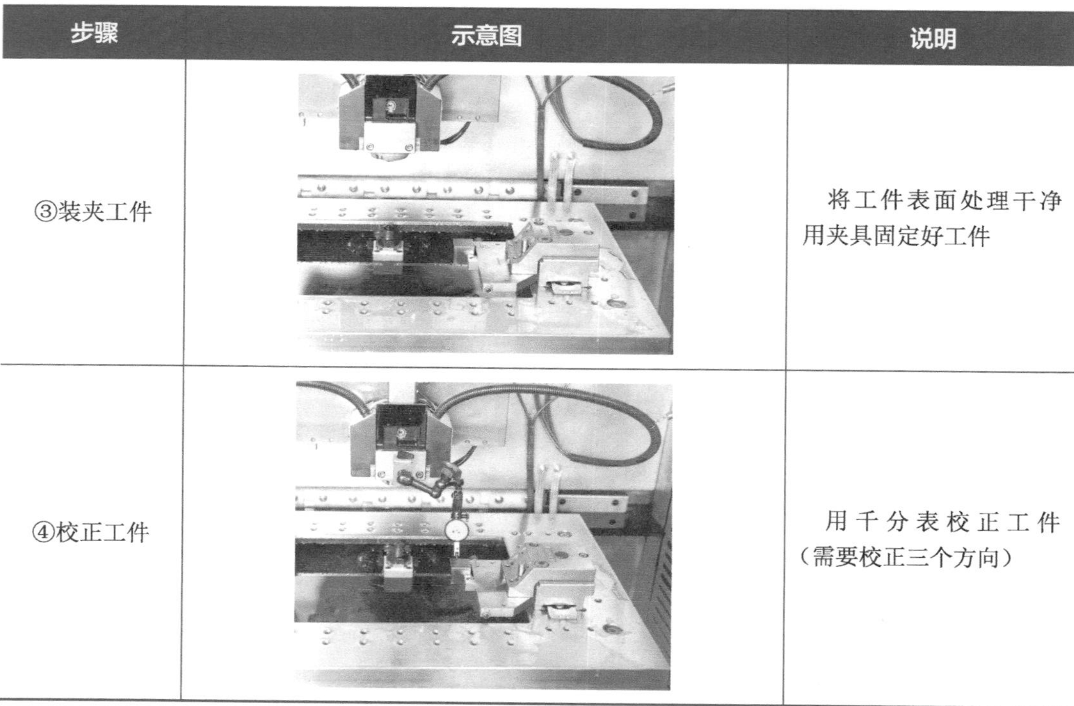	将工件表面处理干净用夹具固定好工件
④校正工件		用千分表校正工件（需要校正三个方向）

⑥ 电极丝定位（见表 4-41）。

表 4-41　电极丝定位

步骤	示意图	说明
① 设置上、下喷嘴高度	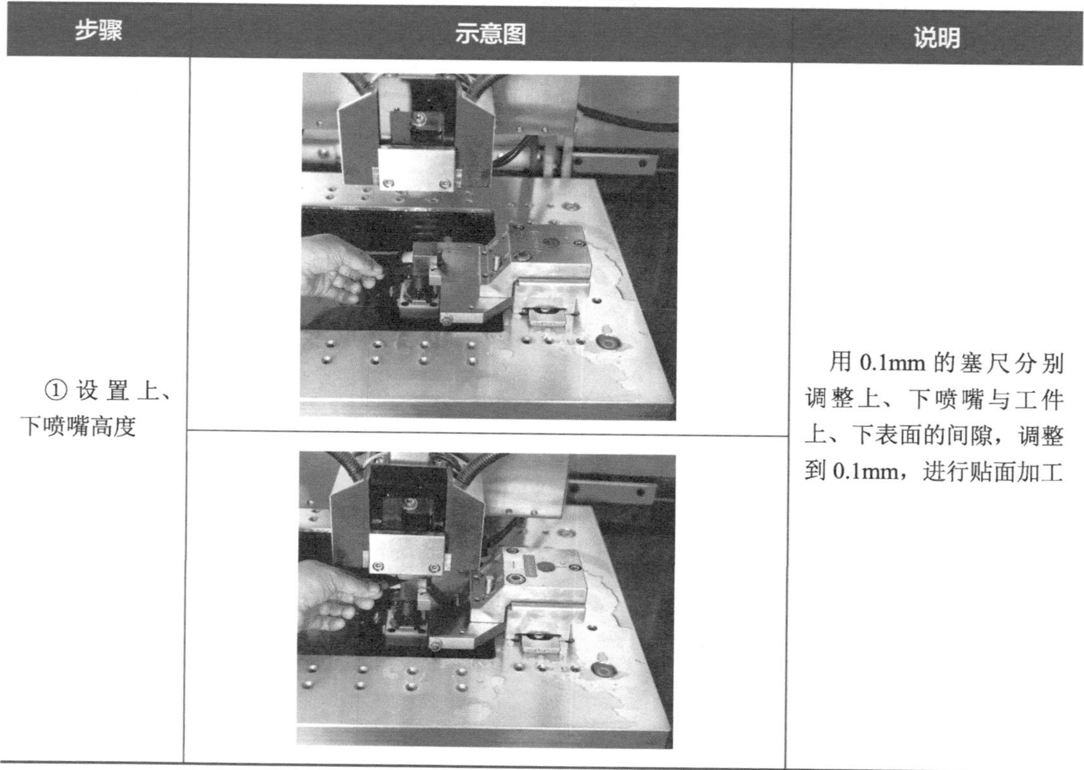	用 0.1mm 的塞尺分别调整上、下喷嘴与工件上、下表面的间隙，调整到 0.1mm，进行贴面加工

续表

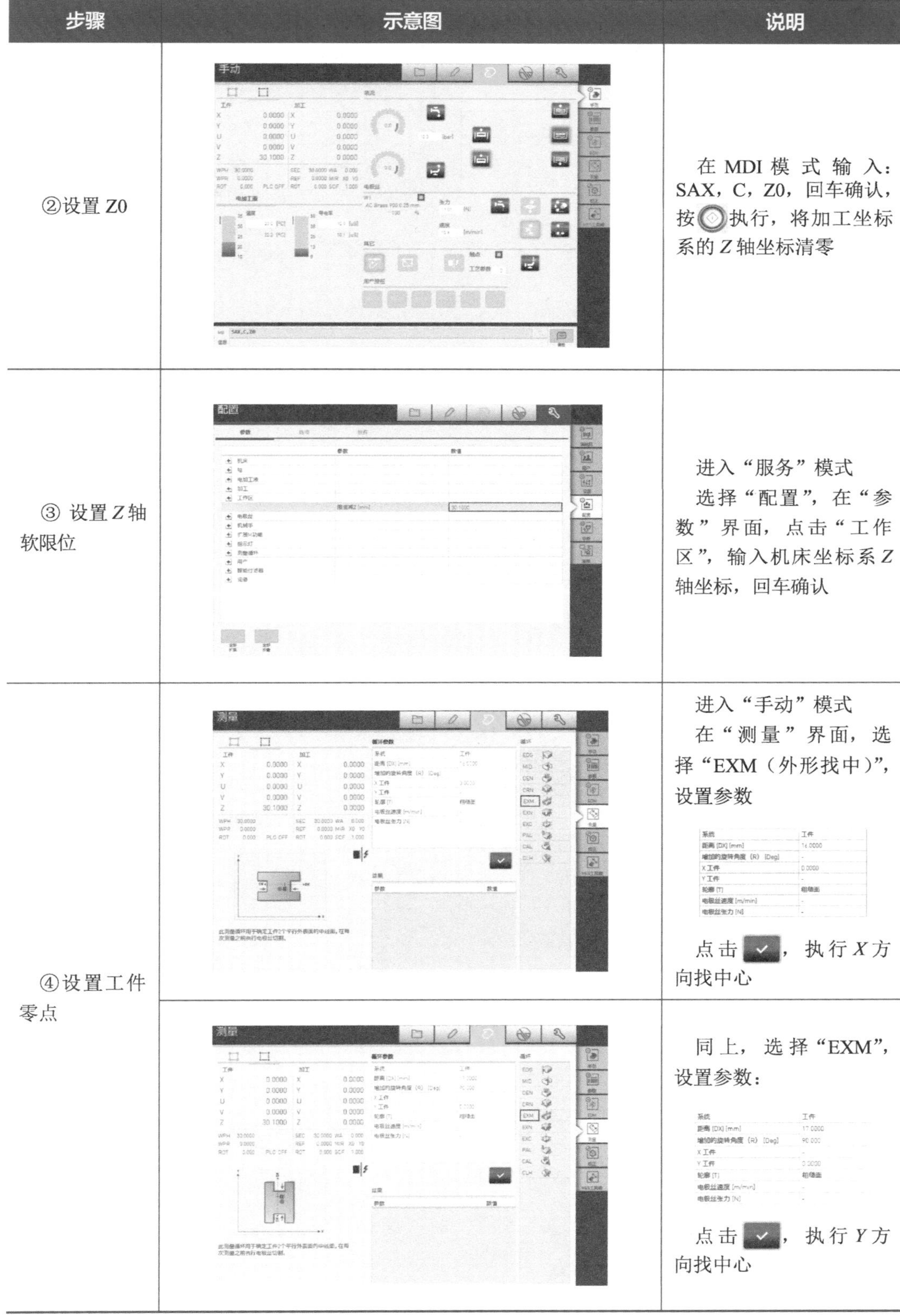

步骤	示意图	说明
②设置 Z0		在 MDI 模式输入：SAX，C，Z0，回车确认，按◎执行，将加工坐标系的 Z 轴坐标清零
③ 设置 Z 轴软限位		进入“服务”模式 选择“配置”，在“参数”界面，点击“工作区”，输入机床坐标系 Z 轴坐标，回车确认
④设置工件零点		进入“手动”模式 在“测量”界面，选择“EXM（外形找中）”，设置参数 点击 ✓，执行 X 方向找中心
		同上，选择“EXM”，设置参数： 点击 ✓，执行 Y 方向找中心

⑦ 编写加工程序（见表 4-42）。

表 4-42　编写加工程序

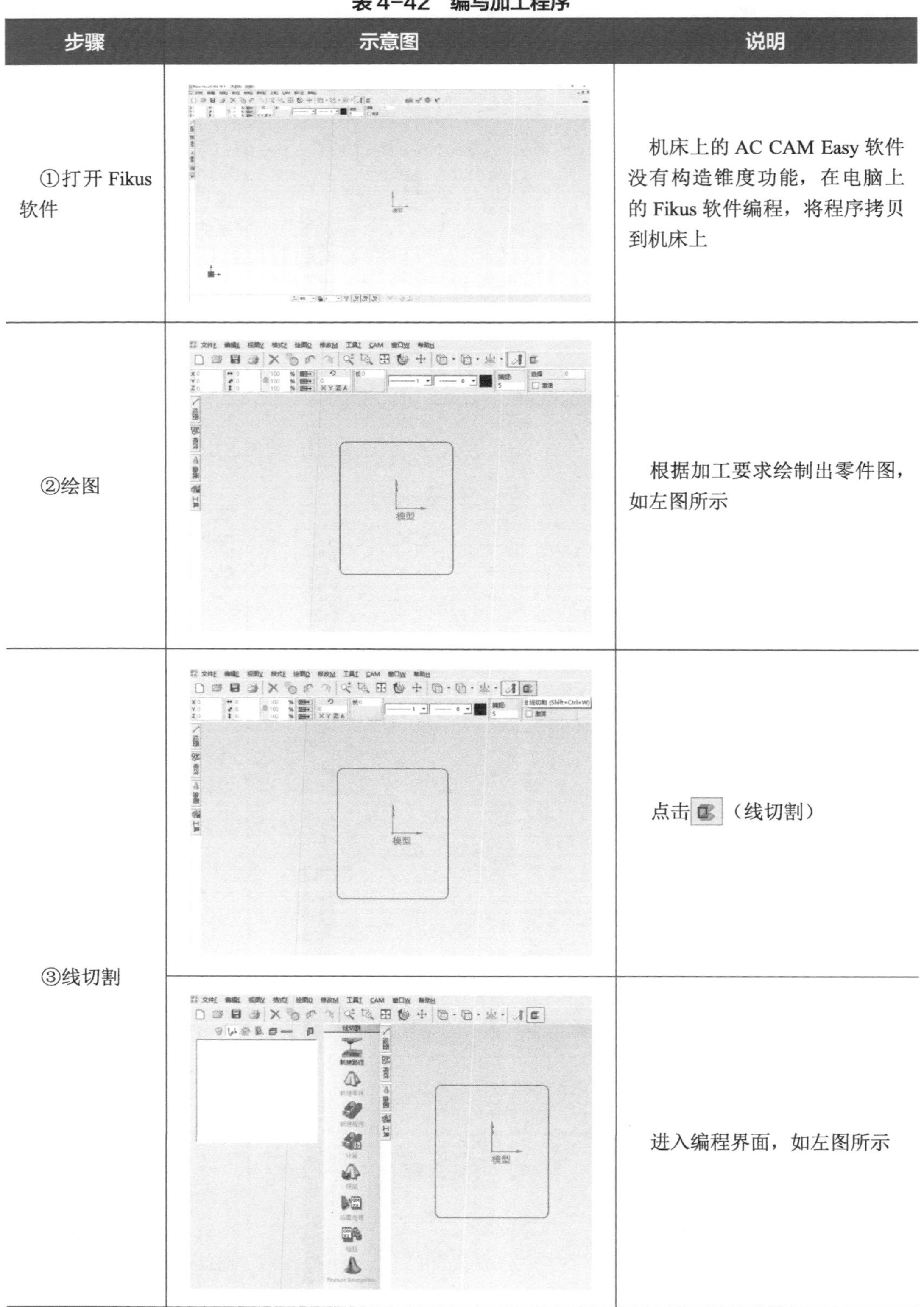

步骤	示意图	说明
①打开 Fikus 软件		机床上的 AC CAM Easy 软件没有构造锥度功能，在电脑上的 Fikus 软件编程，将程序拷贝到机床上
②绘图		根据加工要求绘制出零件图，如左图所示
③线切割		点击（线切割）
		进入编程界面，如左图所示

续表

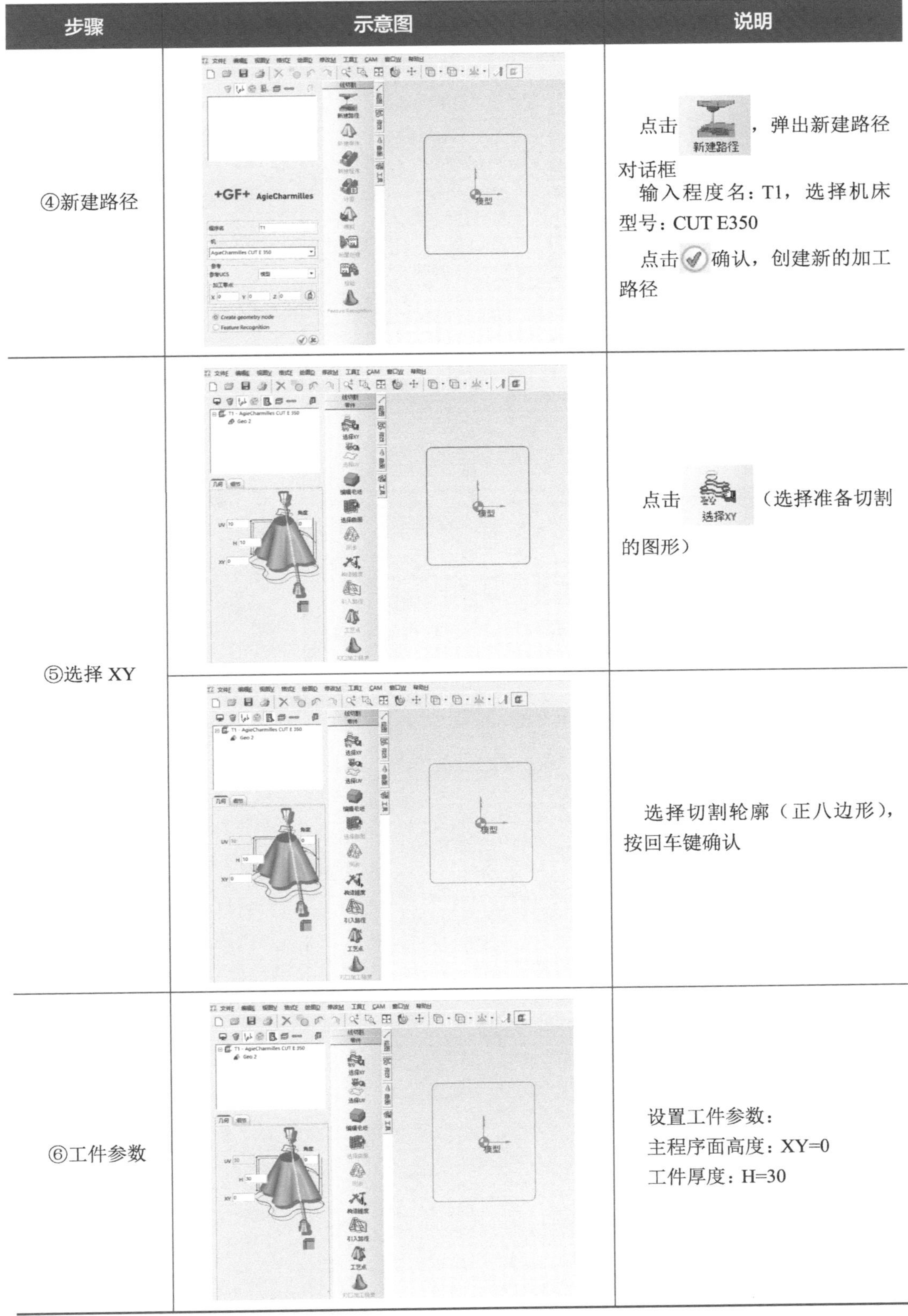

步骤	示意图	说明
④新建路径		点击 新建路径，弹出新建路径对话框 输入程度名：T1，选择机床型号：CUT E350 点击 确认，创建新的加工路径
⑤选择 XY		点击 选择XY（选择准备切割的图形）
		选择切割轮廓（正八边形），按回车键确认
⑥工件参数		设置工件参数： 主程序面高度：XY=0 工件厚度：H=30

续表

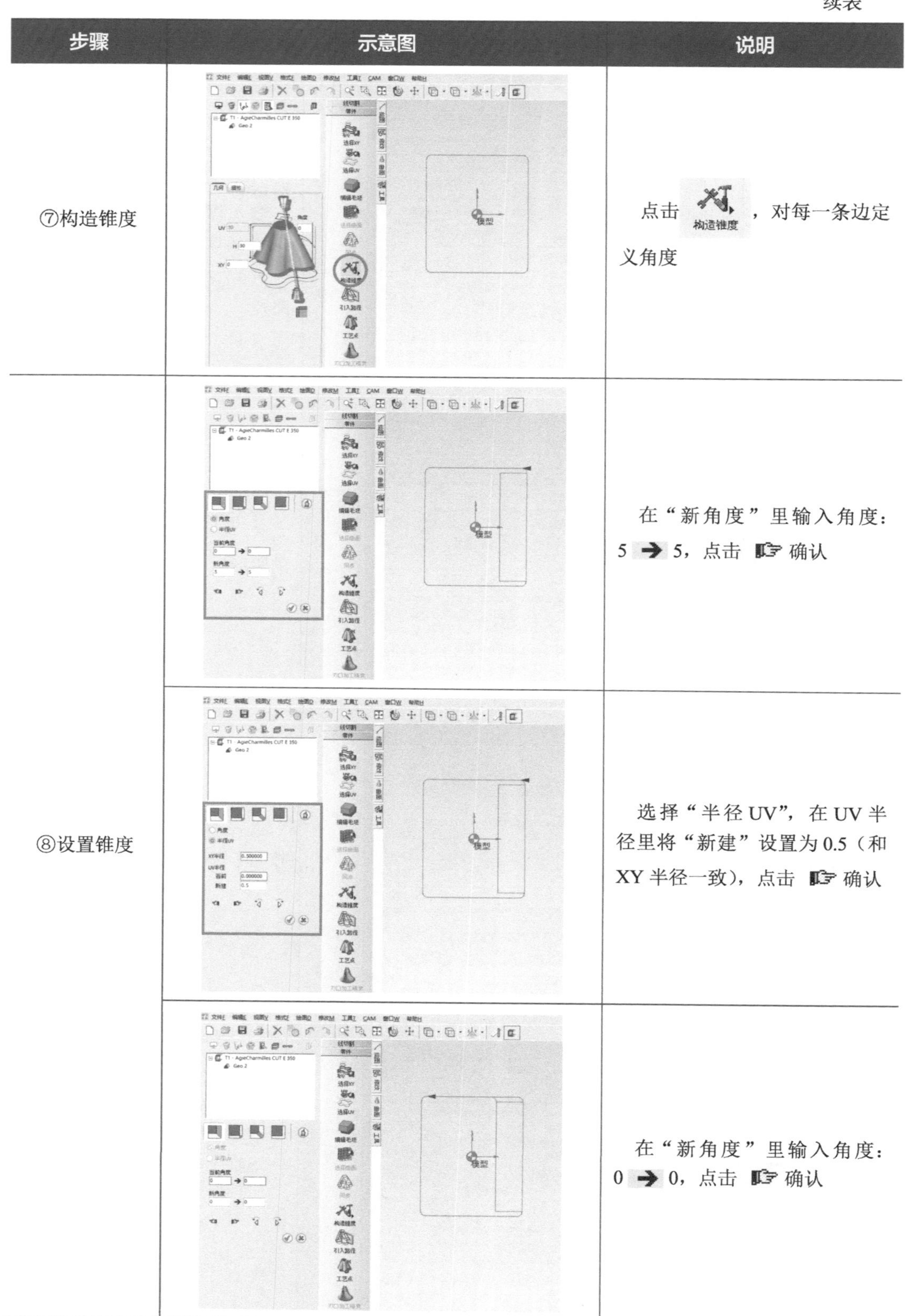

步骤	示意图	说明
⑦构造锥度		点击 构造锥度，对每一条边定义角度
		在“新角度”里输入角度：5 → 5，点击 ☞ 确认
⑧设置锥度		选择“半径 UV”，在 UV 半径里将“新建”设置为 0.5（和 XY 半径一致），点击 ☞ 确认
		在“新角度”里输入角度：0 → 0，点击 ☞ 确认

续表

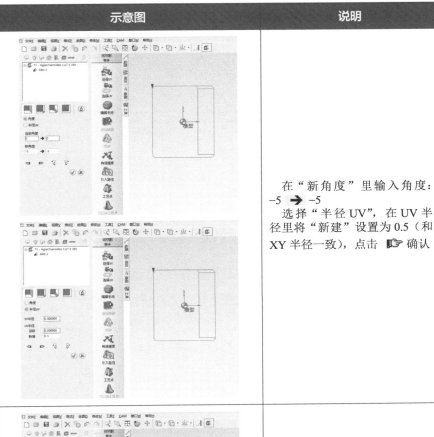

步骤	示意图	说明
	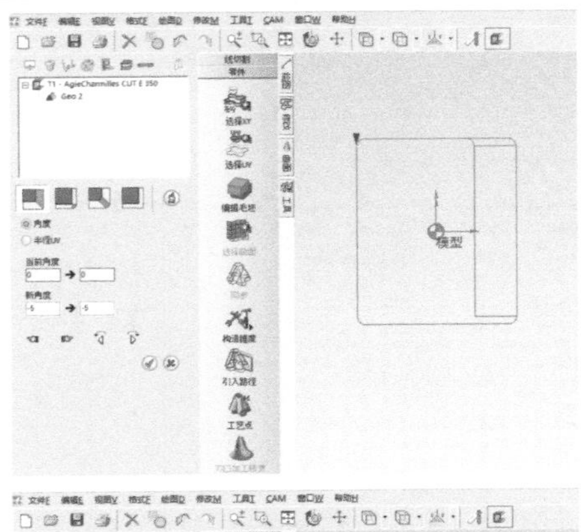 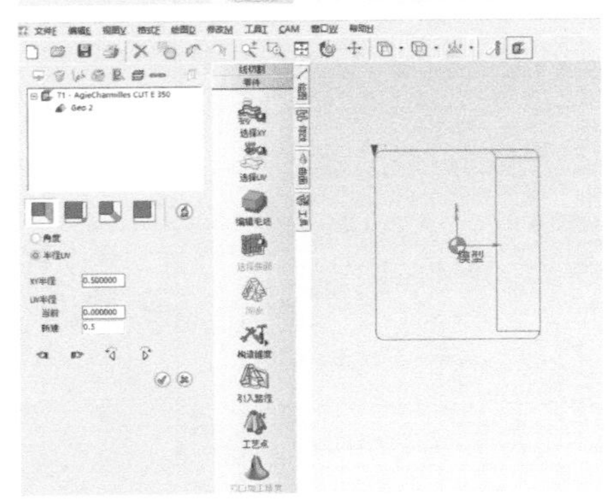	在“新角度”里输入角度：−5 ➔ −5 选择“半径 UV”，在 UV 半径里将“新建”设置为 0.5（和 XY 半径一致），点击 ☞ 确认
⑧设置锥度	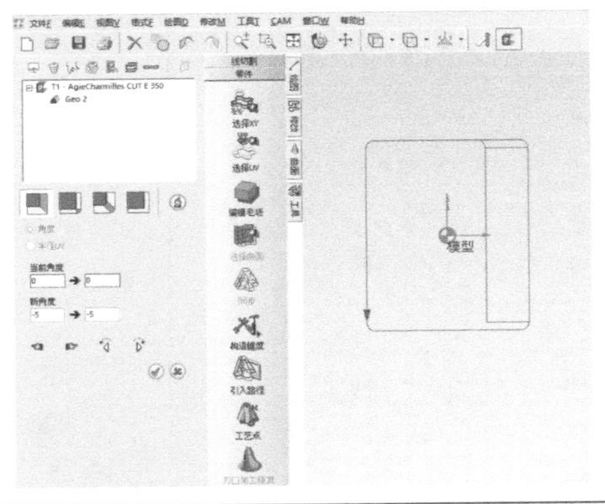	在“新角度”里输入角度：−5 ➔ −5，点击 ☞ 确认
	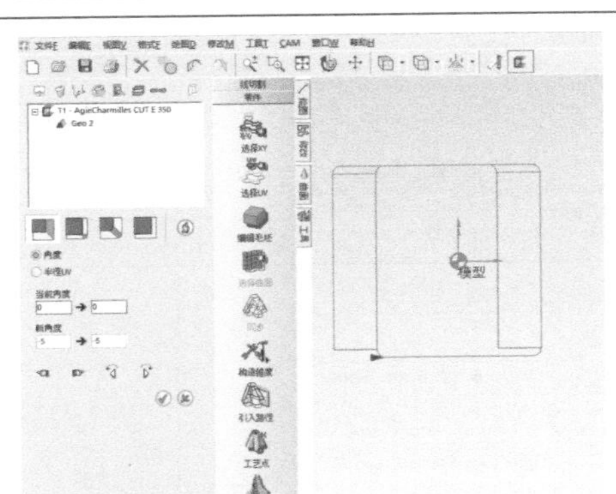	在“新角度”里输入角度：−5 ➔ −5 选择“半径 UV”，在 UV 半径里将“新建”设置为 0.5（和 XY 半径一致），点击 ☞ 确认

续表

步骤	示意图	说明
	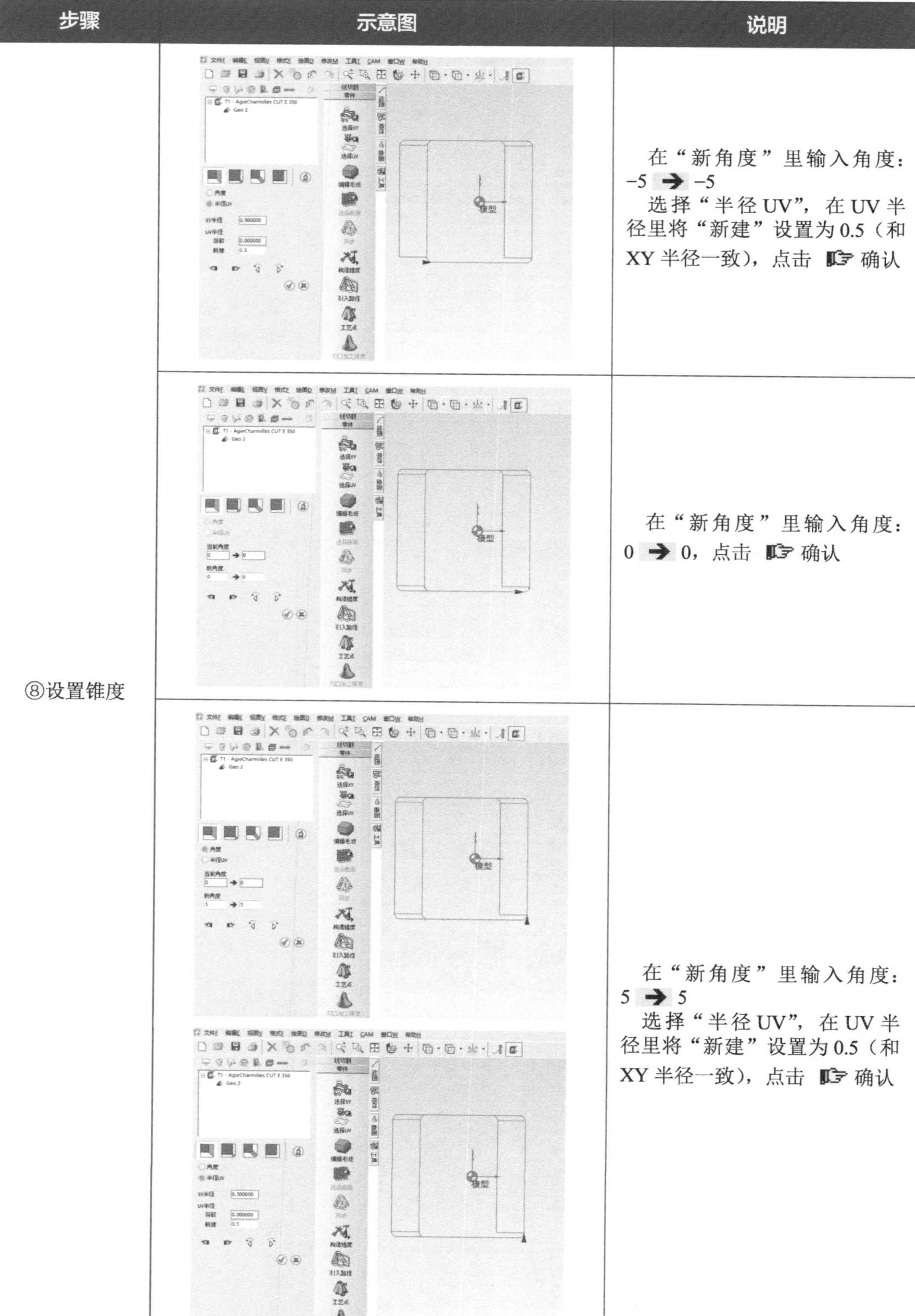	在“新角度”里输入角度：−5 ➔ −5 选择“半径 UV”，在 UV 半径里将“新建”设置为 0.5（和 XY 半径一致），点击 ☞ 确认
⑧设置锥度		在“新角度”里输入角度：0 ➔ 0，点击 ☞ 确认
		在“新角度”里输入角度：5 ➔ 5 选择“半径 UV”，在 UV 半径里将“新建”设置为 0.5（和 XY 半径一致），点击 ☞ 确认

续表

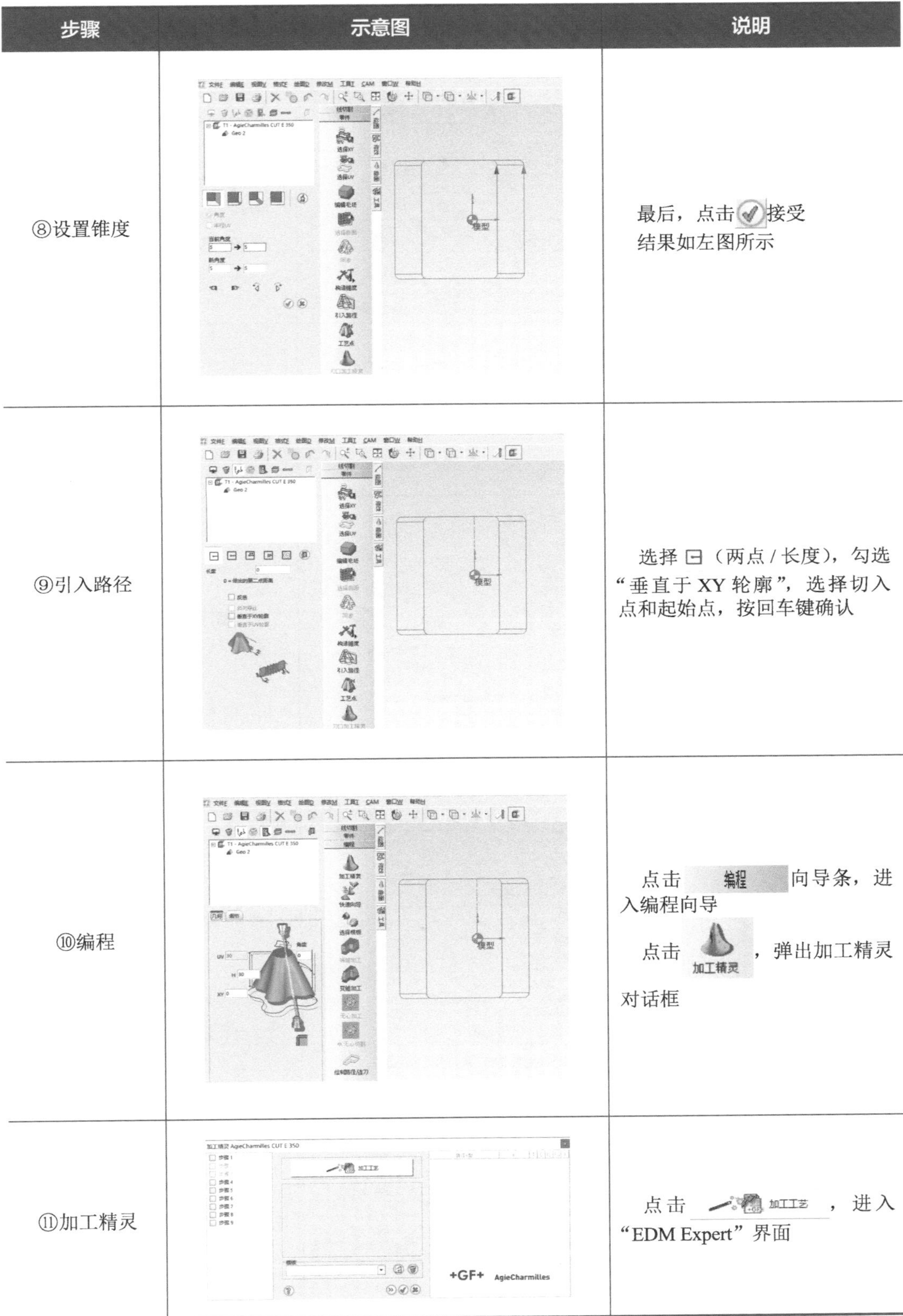

步骤	示意图	说明
⑧设置锥度		最后，点击✔接受 结果如左图所示
⑨引入路径		选择 ⊟（两点 / 长度），勾选“垂直于 XY 轮廓”，选择切入点和起始点，按回车键确认
⑩编程		点击 编程 向导条，进入编程向导 点击 加工精灵 ，弹出加工精灵对话框
⑪加工精灵		点击 加工工艺 ，进入“EDM Expert”界面

续表

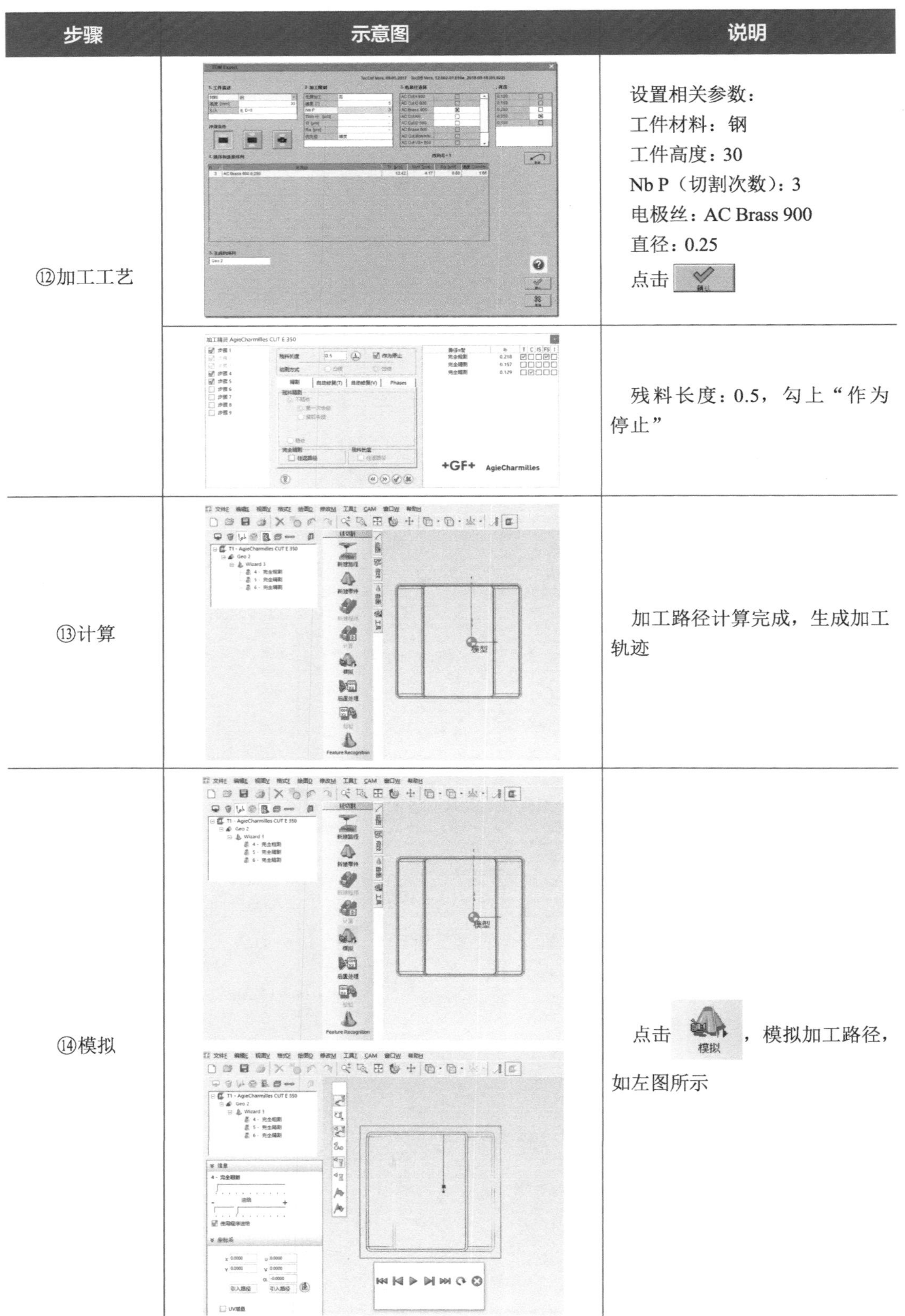

步骤	示意图	说明
⑫加工工艺		设置相关参数： 工件材料：钢 工件高度：30 Nb P（切割次数）：3 电极丝：AC Brass 900 直径：0.25 点击
		残料长度：0.5，勾上“作为停止”
⑬计算		加工路径计算完成，生成加工轨迹
⑭模拟		点击 模拟 ，模拟加工路径，如左图所示

续表

步骤	示意图	说明
⑮后置处理	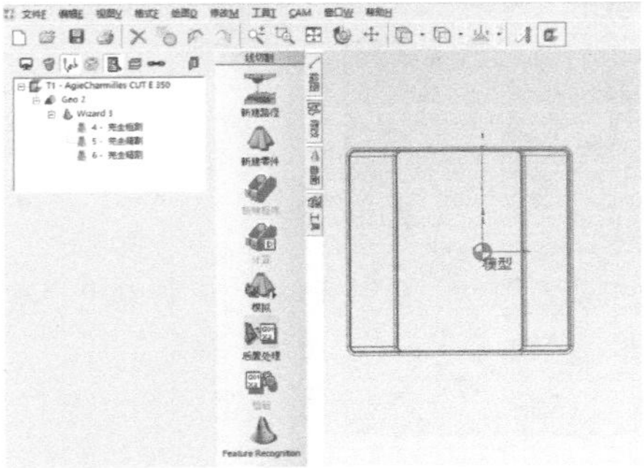	点击  后置处理，进行后置处理
		选择后处理器：AC CUT E Series XML CMD 点击  后处理，生成MJB格式的加工任务文件

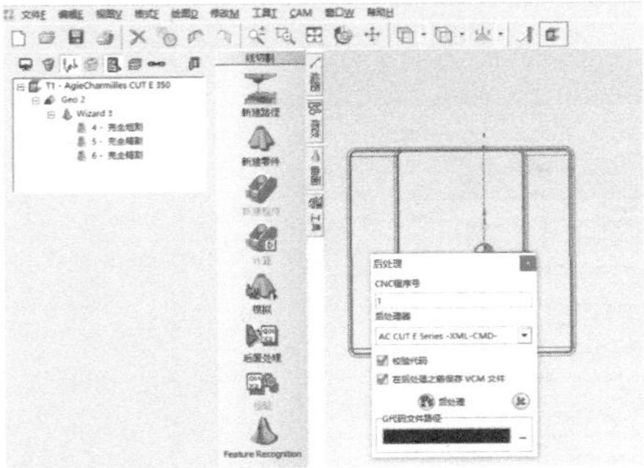

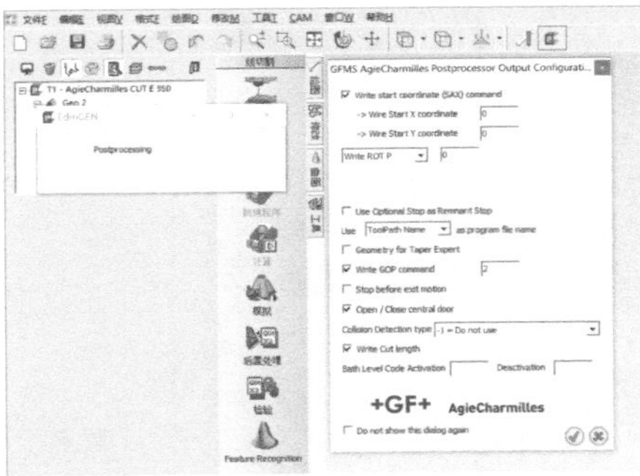

⑧加工运行（见表4-43）。

表4-43　加工运行

步骤	示意图	说明
①选择程序	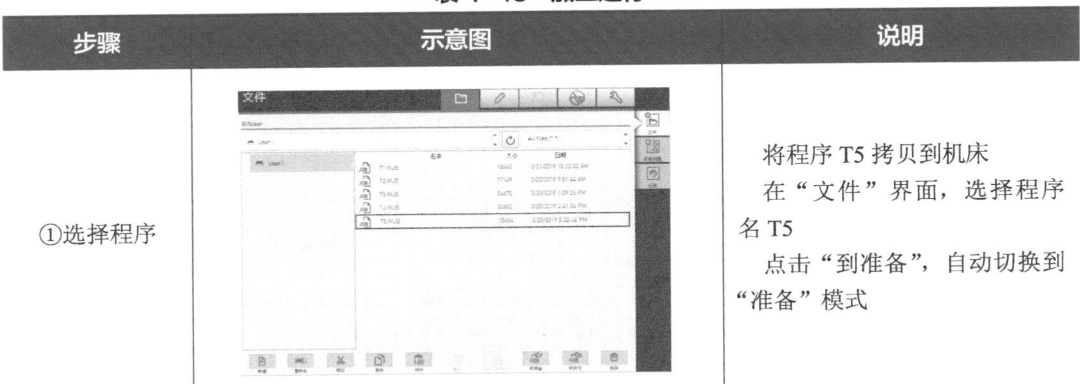	将程序T5拷贝到机床 在“文件”界面，选择程序名T5 点击“到准备”，自动切换到“准备”模式

步骤	示意图	说明
②程序校验	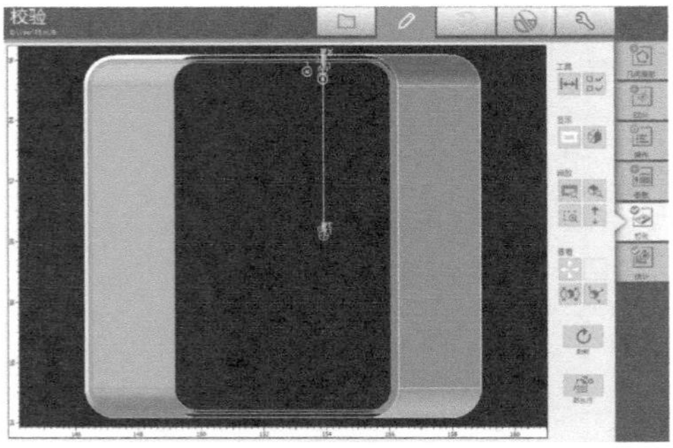	检查程序加工路径是否合理，如果没有问题，点击“到执行”，自动切换到“执行”模式，准备开始放电加工
③放电加工	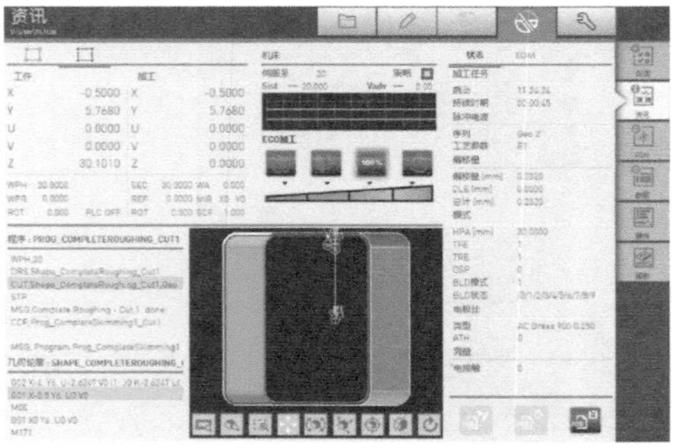	按启动键，开始放电加工
④取废料		暂停，打开液槽门，取出废料
⑤精加工	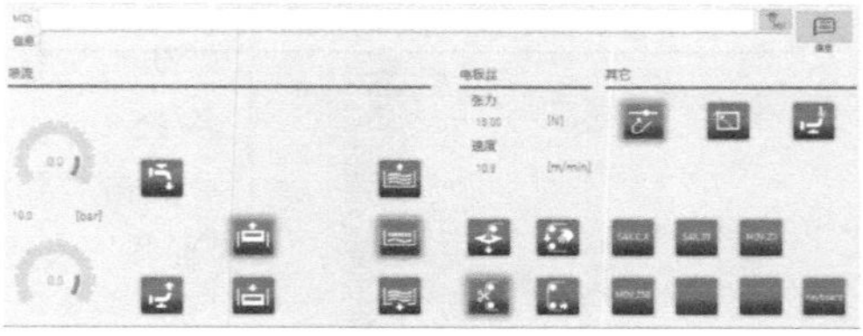	关闭液槽门，点击，返回暂停点 按启动键，继续加工，直到加工完成

⑨ 零件检测（见表 4-44）。

表 4-44　零件检测

步骤	示意图	说明
①清洗工件		用清洗液清洗工件
	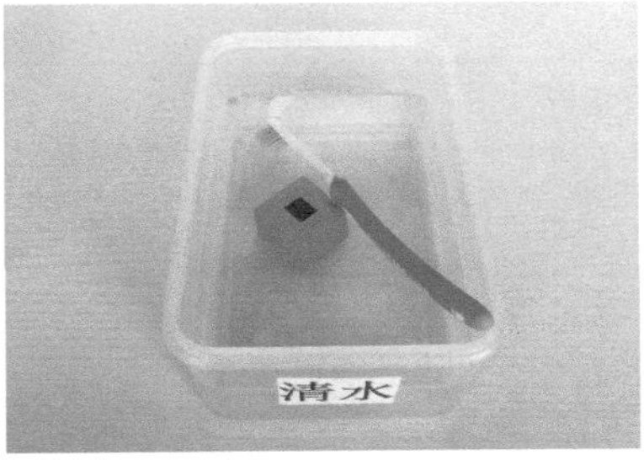	然后用清水将工件冲洗干净
	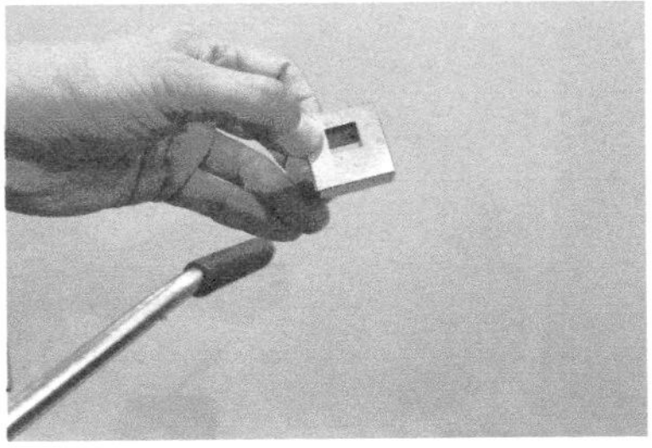	最后用气枪吹干工件
②测量工件	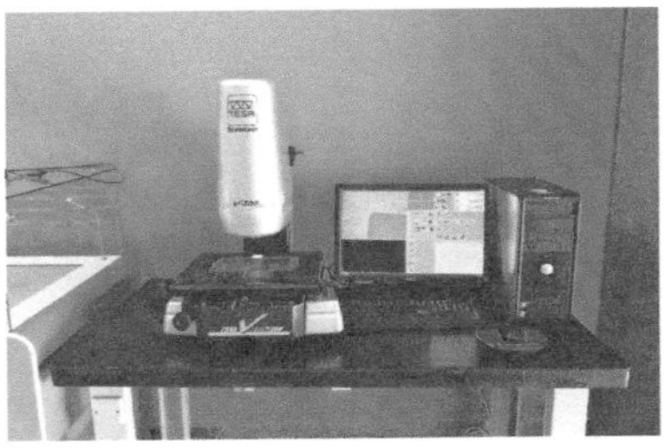	用投影仪测量，记录数据
③加工完成		合格工件如左图所示

⑩ 关机保养（详见项目二中任务 1 的相关内容）。

【任务评价】

根据掌握情况填写学生自评表，见表 4-45。

表 4-45 学生自评表

项目	序号	考核内容及要求	能	不能	其他
开机操作	1	会开机前的检查			
	2	会检查上、下喷嘴			
回零操作	3	能回机床零点			
安装电极丝	4	能正确激活电极丝			
穿丝	5	会手动穿丝			
	6	会自动穿丝			
校正电极丝	7	会使用 GAJ 校正方式及正确设置相关参数			
安装工件	8	能正确装夹工件			
	9	能正确校正工件			
定位电极丝	10	会使用 EXM（G142）测量工件			
编辑程序	11	能正确绘制加工零件图			
	12	会变锥度的编程			
	13	会设置加工工艺参数			
加工运行	14	会程序效验			
	15	能执行程序			
	16	会取废料			
	17	能完成零件加工			
零件检验	18	会检测零件			
关机保养	19	会清理和保养机床			
签名	学生签名（　　　）	教师签名（　　　）			

【任务反思】

总结归纳学习所得，发现存在的问题，并填写学习反思内容，见表 4-46。

表 4-46　学习反思内容

类型	内容
掌握知识	
掌握技能	
收获体会	
需解决问题	
学生签名	

【课后练习】

练习题　编写加工程序

加工如图 4-31 所示的零件，加工信息如表 4-47 所示，使用 Fikus 软件进行编程。

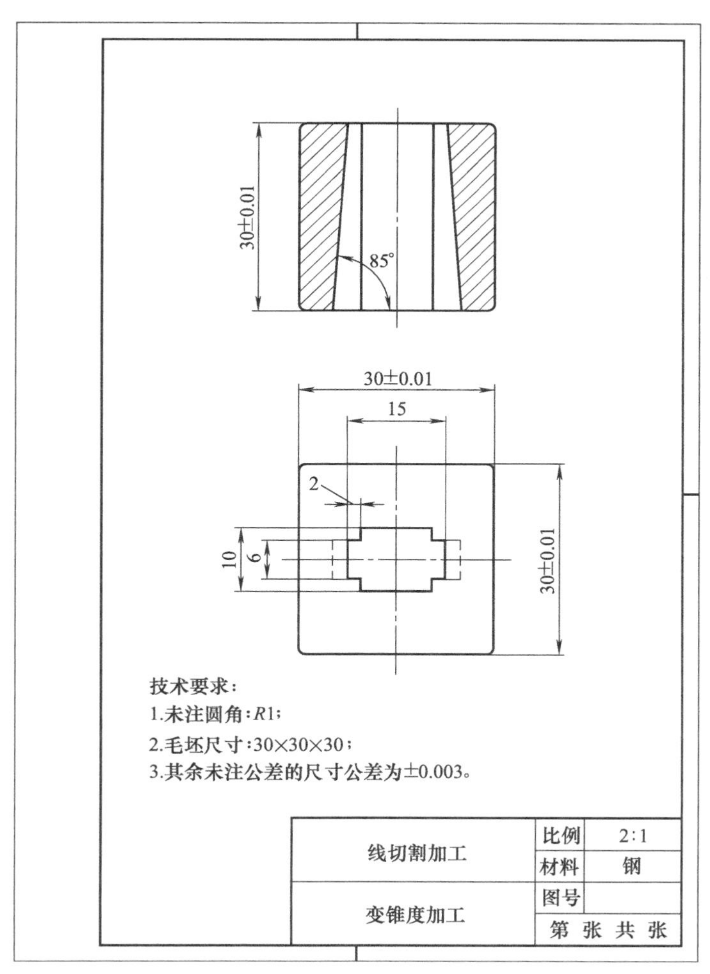

图 4-31　练习题

表 4-47　加工信息

加工准备	工件	钢（30mm×30mm 方料）
	夹具	3R 三向找正座、平口钳
加工要求	角度	3°
	切割次数	切一修二（*Ra*0.55 μm）
	TKM	±0.003mm

上下异形加工

【工作任务】

上下异形加工零件图如图 4-32 所示。

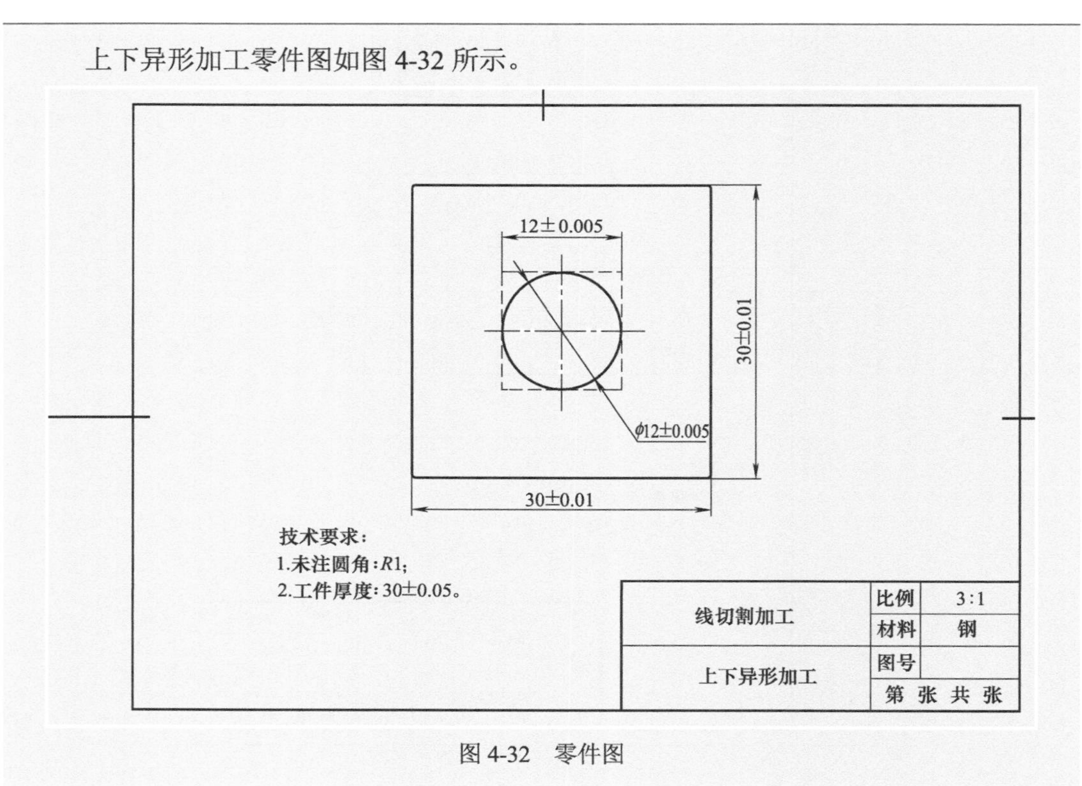

图 4-32　零件图

【知识技能】

知识点　上下异形加工编程注意事项

上下异形是指工件的下表面（*XY* 平面）和上表面（*UV* 平面）形状不同的零件。如图 4-33 所示，工件下表面（*XY* 平面）轮廓形状为矩形，上表面（*UV* 平面）轮廓形状为圆形。

编程需要注意：

① 在新建路径后，向导条自动从“线切割”切换至“零件”，这时需要在零件的“几何”中输入主程序面高度 XY、工件厚度 H，如图 4-34 所示。

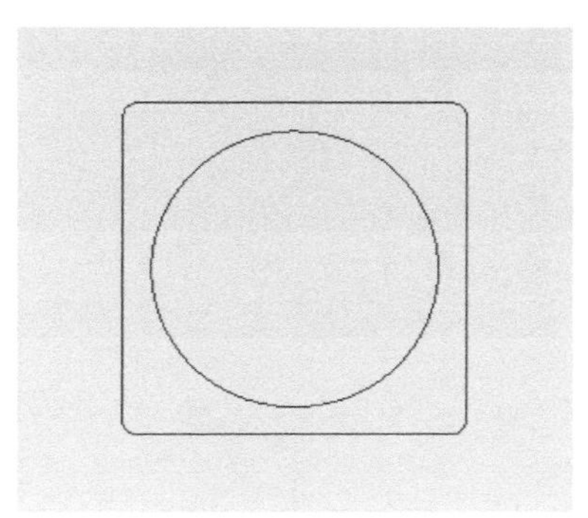

图 4-33　上下异形实例

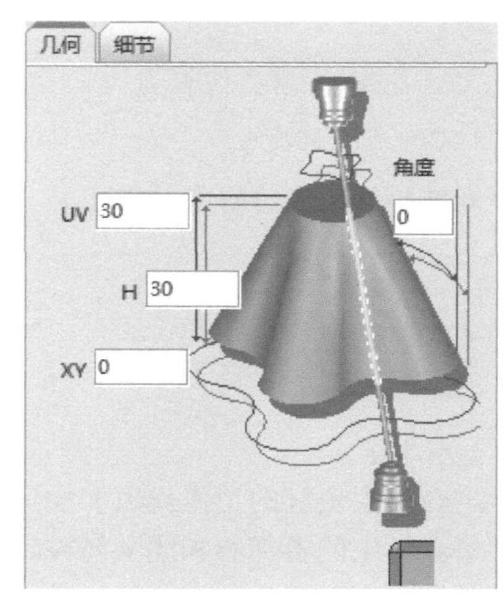

图 4-34　程序面高度和工件厚度设置

② 点击 ，用鼠标选择 XY 轮廓，按回车键确认。

③ 点击 ，用鼠标选择 UV 轮廓，按回车键确认，系统自动对上下两个平面连接，生成上下异形。选择合适的视图模式可以看到 3D 显示的实体图，如图 4-35 所示。

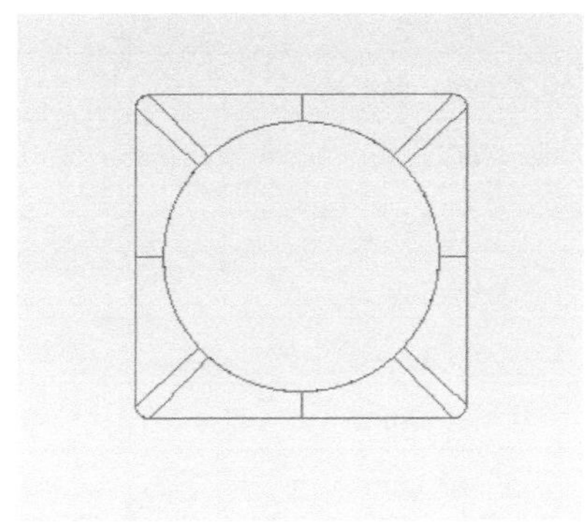

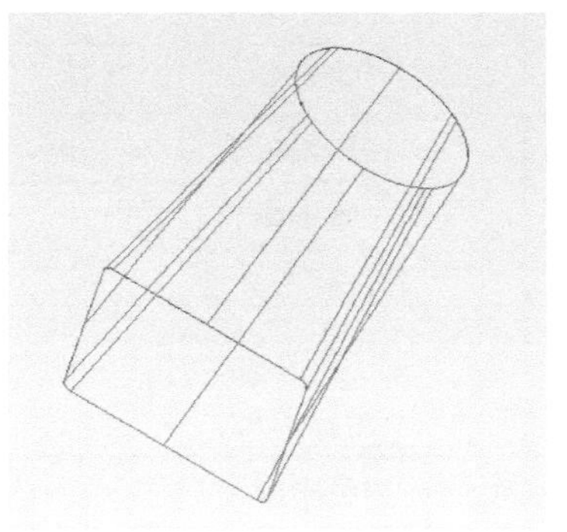

图 4-35　上下异形

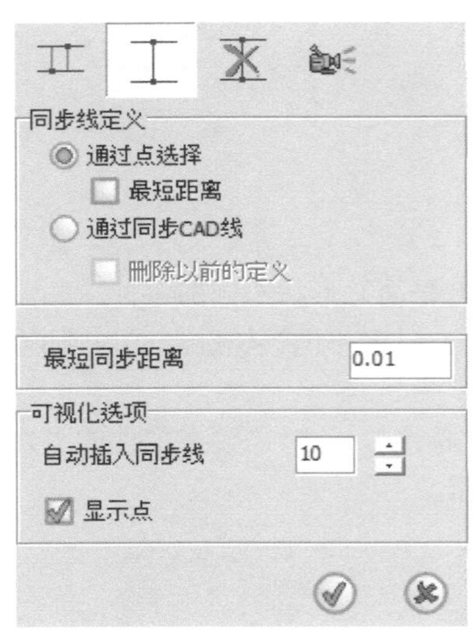

图 4-36　创建同步线

④ 如果上下异形的同步线发生扭曲，可以点击 

，重新创建同步线（选择 XY 和 UV 轮廓以后，同步功能才会被激活）。

一般情况下，软件会自动进行同步处理，不需要做同步。如果两轮廓的形状差别太大，将造成切割面扭曲，需要用同步功能进行修改，创建同步线，直到切割面达到要求。如图 4-36 所示为创建同步线的对话框。

【任务目标】

① 能够选用加工所需工具、量具及夹具。
② 能够编写上下异形加工程序。
③ 能够操作机床进行零件加工。

【任务实施】

（1）基本要求

① 培养学生良好的工作作风和安全意识。
② 培养学生的责任心和团队精神。
③ 掌握上下异形加工方法。

（2）设备与器材

实训所需的设备与器材见表 4-48。

表 4-48　设备及器材清单

项目	名称	规格	数量
设备	慢走丝线切割机床	GF 加工方案 CUT E 350	3 ～ 5 台
夹具	压板	配 套	3 ～ 5 个
	3R 三向找正夹具	套 装	1 副
电极丝	黄铜丝	ϕ0.25mm、5kg/ 卷	3 ～ 5 卷
工具	内六角扳手	配 套	3 ～ 5 套
	紫铜棒	配 套	3 ～ 5 个
	杠杆式千分表	0.002mm	1 个
	千分表架	配 套	1 副
量具	游标卡尺	0 ～ 150mm	3 ～ 5 把
	内径千分尺	5 ～ 30mm	3 ～ 5 把
	外径千分尺	0 ～ 25mm	3 ～ 5 把

（3）内容与步骤

① 开机（详见项目二中任务 1 的相关内容）。

② 安装电极丝（详见项目二中任务 1 的相关内容）。

③ 穿丝（详见项目二中任务 1 的相关内容）。

④ 校正电极丝（详见项目二中任务 1 的相关内容）。

⑤ 装夹及校正工件（见表 4-49）。

表 4-49　装夹及校正工件

步骤	示意图	说明
①测量毛坯	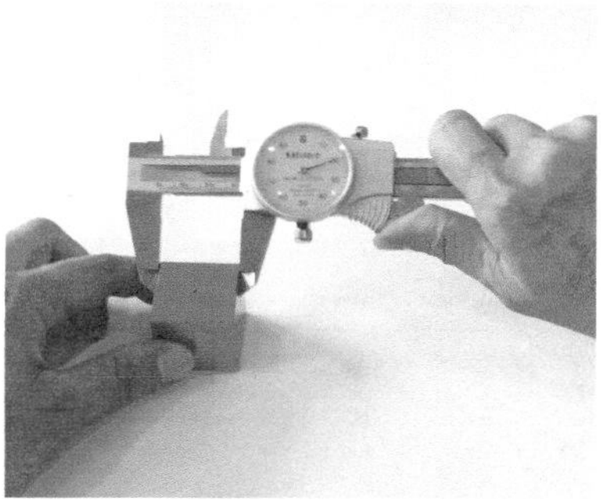	用游标卡尺测量工件外形尺寸，是否符合加工要求
②清理工作台	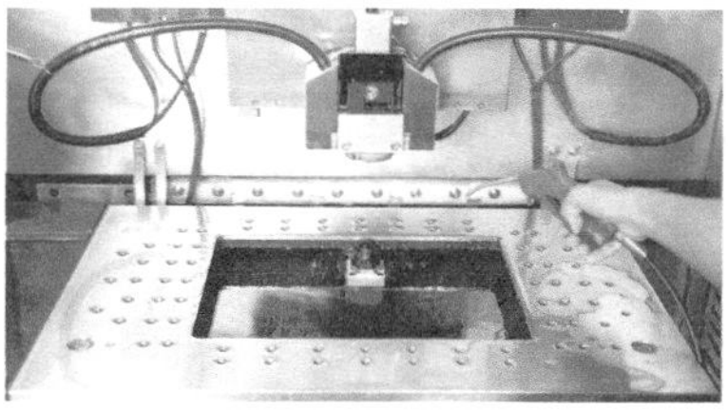	清理工作台面上的污垢，用水枪冲洗干净
③装夹工件	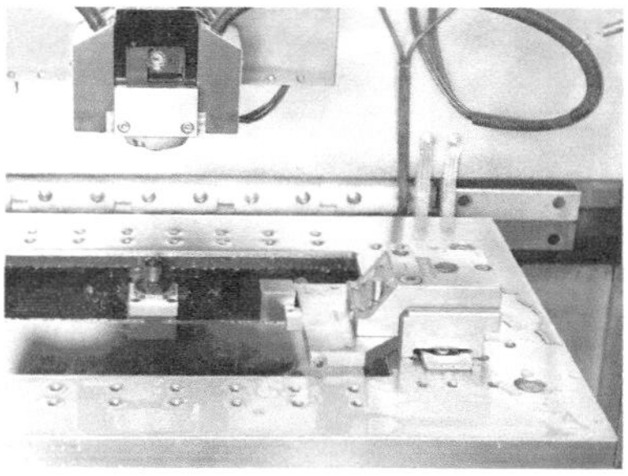	将工件表面处理干净，用夹具固定好工件
④校正工件		用千分表校正工件（需要校正三个方向）

⑥ 电极丝定位（见表 4-50）。

表 4-50　电极丝定位

步骤	示意图	说明
①设置上、下喷嘴高度	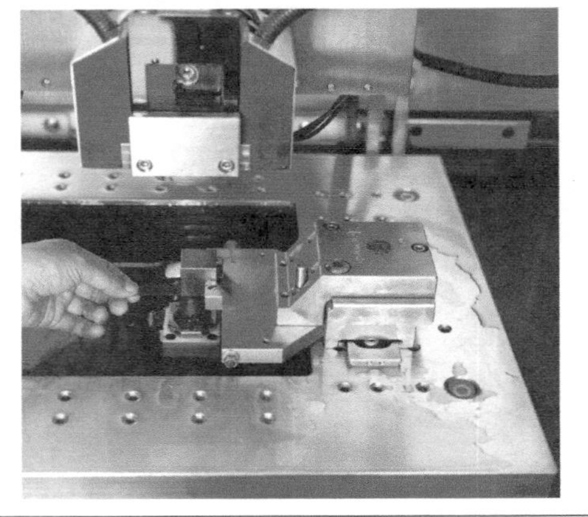 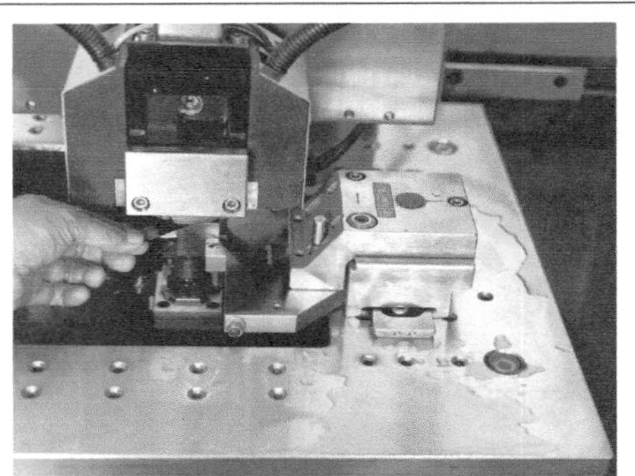	用 0.1mm 的塞尺分别调整上、下喷嘴与工件上、下表面的间隙，调整到 0.1mm，进行贴面加工
②设置 Z0 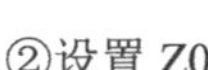	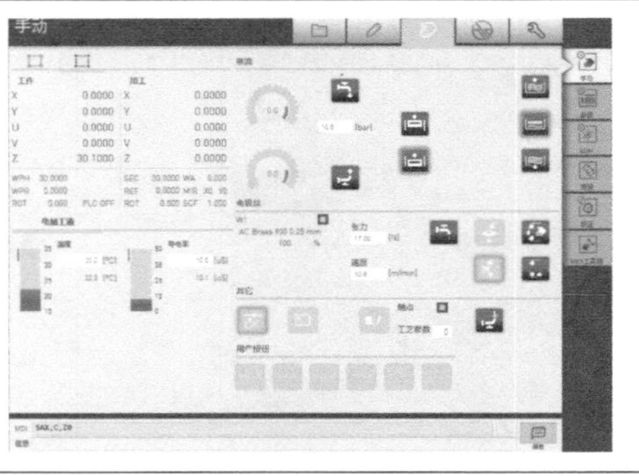	在 MDI 模式输入：SAX，C，Z0，回车确认，按执行，将加工坐标系的 Z 轴坐标清零
③设置 Z 轴软限位	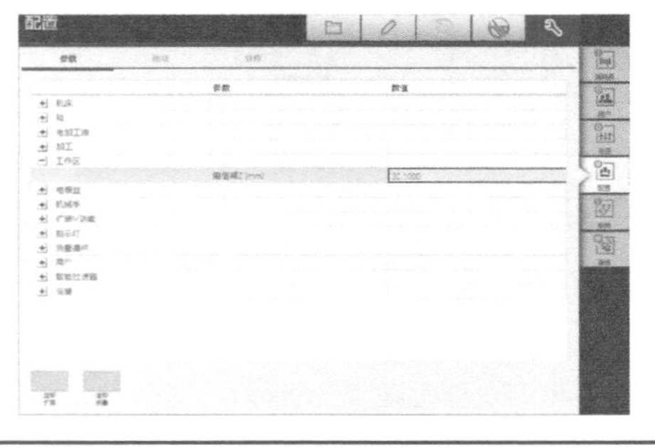	进入“服务”模式 选择“配置”，在“参数”界面，点击“工作区”，输入机床坐标系 Z 轴坐标，回车确认

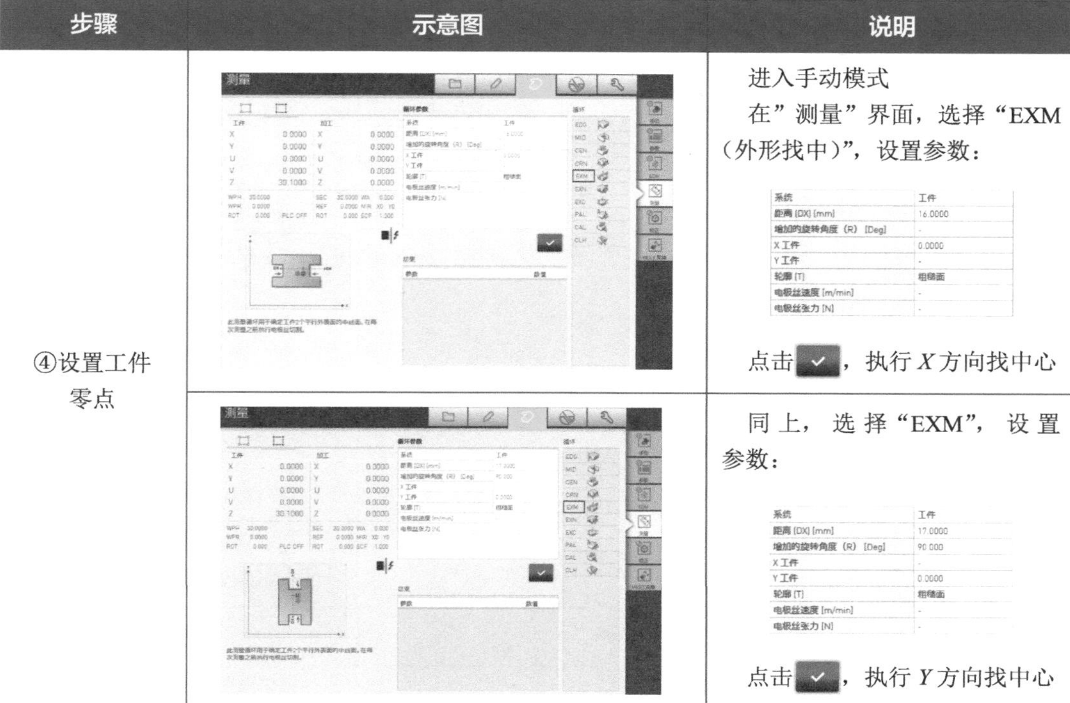

<table>
<tr><th>步骤</th><th>示意图</th><th>说明</th></tr>
<tr><td rowspan="2">④设置工件零点</td><td></td><td>进入手动模式
在”测量”界面，选择“EXM（外形找中）”，设置参数：
<table><tr><td>系统</td><td>工件</td></tr><tr><td>距离 [DX] [mm]</td><td>16.0000</td></tr><tr><td>增加的旋转角度（R） [Deg]</td><td>-</td></tr><tr><td>X 工件</td><td>0.0000</td></tr><tr><td>Y 工件</td><td>-</td></tr><tr><td>轮廓 [T]</td><td>粗糙面</td></tr><tr><td>电极丝速度 [m/min]</td><td>-</td></tr><tr><td>电极丝张力 [N]</td><td>-</td></tr></table>
点击 ✓，执行 X 方向找中心</td></tr>
<tr><td></td><td>同上，选择“EXM”，设置参数：
<table><tr><td>系统</td><td>工件</td></tr><tr><td>距离 [DX] [mm]</td><td>17.0000</td></tr><tr><td>增加的旋转角度（R） [Deg]</td><td>90.000</td></tr><tr><td>X 工件</td><td>-</td></tr><tr><td>Y 工件</td><td>0.0000</td></tr><tr><td>轮廓 [T]</td><td>粗糙面</td></tr><tr><td>电极丝速度 [m/min]</td><td>-</td></tr><tr><td>电极丝张力 [N]</td><td>-</td></tr></table>
点击 ✓，执行 Y 方向找中心</td></tr>
</table>

⑦ 编写加工程序（见表 4-51）。

表 4-51　编写加工程序

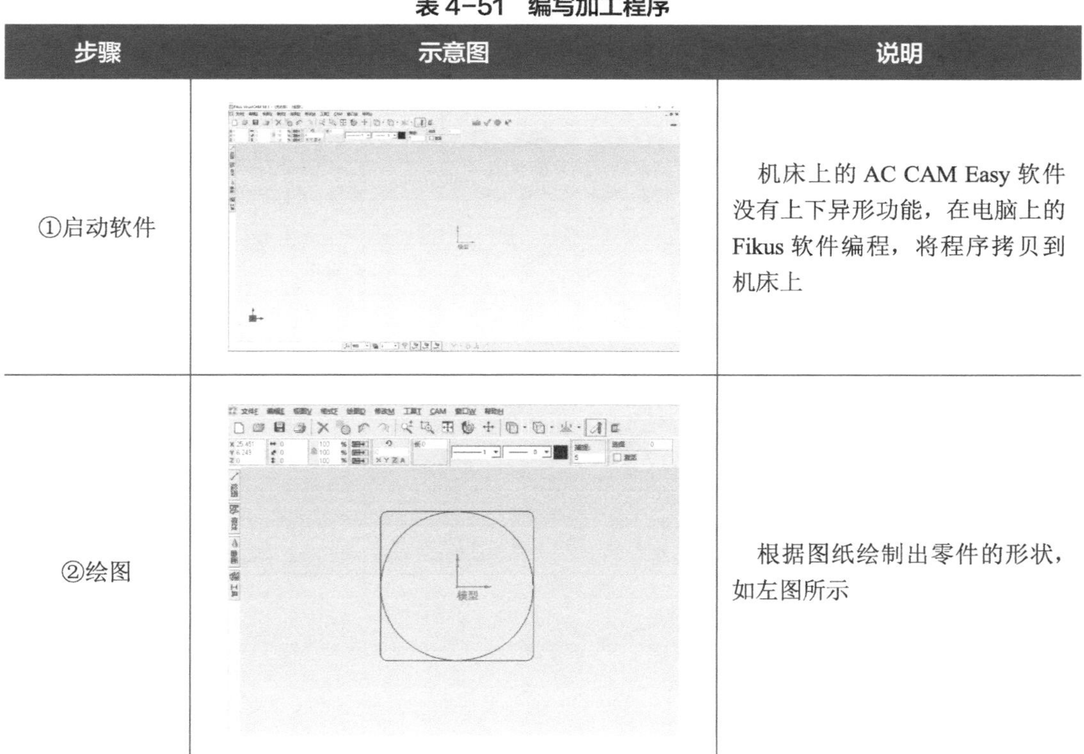

步骤	示意图	说明
①启动软件		机床上的 AC CAM Easy 软件没有上下异形功能，在电脑上的 Fikus 软件编程，将程序拷贝到机床上
②绘图		根据图纸绘制出零件的形状，如左图所示

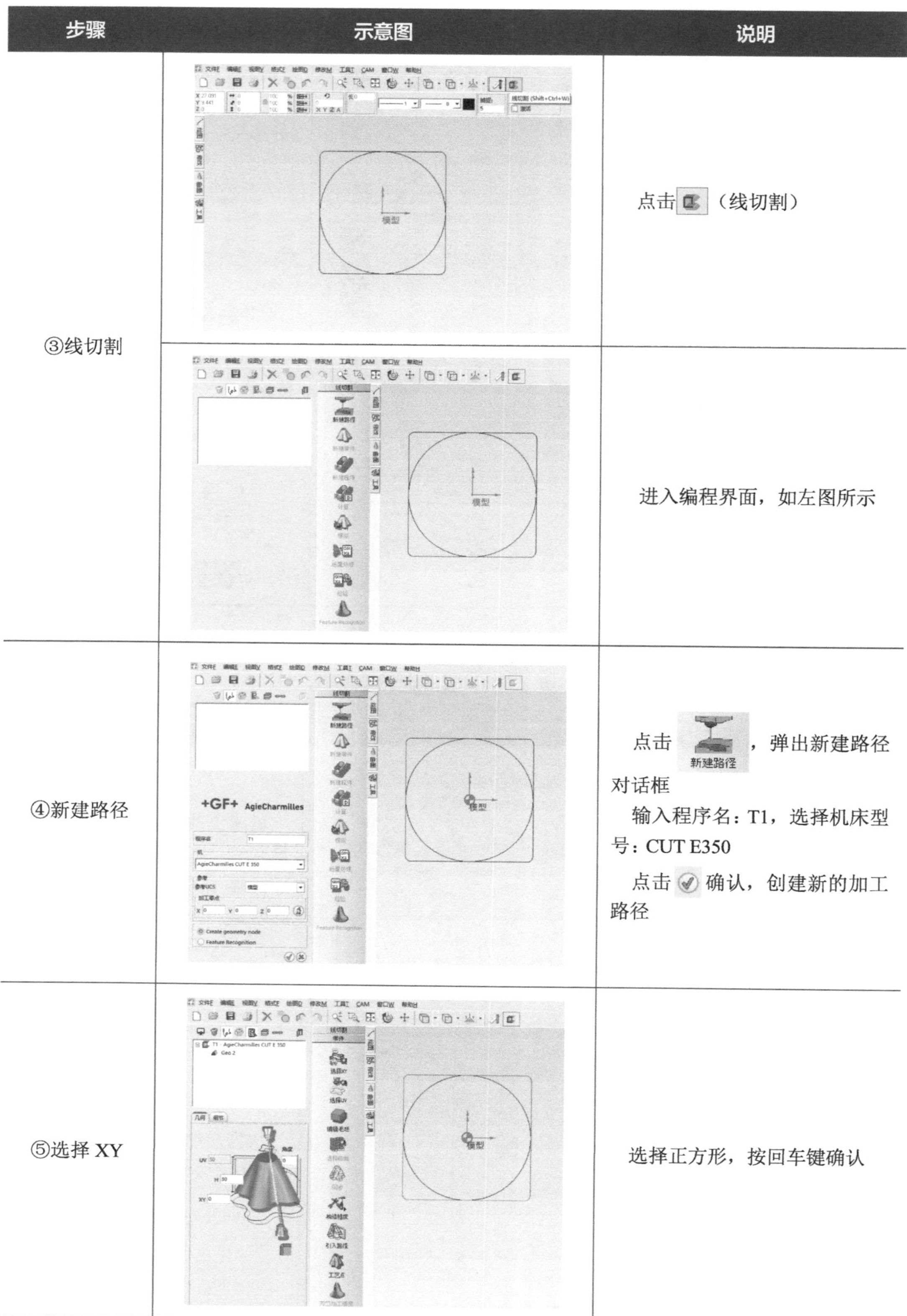

步骤	示意图	说明
③线切割		点击（线切割）
		进入编程界面，如左图所示
④新建路径		点击 新建路径，弹出新建路径对话框 输入程序名：T1，选择机床型号：CUT E350 点击确认，创建新的加工路径
⑤选择 XY		选择正方形，按回车键确认

续表

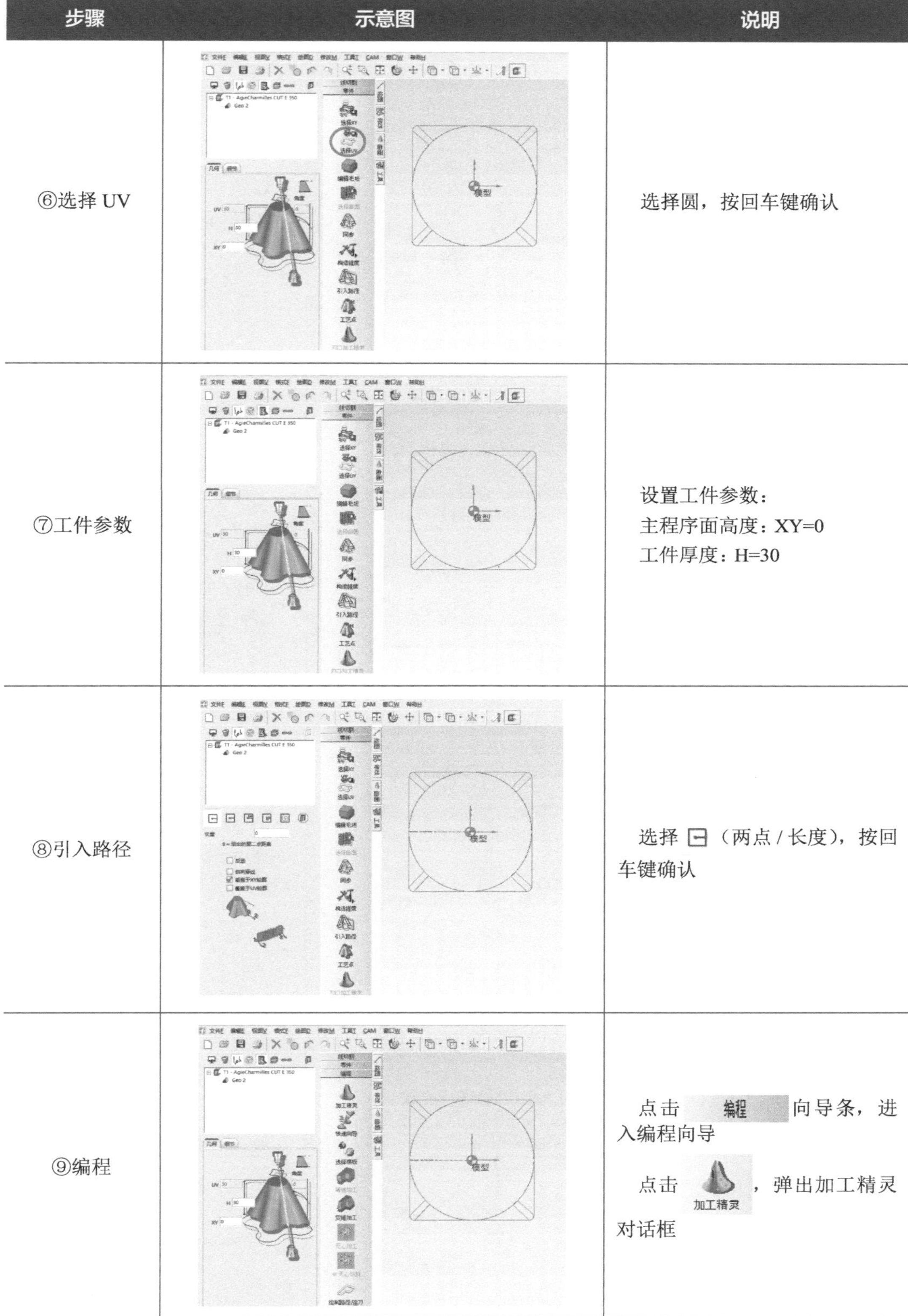

步骤	示意图	说明
⑥选择 UV		选择圆，按回车键确认
⑦工件参数		设置工件参数： 主程序面高度：XY=0 工件厚度：H=30
⑧引入路径		选择 ⊟（两点 / 长度），按回车键确认
⑨编程		点击 编程 向导条，进入编程向导 点击 加工精灵，弹出加工精灵对话框

续表

步骤	示意图	说明
⑩加工精灵	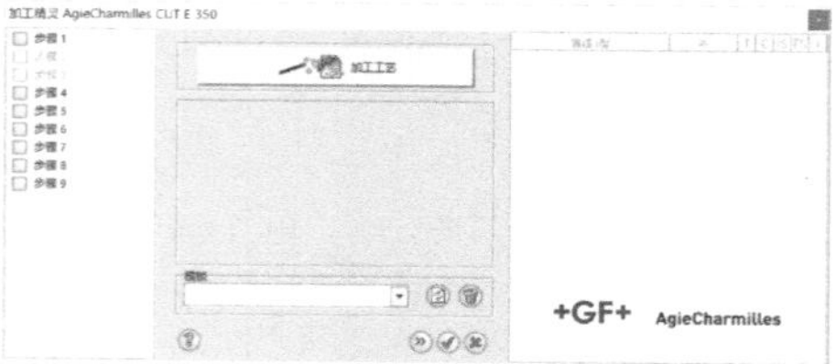	点击  加工工艺 ，进入“EDM Expert”界面
⑪加工工艺	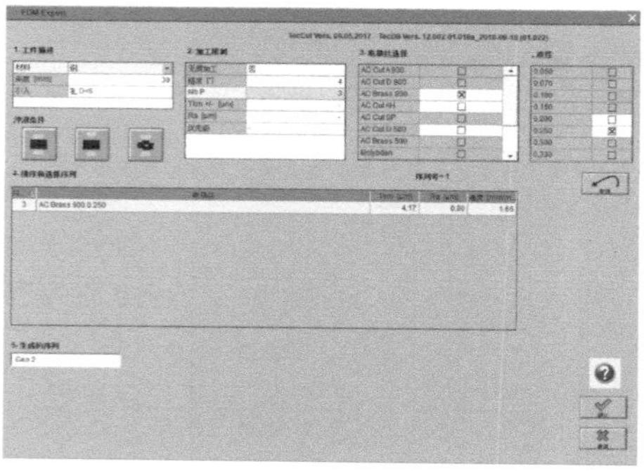	在“EDM Expert”界面，设置相关参数： 工件材料：钢 工件高度：30 Nb P（切割次数）：3 电极丝：AC Brass 900 直径：0.25 点击 
		残料长度：0.5，勾上作为停止 点击»，进行下一步
⑫计算	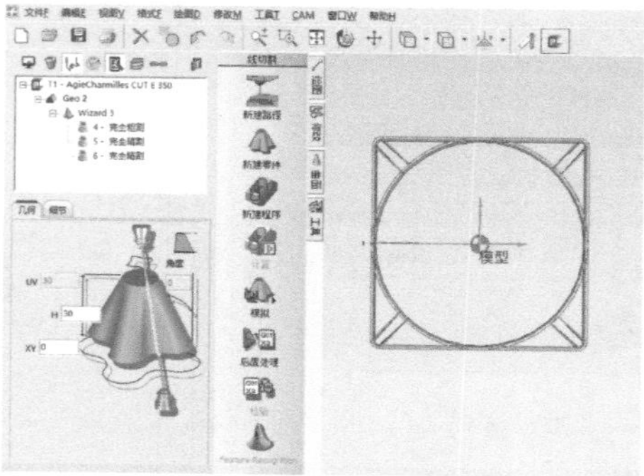	加工路径计算完成，生成加工轨迹

续表

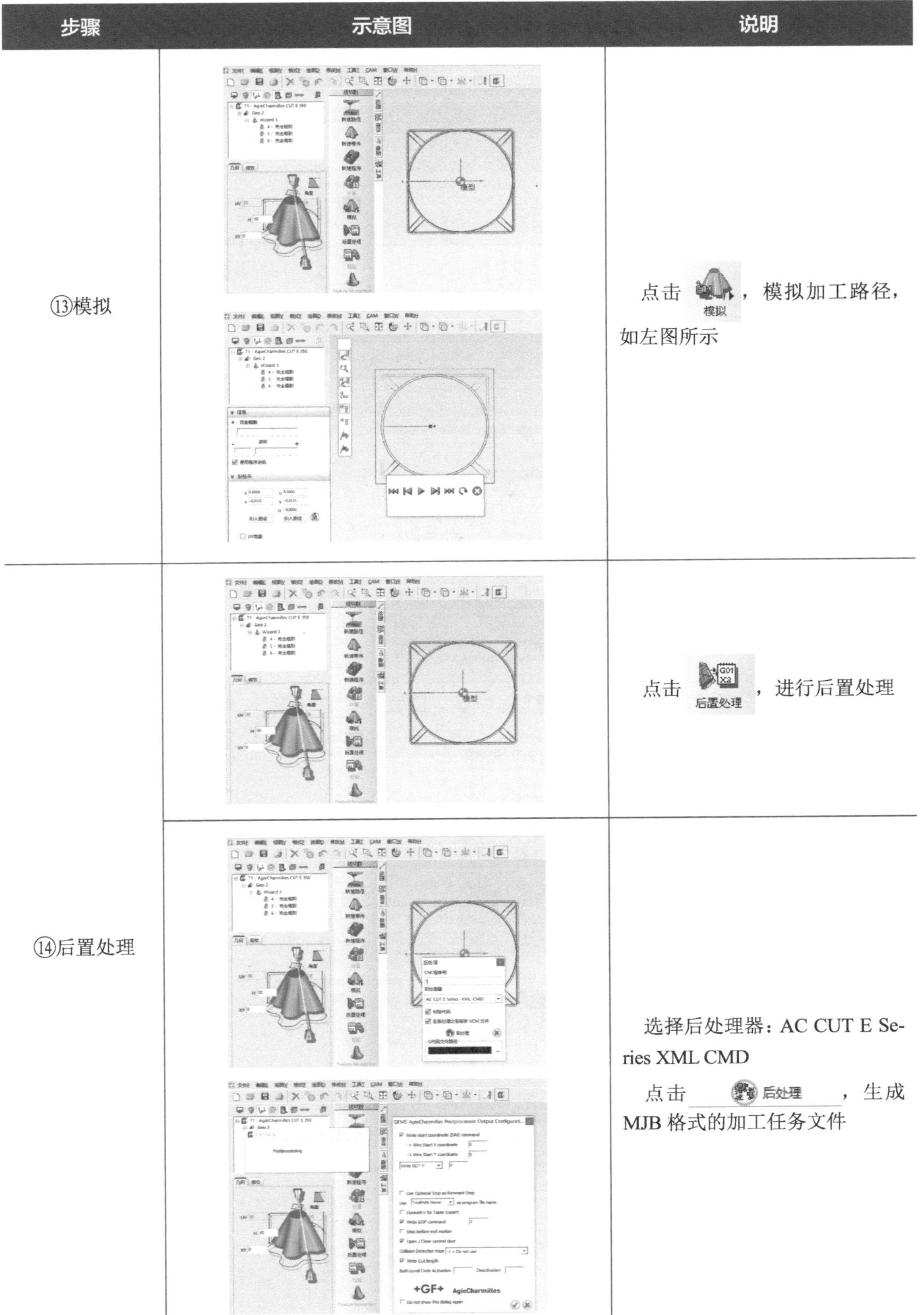

步骤	示意图	说明
⑬模拟		点击 模拟 ，模拟加工路径，如左图所示
		点击 后置处理 ，进行后置处理
⑭后置处理		选择后处理器：AC CUT E Series XML CMD 点击 后处理 ，生成MJB格式的加工任务文件

⑧ 加工运行（见表 4-52）。

表 4-52　加工运行

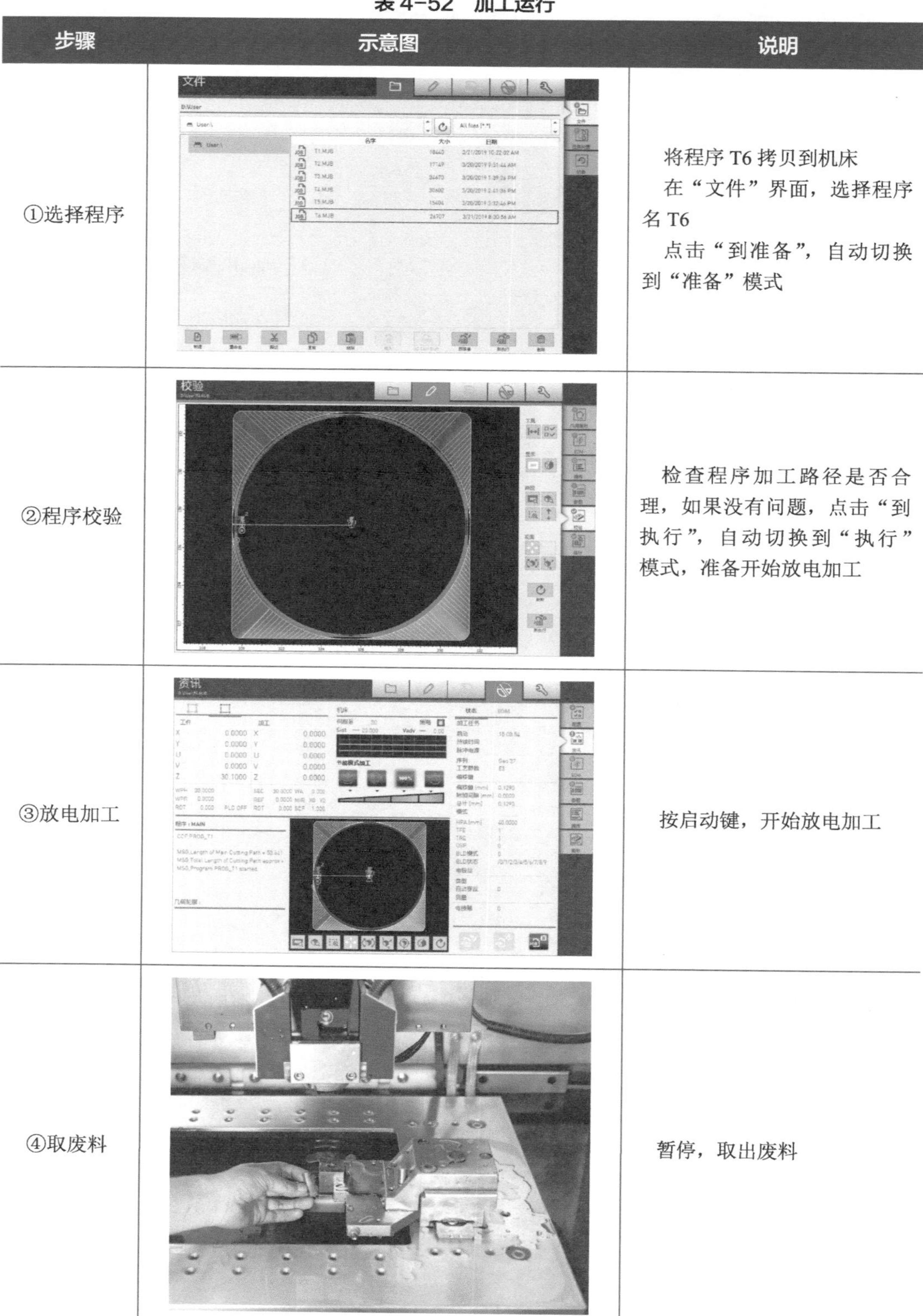

步骤	示意图	说明
①选择程序		将程序 T6 拷贝到机床 在“文件”界面，选择程序名 T6 点击“到准备”，自动切换到“准备”模式
②程序校验		检查程序加工路径是否合理，如果没有问题，点击“到执行”，自动切换到“执行”模式，准备开始放电加工
③放电加工		按启动键，开始放电加工
④取废料		暂停，取出废料

续表

步骤	示意图	说明
⑤精加工	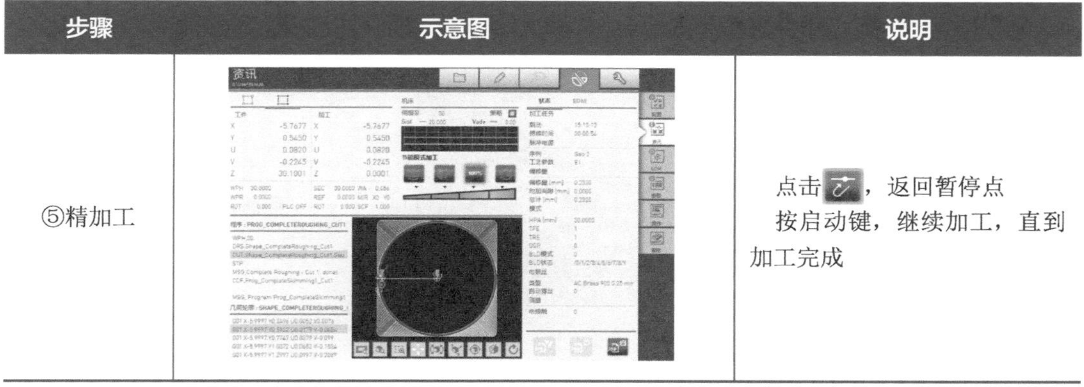	点击，返回暂停点 按启动键，继续加工，直到加工完成

⑨ 零件检测（见表 4-53）。

表 4-53　零件检测

步骤	示意图	说明
①清洁工件	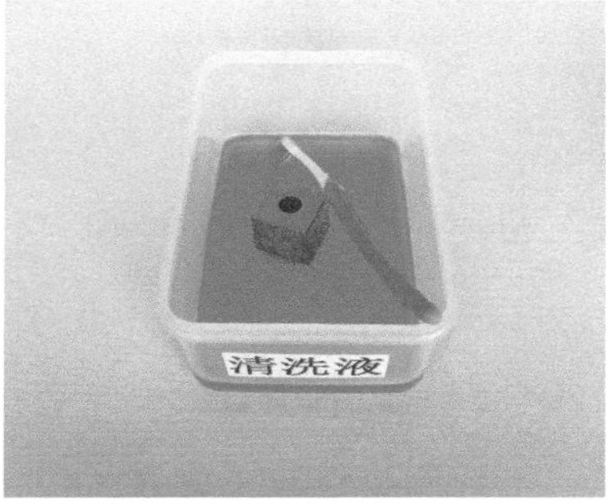	用清洗液清洗工件
	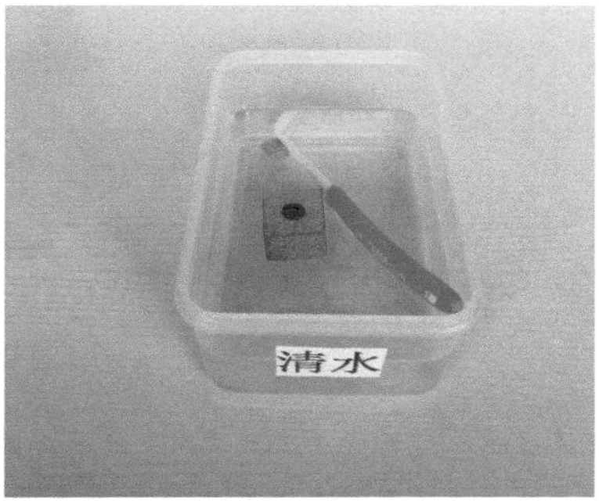	用清水将工件冲洗干净
	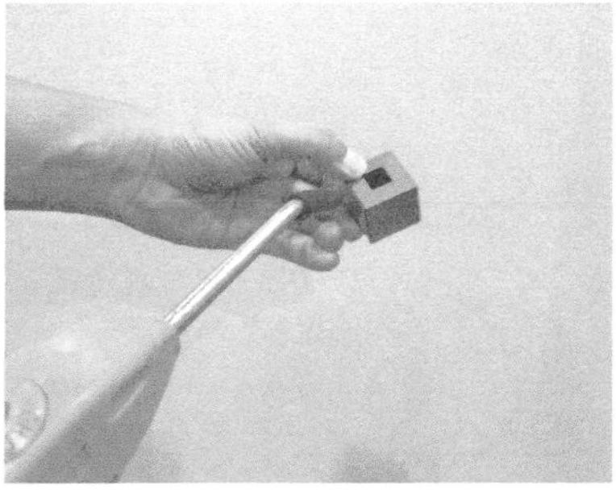	最后用气枪吹干工件

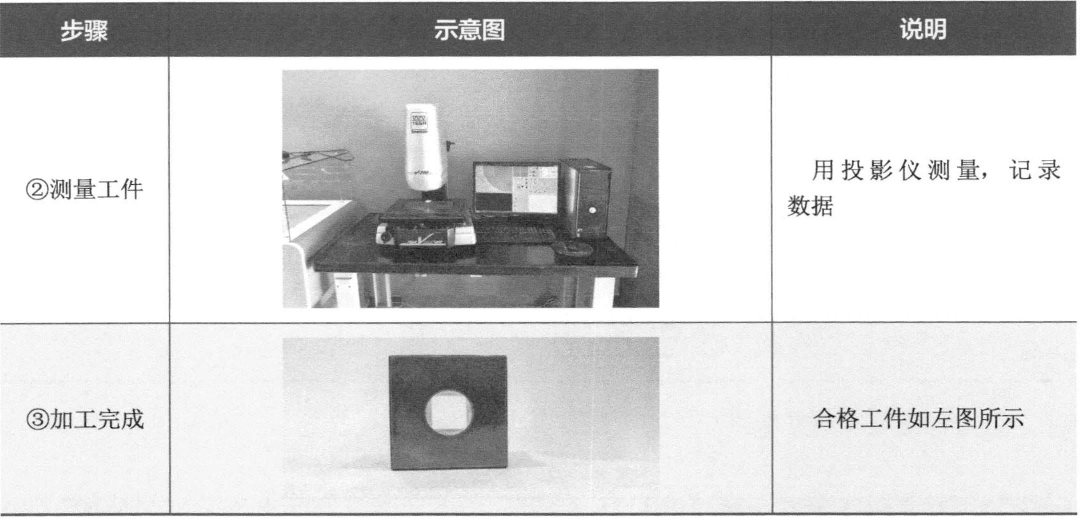

续表

步骤	示意图	说明
②测量工件		用投影仪测量，记录数据
③加工完成		合格工件如左图所示

⑩ 关机保养（详见项目二中任务 1 的相关内容）。

【任务评价】

根据掌握情况填写学生自评表，见表 4-54。

表 4-54　学生自评表

项目	序号	考核内容及要求	能	不能	其他
开机操作	1	会开机前的检查			
回零操作	2	能回机床零点			
安装电极丝	3	能正确激活电极丝			
穿丝	4	会手动穿丝			
	5	会自动穿丝			
校正电极丝	6	会使用 GAJ 校正方式及正确设置相关参数			
安装工件	7	能正确装夹工件			
	8	能正确校正工件			
定位电极丝	9	会使用 EXM（G142）测量工件			
编辑程序	10	能正确绘制加工零件图			
	11	会上下异形的编程			
	12	会设置加工工艺参数			
加工运行	13	会程序效验			
	14	会取废料			
	15	能完成零件加工			
零件检验	16	会检测零件			
关机保养	17	会清理和保养机床			
签名	学生签名（　　　）　教师签名（　　　）				

【任务反思】

总结归纳学习所得，发现存在的问题，并填写学习反思内容，见表 4-55。

表 4-55　学习反思内容

类型	内容
掌握知识	
掌握技能	
收获体会	
需解决问题	
学生签名	

【课后练习】

练习题　编写加工程序

加工如图 4-37 所示的零件，加工信息如表 4-56 所示，使用 Fikus 软件进行编程。

表 4-56　加工信息

加工准备	工件	钢（30mm×30mm 方料）
	夹具	3R 三向找正座、平口钳
加工要求	切割次数	切一修二（*Ra*0.55 μm）
	TKM	±0.003mm

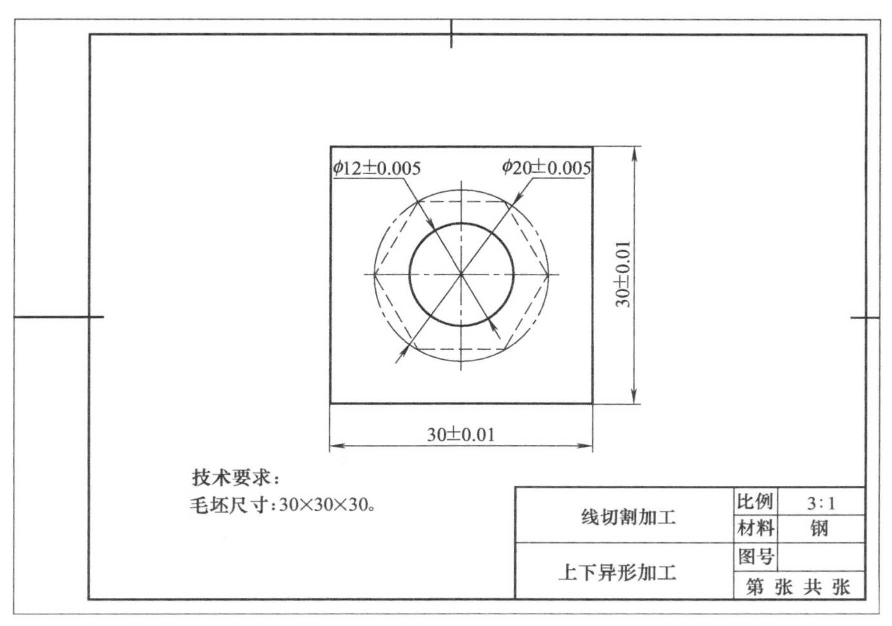

图 4-37　练习题

配合件加工

【工作任务】

配合件加工零件图如图 4-38 所示。

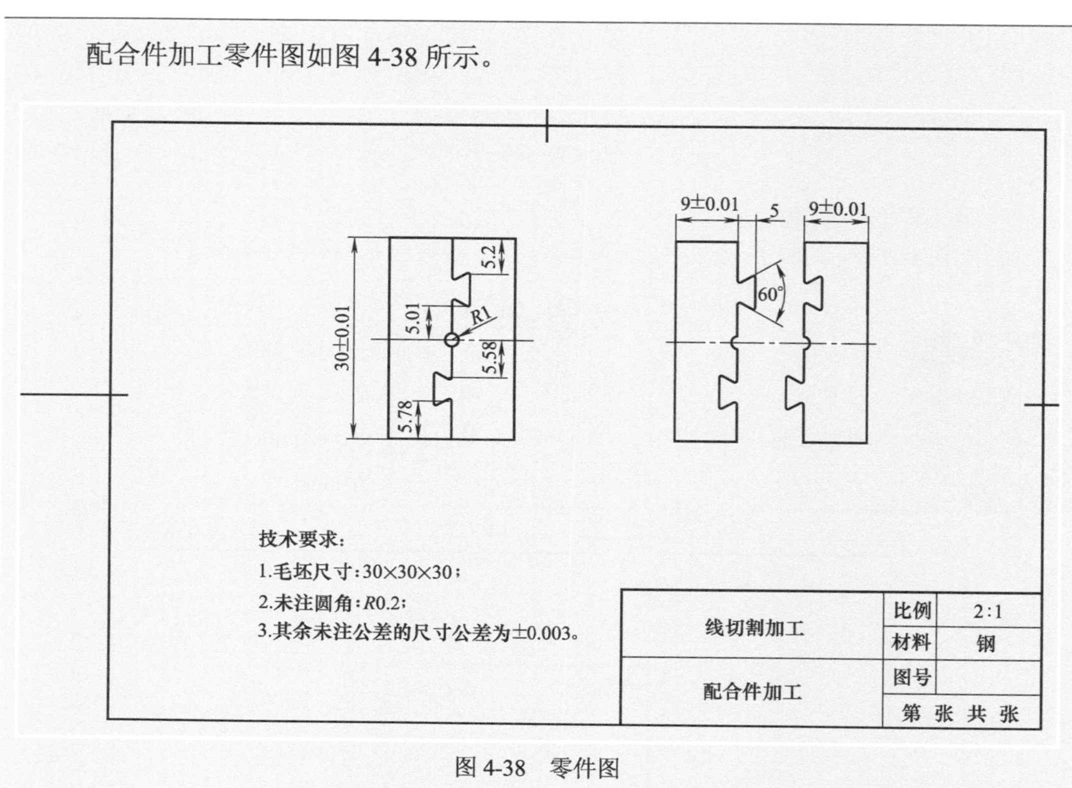

图 4-38　零件图

【知识技能】

知识点　配合件加工步骤

配合件（如图 4-39 所示）的加工技巧在于选择合适的配合间隙，将尖角倒成圆角或者内角清角。

加工配合件步骤：

（1）加工凸模

① 试切样件

先用标准参数试切一个 10mm×10mm 四方。测量工件尺寸为 10.004mm，单边尺寸偏大 0.002mm。

② 调整补偿值，加工凸模

设置 CLE=-0.002，加工凸模。

图 4-39 配合件加工

（2）加工凹模

① 配合间隙

配合间隙与工件大小、轮廓形状复杂程度有关，一般配合间隙单边 0.003mm 即可。因此，在切割凸模 CLE 的基础上，设置 CLE=-0.005。

② 加工凹模

设置 CLE=-0.005，切割凹模。

（3）配合

清洗工件表面，喷防锈油，将凸模垂直放入凹模。

【任务目标】

① 能够选用加工所需工具、量具及夹具。

② 能够编写配合件加工程序。

③ 能够操作机床进行零件加工。

【任务实施】

（1）基本要求

① 培养学生良好的工作作风和安全意识。

② 培养学生的责任心和团队精神。

③ 掌握配合件加工方法。

（2）设备与器材

实训所需的设备与器材见表 4-57。

表 4-57 设备及器材清单

项目	名称	规格	数量
设备	慢走丝线切割机床	GF 加工方案 CUT E 350	3～5 台
夹具	压板	配套	3～5 个
	3R 三向找正夹具	套装	一副
电极丝	黄铜丝	ϕ0.25mm、5kg/ 卷	3～5 卷

续表

项目	名称	规格	数量
工具	内六角扳手	配套	3～5套
	紫铜棒	配套	3～5个
	杠杆式千分表	0.002mm	1个
	千分表架	配 套	1副
量具	游标卡尺	0～150mm	3～5把
	内径千分尺	5～30mm	3～5把
	外径千分尺	0～25mm	3～5把

（3）内容与步骤

① 开机（详见项目二中任务1的相关内容）。

② 安装电极丝（详见项目二中任务1的相关内容）。

③ 穿丝（详见项目二中任务1的相关内容）。

④ 校正电极丝（详见项目二中任务1的相关内容）。

⑤ 装夹及校正工件（见表4-58）。

表4-58　装夹及校正工件

步骤	示意图	说明
①测量毛坯		用游标卡尺测量工件外形尺寸，看其是否符合加工要求
②清理工作台		清理工作台面上的污垢，用水枪冲洗干净

续表

步骤	示意图	说明
③装夹工件	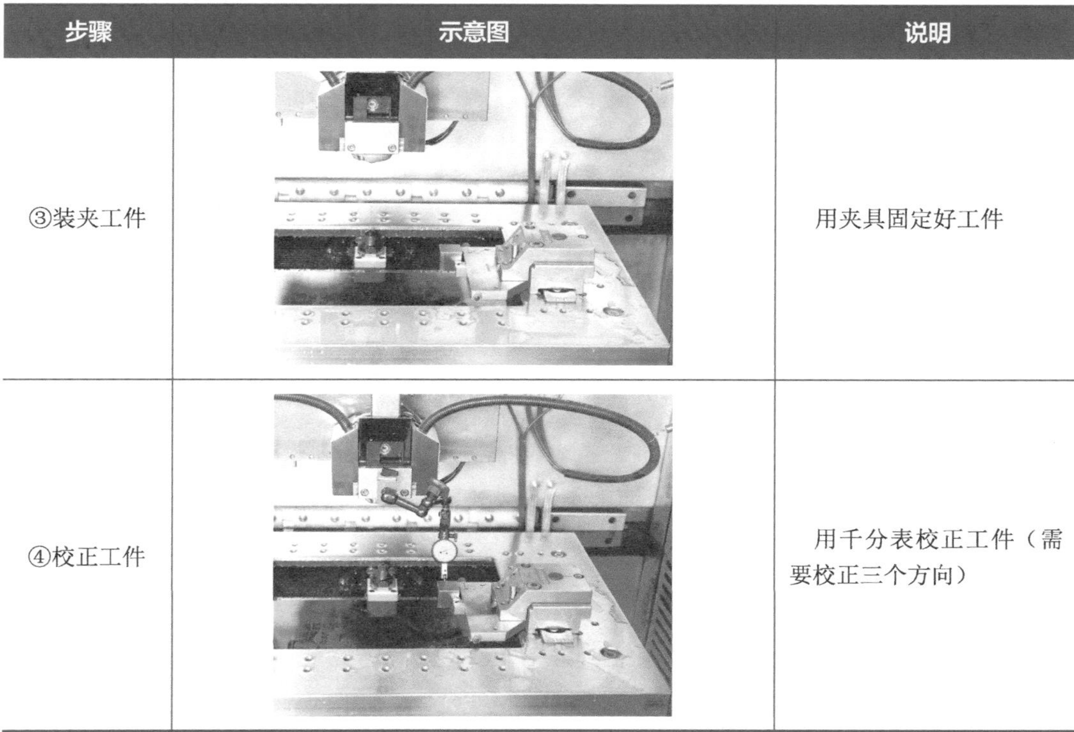	用夹具固定好工件
④校正工件		用千分表校正工件（需要校正三个方向）

⑥ 电极丝定位（见表 4-59）。

表 4-59　电极丝定位

步骤	示意图	说明
①设置上、下喷嘴高度		用 0.1mm 的塞尺分别调整上、下喷嘴与工件上、下表面的间隙，调整到 0.1mm，进行贴面加工

续表

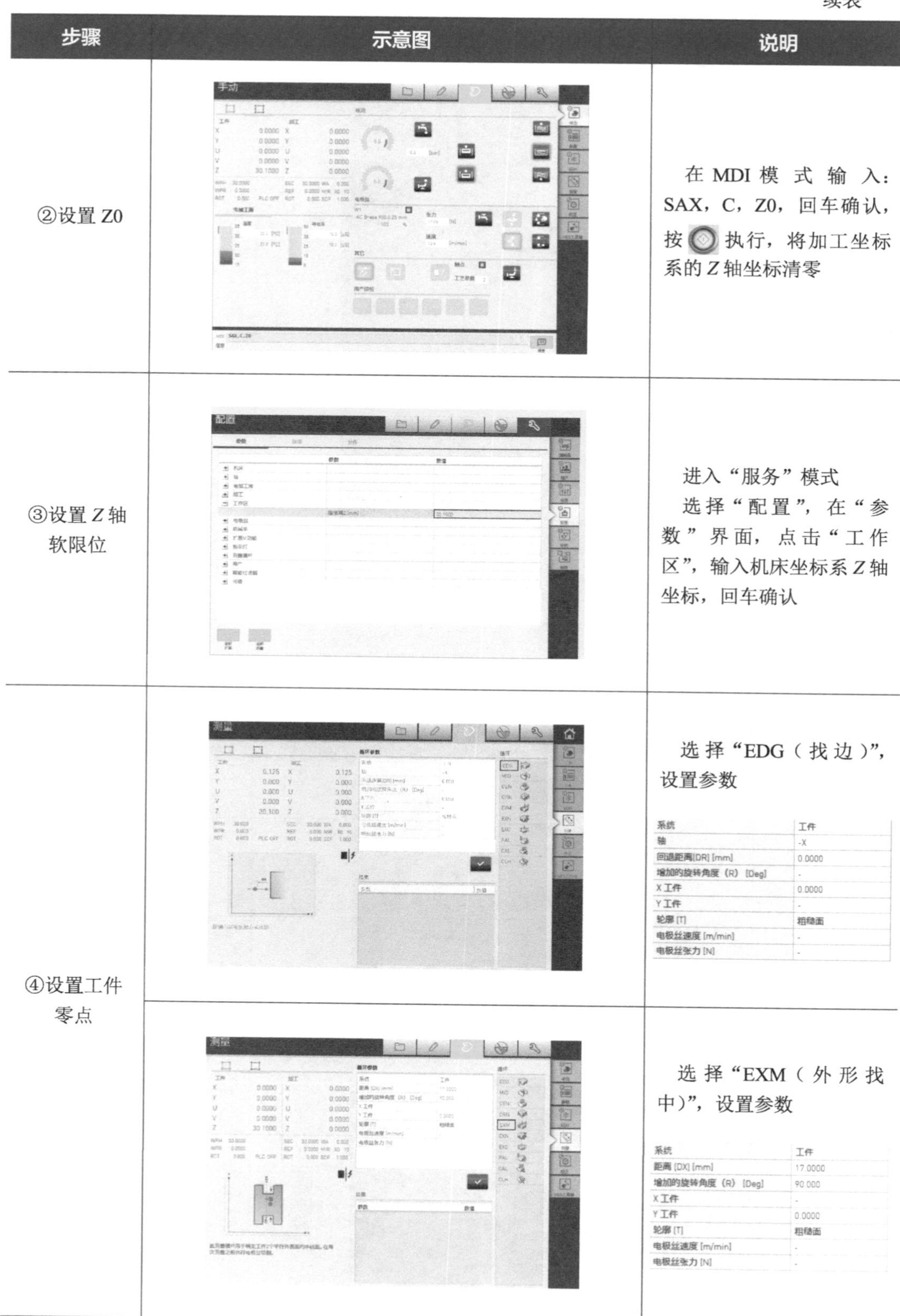

<table>
<tr><th>步骤</th><th>示意图</th><th>说明</th></tr>
<tr><td>②设置 Z0</td><td></td><td>在 MDI 模式输入：SAX，C，Z0，回车确认，按执行，将加工坐标系的 Z 轴坐标清零</td></tr>
<tr><td>③设置 Z 轴软限位</td><td></td><td>进入“服务”模式
选择“配置”，在“参数”界面，点击“工作区”，输入机床坐标系 Z 轴坐标，回车确认</td></tr>
<tr><td rowspan="2">④设置工件零点</td><td></td><td>选择“EDG（找边）”，设置参数
<table><tr><td>系统</td><td>工件</td></tr><tr><td>轴</td><td>-X</td></tr><tr><td>回退距离[DR] [mm]</td><td>0.0000</td></tr><tr><td>增加的旋转角度（R） [Deg]</td><td>-</td></tr><tr><td>X 工件</td><td>0.0000</td></tr><tr><td>Y 工件</td><td>-</td></tr><tr><td>轮廓 [T]</td><td>粗糙面</td></tr><tr><td>电极丝速度 [m/min]</td><td>-</td></tr><tr><td>电极丝张力 [N]</td><td>-</td></tr></table></td></tr>
<tr><td></td><td>选择“EXM（外形找中）”，设置参数
<table><tr><td>系统</td><td>工件</td></tr><tr><td>距离 [DX] [mm]</td><td>17.0000</td></tr><tr><td>增加的旋转角度（R） [Deg]</td><td>90.000</td></tr><tr><td>X 工件</td><td>-</td></tr><tr><td>Y 工件</td><td>0.0000</td></tr><tr><td>轮廓 [T]</td><td>粗糙面</td></tr><tr><td>电极丝速度 [m/min]</td><td>-</td></tr><tr><td>电极丝张力 [N]</td><td>-</td></tr></table></td></tr>
</table>

⑦ 编写加工程序（见表 4-60）。

表 4-60　编写加工程序

步骤	示意图	说明
①新建 CAM 任务	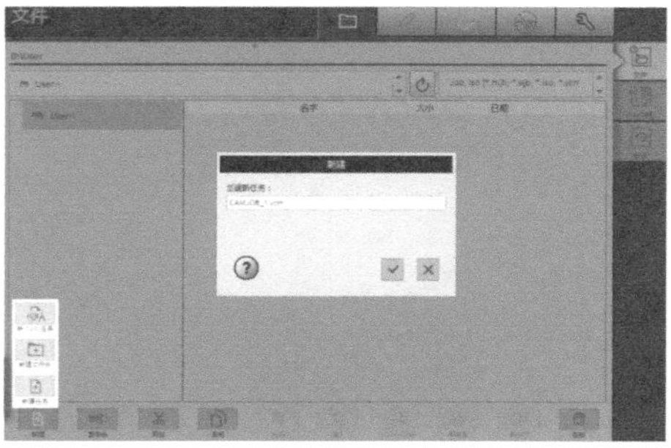	进入“文件”模式 选择“文件”，点击“新建”，选择“新建 CAM 任务”，点击确认，自动切换到编程软件界面，启动软件
②绘图	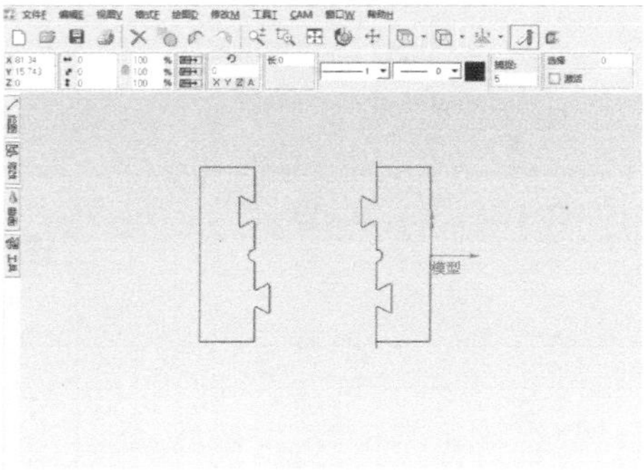	根据图纸绘制出零件的形状，如图所示
③线切割	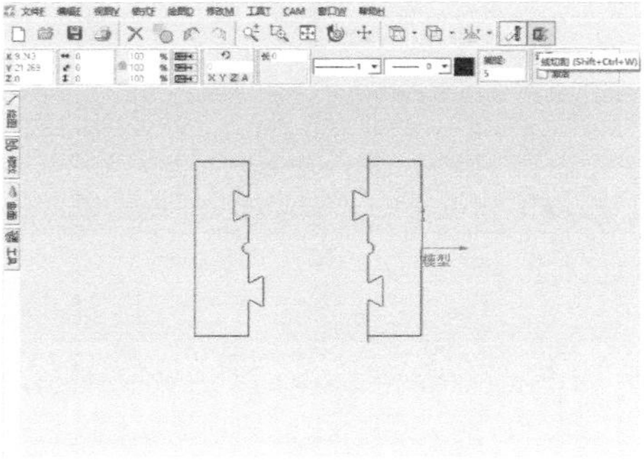	点击 （线切割）
	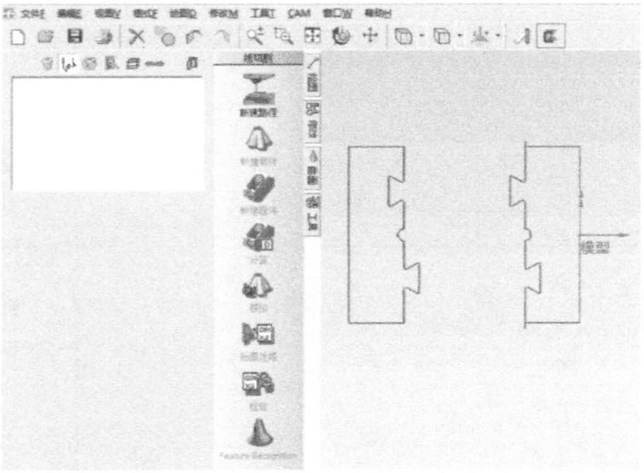	进入编程界面，如左图所示

续表

步骤	示意图	说明
④新建路径	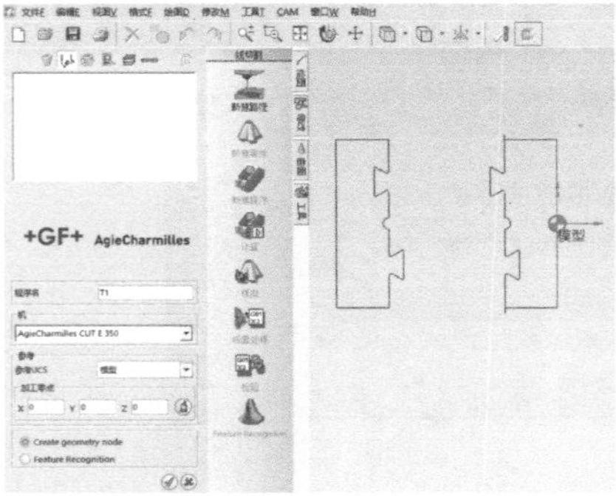	点击  新建路径 ，弹出新建路径对话框 输入程序名：T1，选择机床型号：CUT E350 点击确认，创建新的加工路径
⑤选择 XY	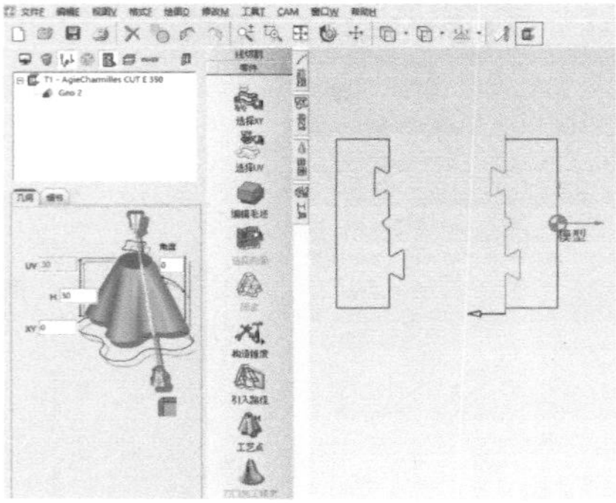	选择切割路径，按回车键确认
⑥工件参数	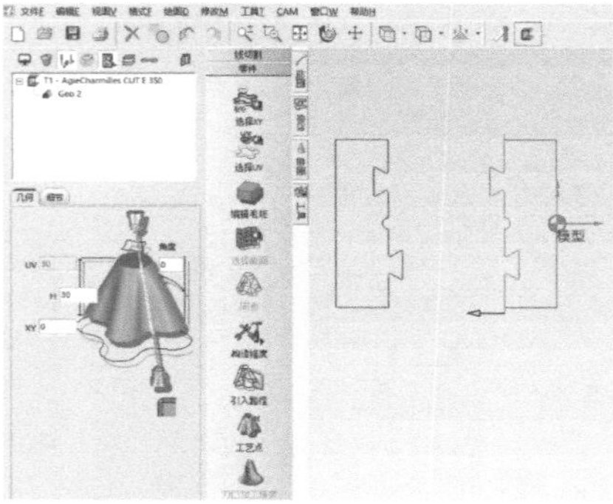	设置工件参数： 主程序面高度：XY=0 工件厚度：H=30
⑦引入路径	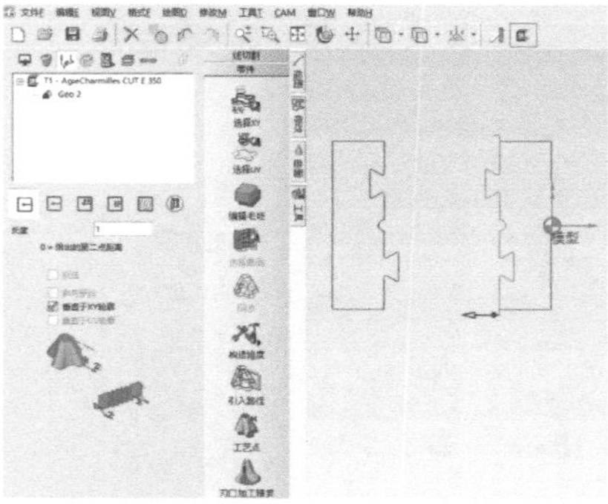	选择（两点 / 长度），勾选“垂直于 XY 轮廓”，按回车键确认 注意开放式切割的引入路径方向

续表

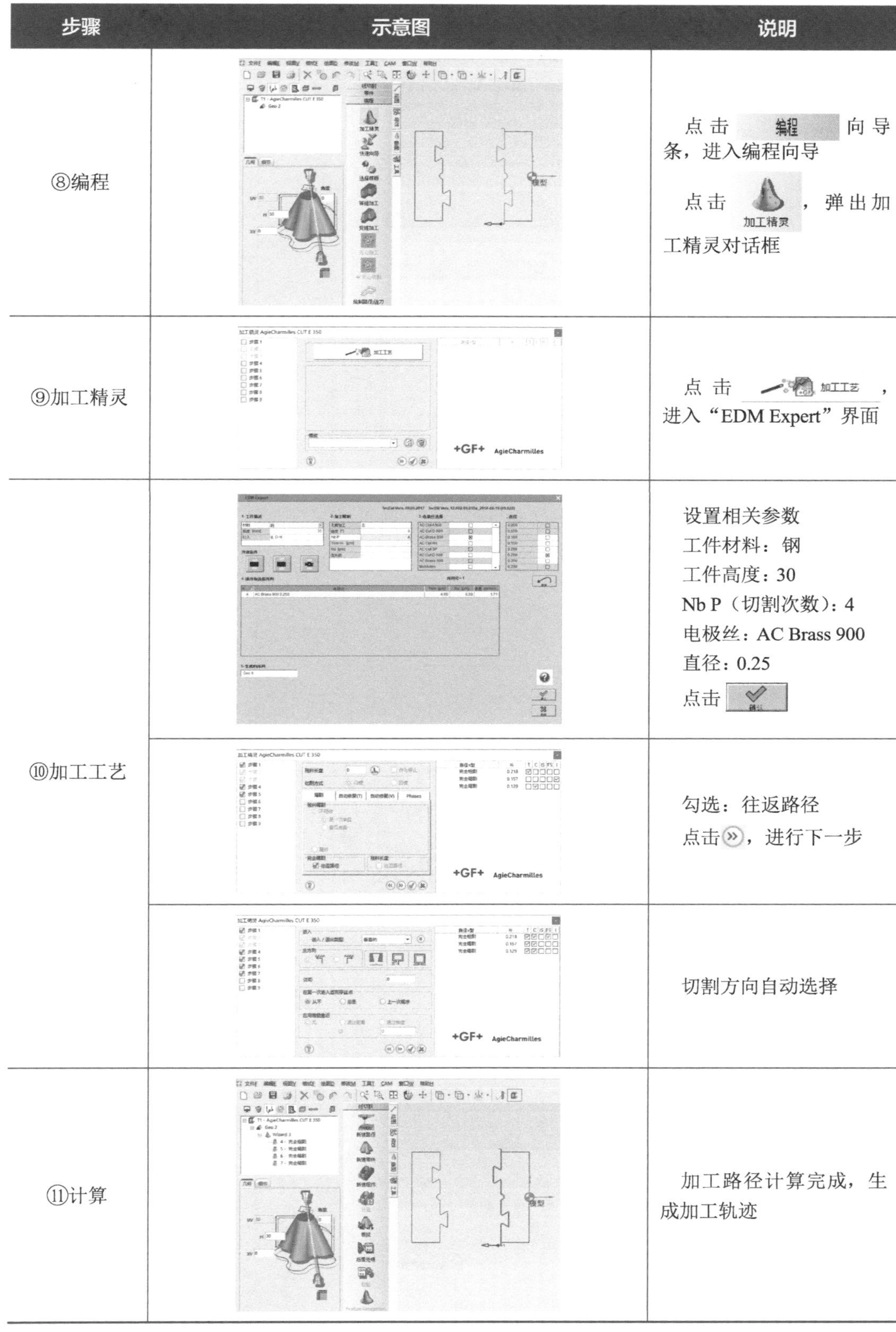

步骤	示意图	说明
⑧编程		点击 编程 向导条，进入编程向导 点击 加工精灵，弹出加工精灵对话框
⑨加工精灵		点击 加工工艺，进入“EDM Expert”界面
⑩加工工艺		设置相关参数 工件材料：钢 工件高度：30 Nb P（切割次数）：4 电极丝：AC Brass 900 直径：0.25 点击 确认
		勾选：往返路径 点击»，进行下一步
		切割方向自动选择
⑪计算		加工路径计算完成，生成加工轨迹

续表

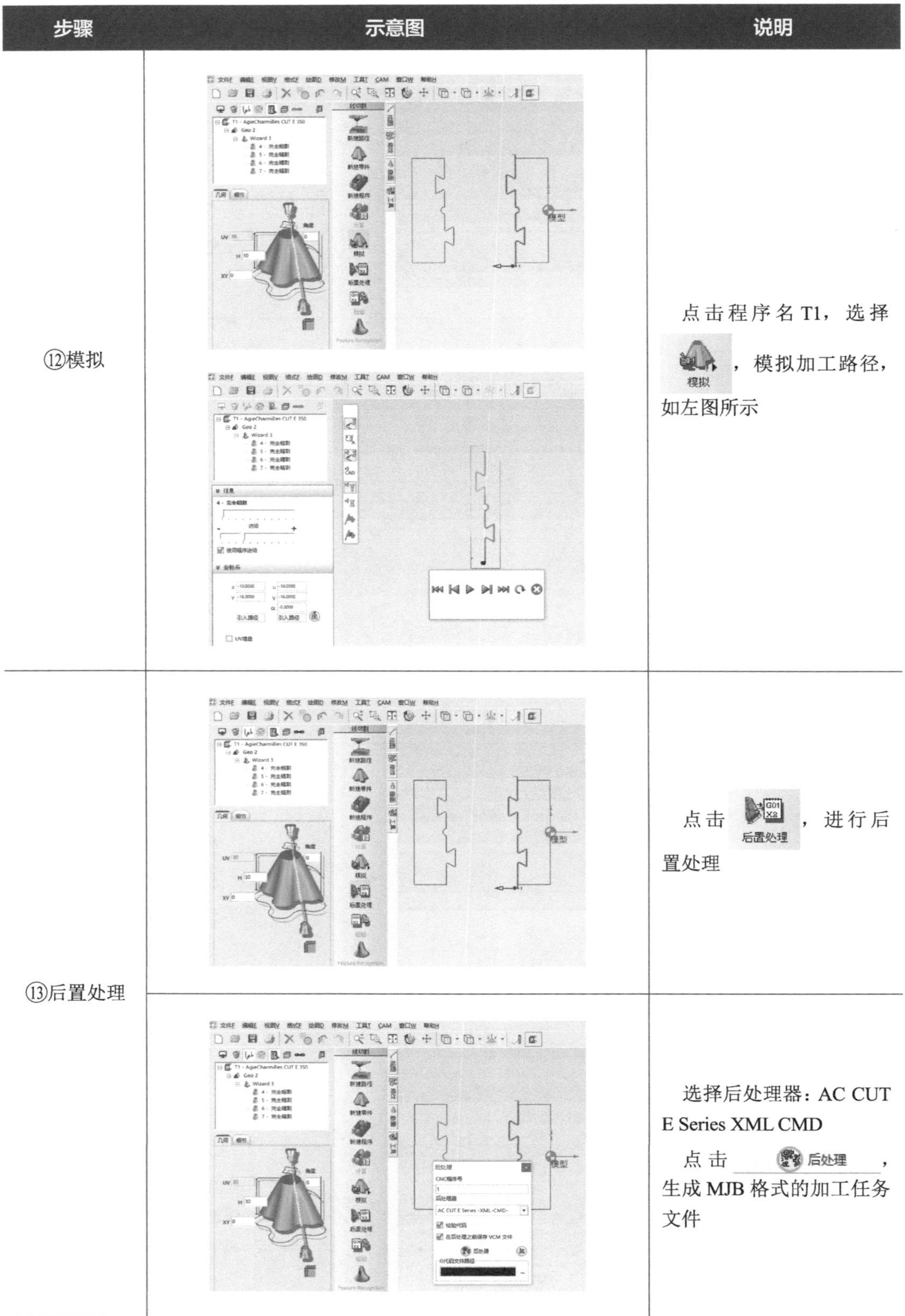

步骤	示意图	说明
⑫模拟		点击程序名T1，选择 模拟，模拟加工路径，如左图所示
⑬后置处理		点击 后置处理，进行后置处理
		选择后处理器：AC CUT E Series XML CMD 点击 后处理，生成MJB格式的加工任务文件

续表

步骤	示意图	说明
⑭后置处理	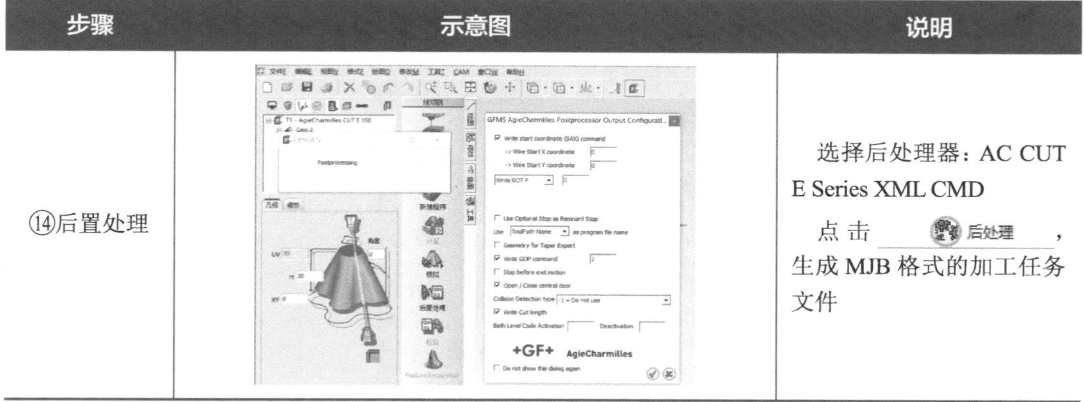	选择后处理器：AC CUT E Series XML CMD 点击后处理，生成MJB格式的加工任务文件

⑧ 加工运行（见表4-61）。

表4-61　加工运行

步骤	示意图	说明
①选择程序	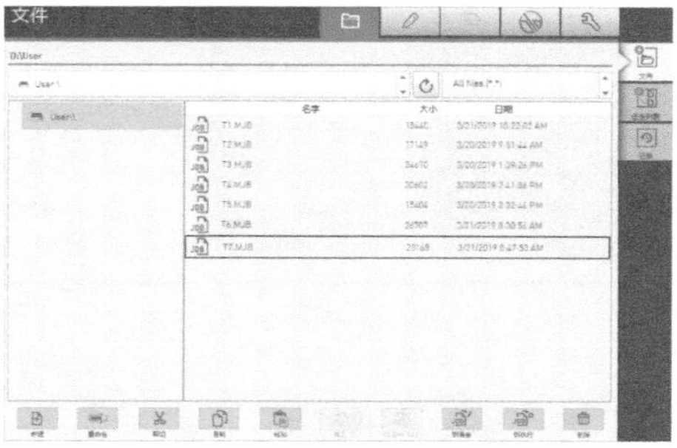	在“文件”界面，选择程序名T7 点击“到准备”，自动切换到“准备”模式
②程序校验	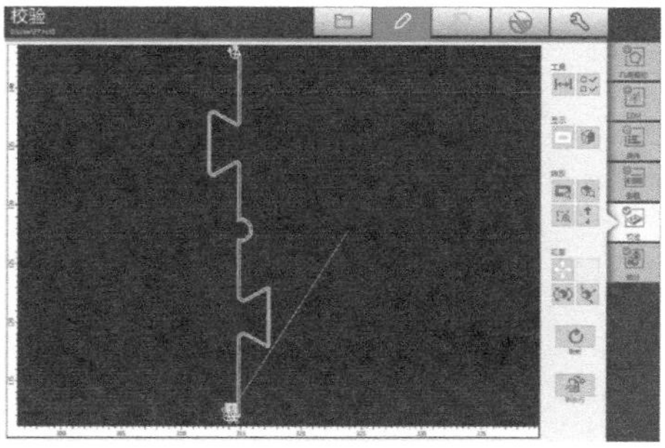	检查补偿方向是否正确，如果没有问题，点击“到执行”，自动切换到“执行”模式，准备开始放电加工
③放电加工	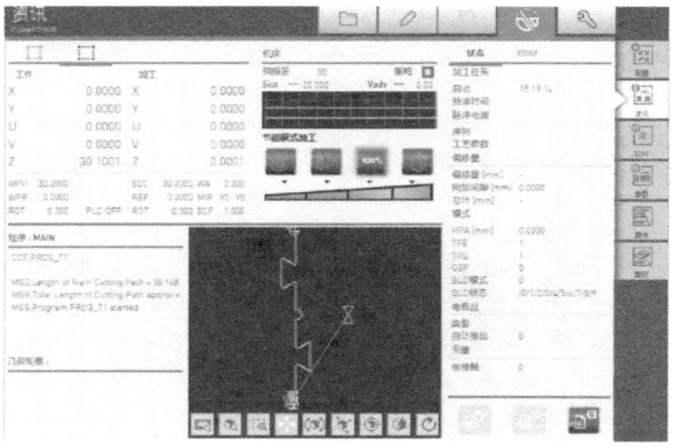	按启动键，开始放电加工

续表

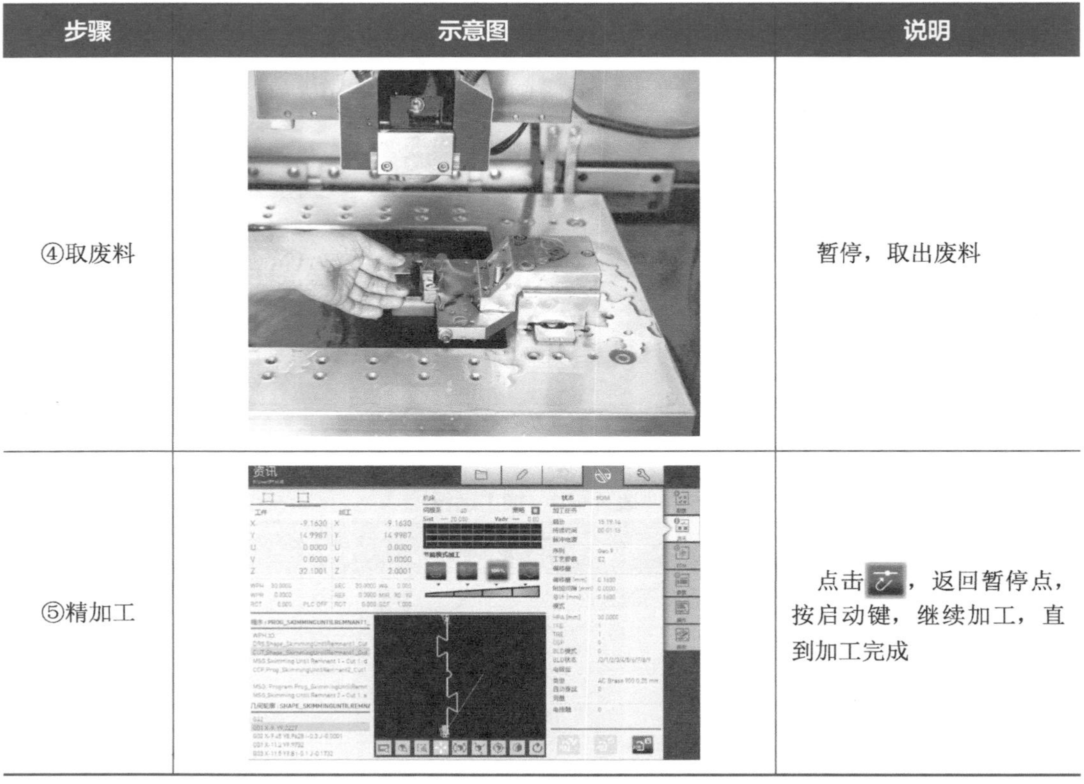

步骤	示意图	说明
④取废料		暂停，取出废料
⑤精加工		点击，返回暂停点，按启动键，继续加工，直到加工完成

⑨ 零件检测（见表 4-62）。

表 4-62 零件检测

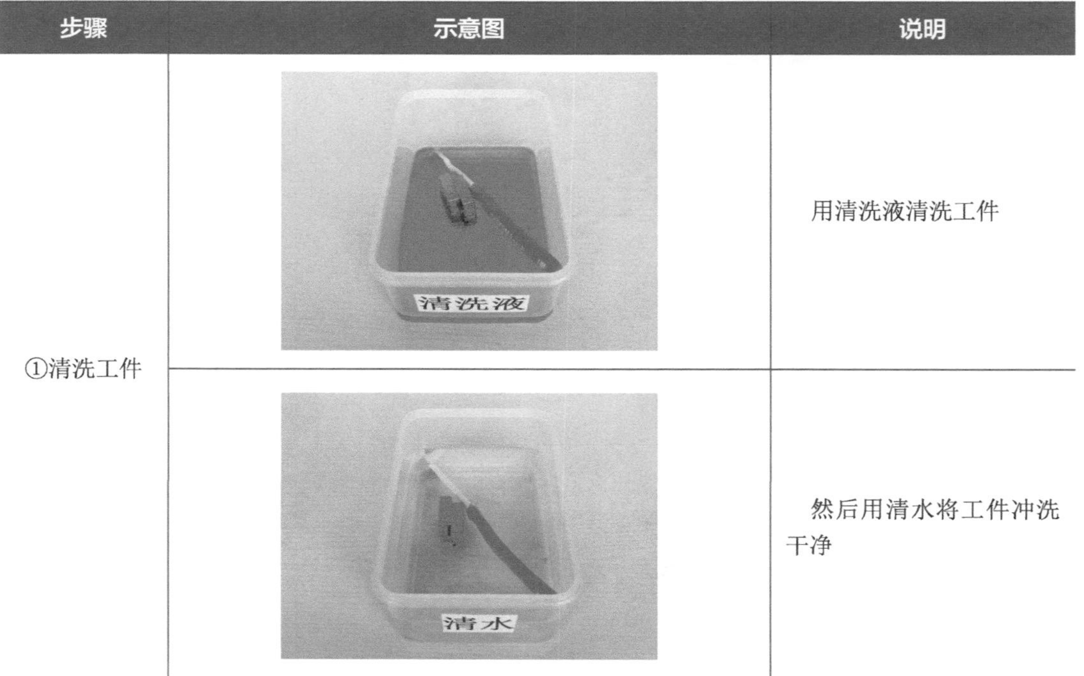

步骤	示意图	说明
①清洗工件		用清洗液清洗工件
		然后用清水将工件冲洗干净

续表

步骤	示意图	说明
①清洗工件		最后用气枪吹干工件
②测量工件		用投影仪测量，记录数据
③加工完成		合格工件如左图所示

⑩ 关机保养（详见项目二中任务 1 的相关内容）。

【任务评价】

根据掌握情况填写学生自评表，见表 4-63。

表 4-63　学生自评表

项目	序号	考核内容及要求	能	不能	其他
开机操作	1	会开机的基本操作			
回零操作	2	能回机床零点			
安装电极丝	3	能正确激活电极丝			
穿丝	4	会手动穿丝			
	5	会自动穿丝			
校正电极丝	6	会使用 GAJ 校正方式及正确设置相关参数			
安装工件	7	能正确装夹工件			
	8	能正确校正工件			
定位电极丝	9	会使用 EDG 及 EXM 测量工件			

续表

项目	序号	考核内容及要求	能	不能	其他
编辑程序	10	能正确绘制加工零件图			
	11	会配合件的编程			
	12	会设置加工工艺参数			
加工运行	13	会取废料			
	14	能完成零件加工			
零件检验	15	会检测零件			
关机保养	16	会清理和保养机床			
签名	学生签名（　　　）	教师签名（　　　）			

【任务反思】

总结归纳学习所得，发现存在的问题，并填写学习反思内容，见表 4-64。

表 4-64　学习反思内容

类型	内容
掌握知识	
掌握技能	
收获体会	
需解决问题	
学生签名	

【课后练习】

练习题　编写加工程序

加工如图 4-40 所示的零件，加工信息如表 4-65 所示，使用 Fikus 软件进行编程。

表 4-65　加工信息

加工准备	工件	钢（30mm×30mm 方料）
	夹具	3R 三向找正座、平口钳
加工要求	切割次数	切一修二（*Ra*0.55μm）
	TKM	±0.003mm

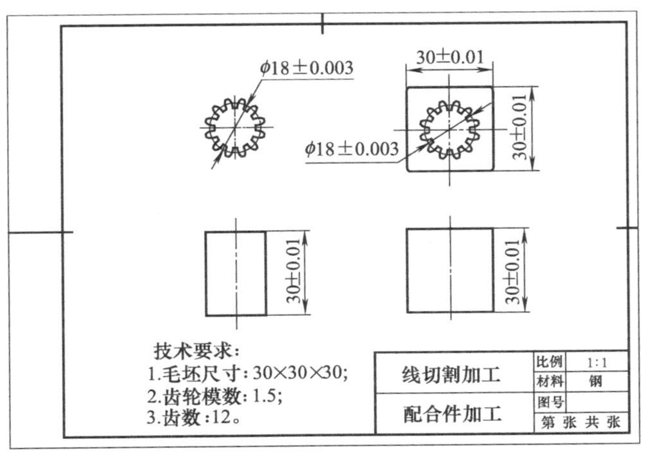

图 4-40　练习题

开放式加工

【工作任务】

开放式加工零件图如图 4-41 所示。

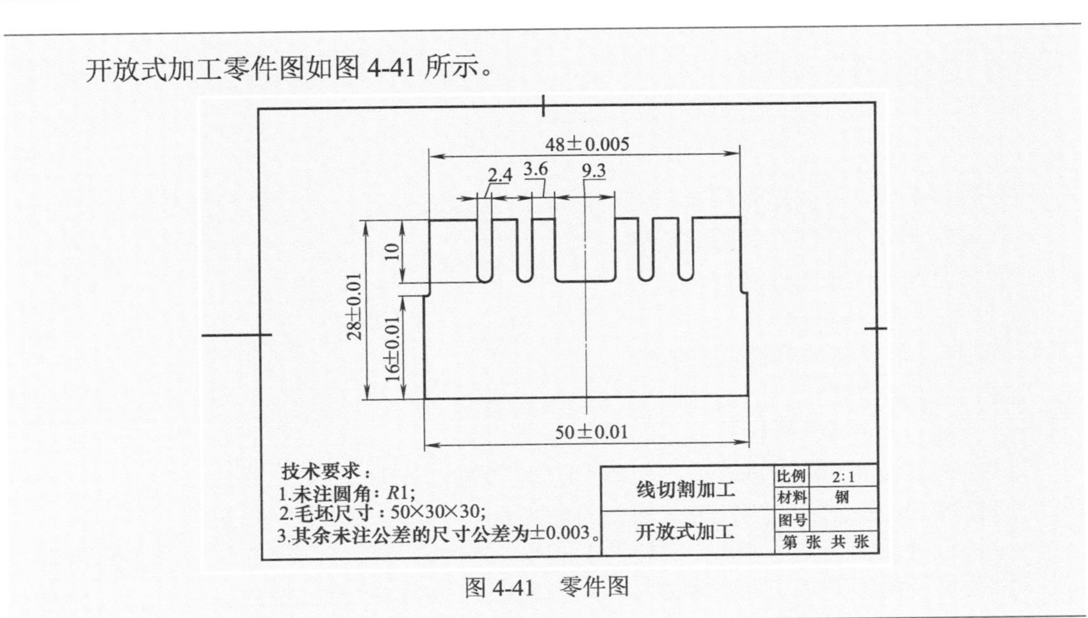

图 4-41　零件图

【知识技能】

知识点　开放式加工的注意事项

开放式切割如图 4-42 所示，在切割过程中，材料内部应力平衡被破坏，材料会通过应力释放来恢复平衡。在加工开放式零件时，应通过工艺安排或调整参数，降低应力变形对零件精度的影响。

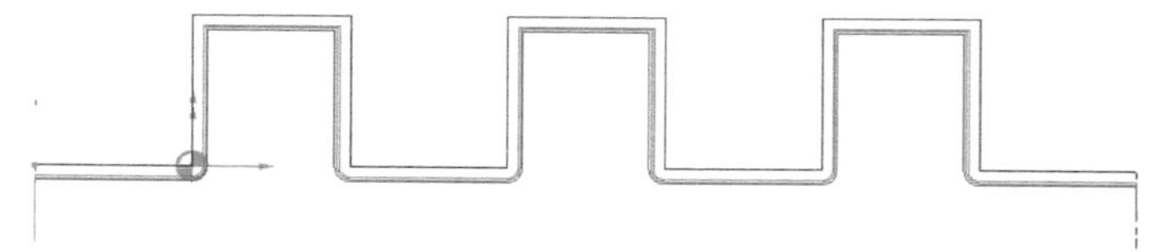

图 4-42　开放式切割

为了保证主切时高压水能有效的冲入切缝，要求上、下喷嘴要贴于工件表面，喷水嘴距工件表面的距离应控制在 0.1mm 左右。当喷嘴不能贴于工件表面的这些情况下，这时应适当降低放电参数中的 P 值以防断丝。

编程时，要检查补偿方向，避免因补偿方向选错造成工件报废。

【任务目标】

① 能够选用加工所需工具、量具及夹具。
② 能够编写开放式加工程序。
③ 能够操作机床进行零件加工。

【任务实施】

（1）基本要求
① 培养学生良好的工作作风和安全意识。
② 培养学生的责任心和团队精神。
③ 掌握开放式加工方法。
（2）设备与器材
实训所需的设备与器材见表 4-66。
（3）内容与步骤
① 开机（详见项目二中任务 1 的相关内容）。
② 安装电极丝（详见项目中二任务 1 的相关内容）。
③ 穿丝（详见项目二中任务 1 的相关内容）。
④ 校正电极丝（详见项目二中任务 1 的相关内容）。
⑤ 装夹及校正工件（见表 4-67）。

表 4-66　设备及器材清单

项目	名称	规格	数量
设备	慢走丝线切割机床	GF 加工方案 CUT E 350	3～5 台
夹具	压板	配套	3～5 个
	3R 三向找正夹具	套装	一副
电极丝	黄铜丝	ϕ0.25mm、5kg/ 卷	3～5 卷
工具	内六角扳手	配 套	3～5 套
	紫铜棒	配 套	3～5 个
	杠杆式千分表	0.002mm	1 个
	千分表架	配 套	1 副
量具	游标卡尺	0～150mm	3～5 把
	内径千分尺	5～30mm	3～5 把
	外径千分尺	0～25mm	3～5 把

表 4-67　装夹及校正工件

步骤	示意图	说明
①测量毛坯		用游标卡尺测量工件外形尺寸，是否符合加工要求
②清理工作台		清理工作台面上的污垢，用水枪冲洗干净
③装夹工件		将工件表面处理干净，用夹具固定好工件

续表

步骤	示意图	说明
④校正工件	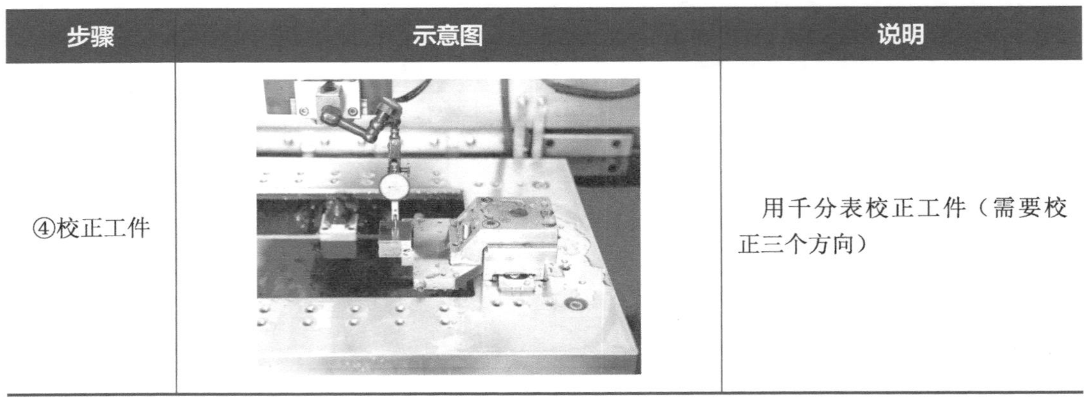	用千分表校正工件（需要校正三个方向）

⑥ 电极丝定位（见表 4-68）。

表 4-68　电极丝定位

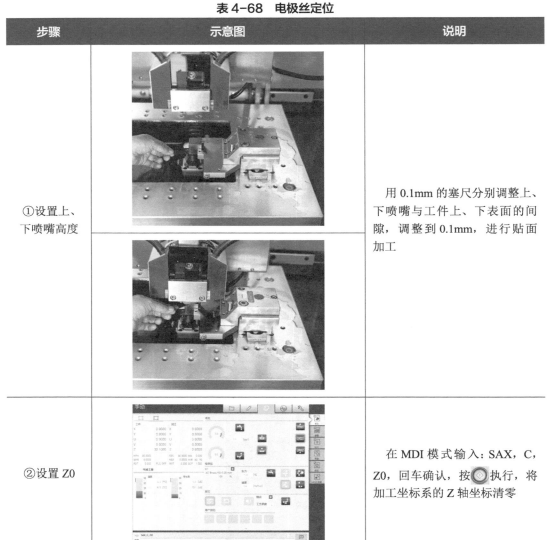

步骤	示意图	说明
①设置上、下喷嘴高度	 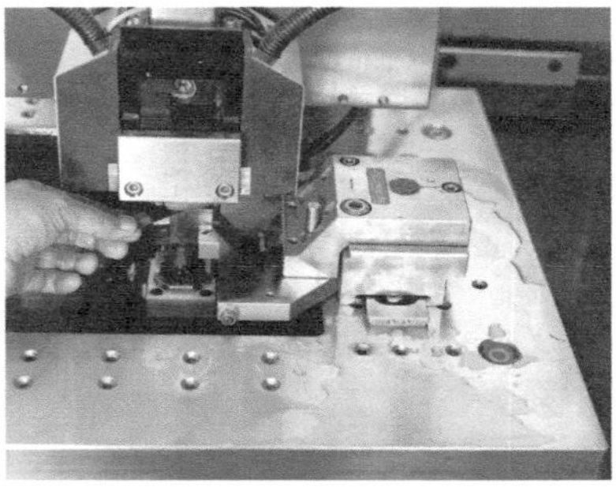	用 0.1mm 的塞尺分别调整上、下喷嘴与工件上、下表面的间隙，调整到 0.1mm，进行贴面加工
②设置 Z0	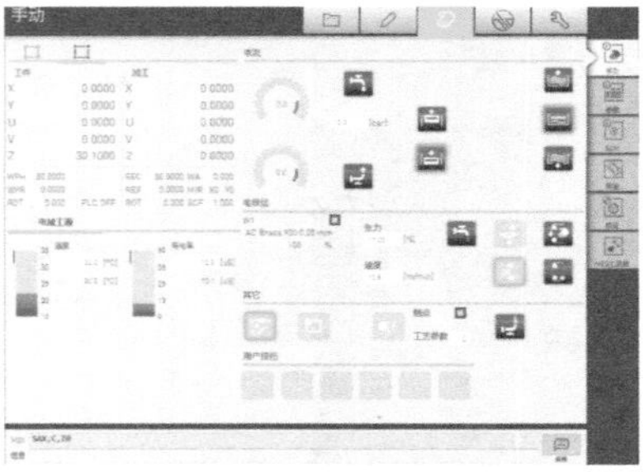	在 MDI 模式输入：SAX，C，Z0，回车确认，按执行，将加工坐标系的 Z 轴坐标清零

续表

步骤	示意图	说明
③设置 Z 轴软限位	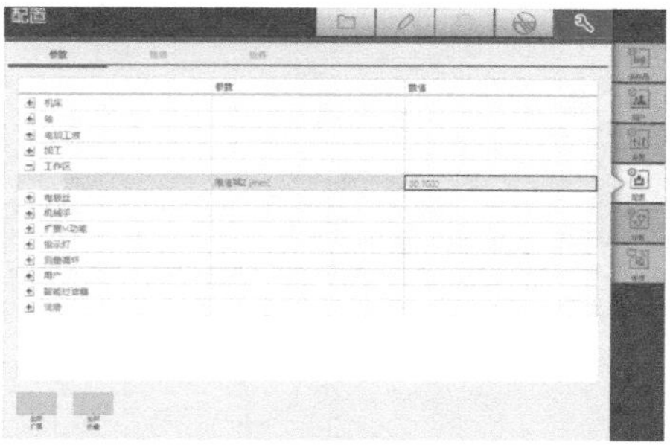	进入“服务”模式 选择“配置”，在“参数”界面，点击“工作区”，输入机床坐标系 Z 轴坐标值，回车确认
④设置工件零点	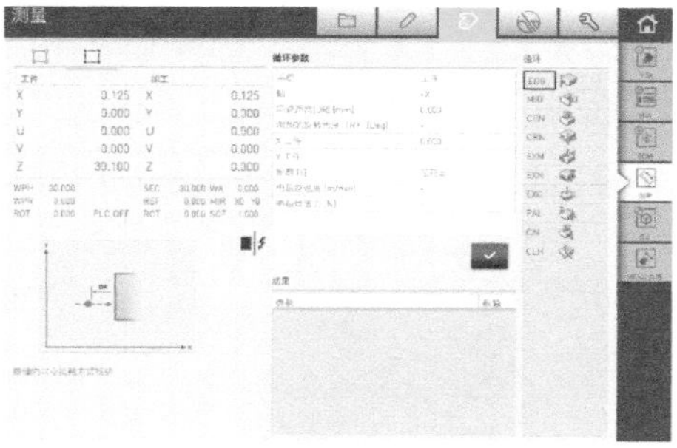	进入“手动“模式 在“测量“界面，选择“EDG（找边）”，设置参数 系统：工件 轴：-X 回退距离[DR] [mm]：0.0000 增加的旋转角度（R） [Deg]：- X 工件：0.0000 Y 工件：- 轮廓 [T]：粗糙面
		选择“EXM（外形找中）”，设置参数 系统：工件 距离 [DX] [mm]：30.0000 增加的旋转角度（R） [Deg]：90.000 X 工件：- Y 工件：0.0000 轮廓 [T]：粗糙面 电极丝速度 [m/min]：- 电极丝张力 [N]：-

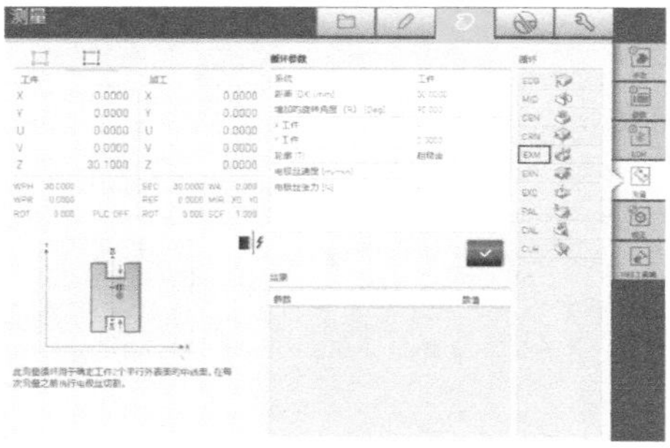

⑦ 编写加工程序（见表 4-69）。

表 4-69 编写加工程序

步骤	示意图	说明
①新建 CAM 任务	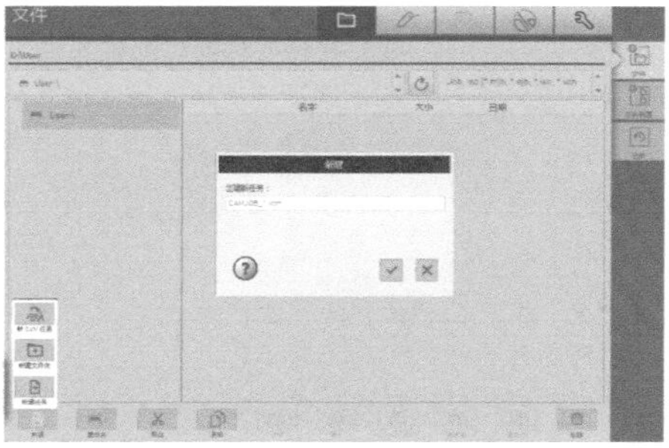	进入“文件”模式 选择“文件”，点击“新建”，选择“新建 CAM 任务”，点击确认，自动切换到编程软件界面，启动软件

续表

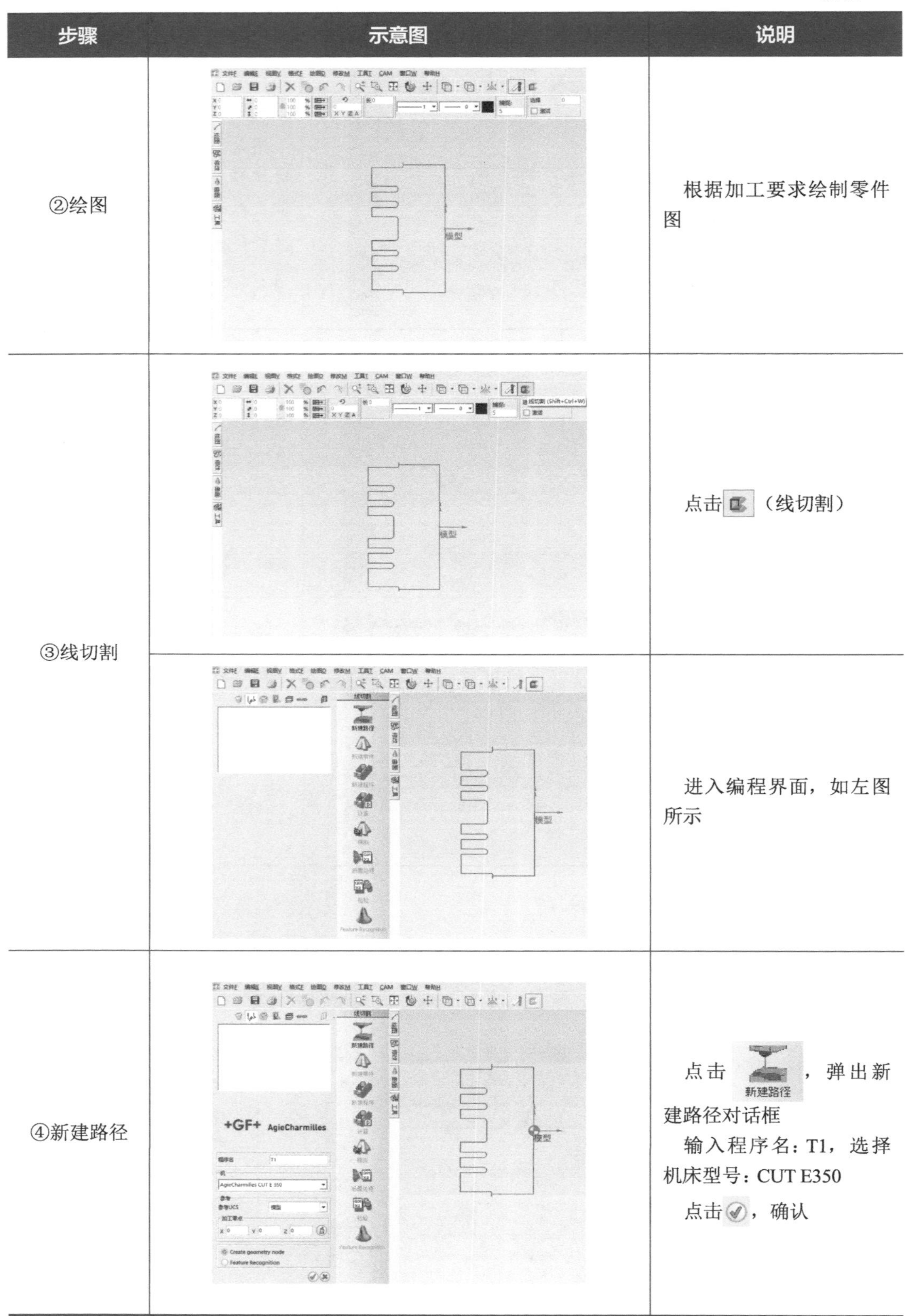

步骤	示意图	说明
②绘图		根据加工要求绘制零件图
③线切割		点击（线切割）
		进入编程界面，如左图所示
④新建路径		点击新建路径，弹出新建路径对话框 输入程序名：T1，选择机床型号：CUT E350 点击，确认

续表

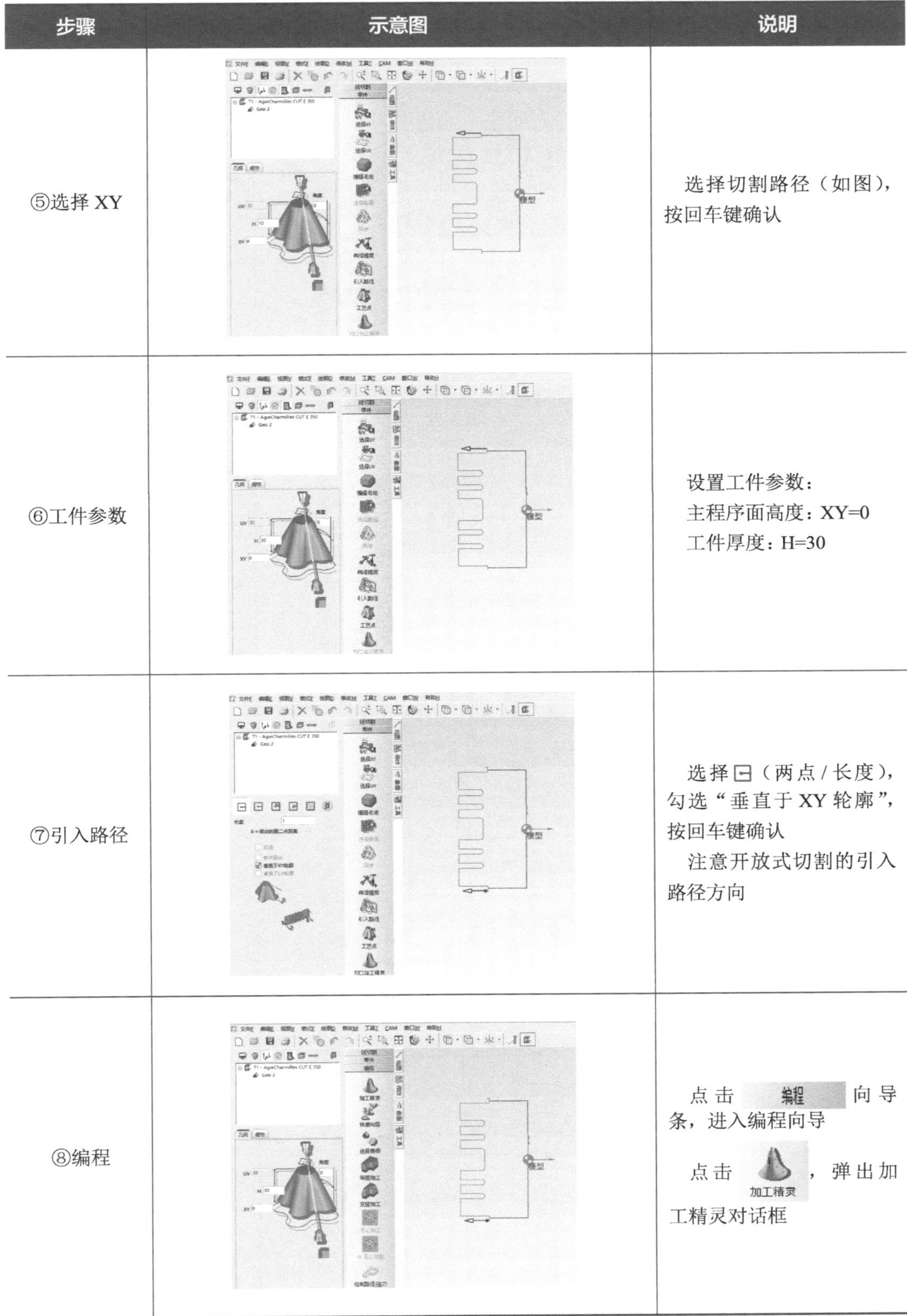

步骤	示意图	说明
⑤选择 XY		选择切割路径（如图），按回车键确认
⑥工件参数		设置工件参数： 主程序面高度：XY=0 工件厚度：H=30
⑦引入路径		选择 ⊟（两点 / 长度），勾选“垂直于 XY 轮廓”，按回车键确认 注意开放式切割的引入路径方向
⑧编程		点击 编程 向导条，进入编程向导 点击 加工精灵，弹出加工精灵对话框

续表

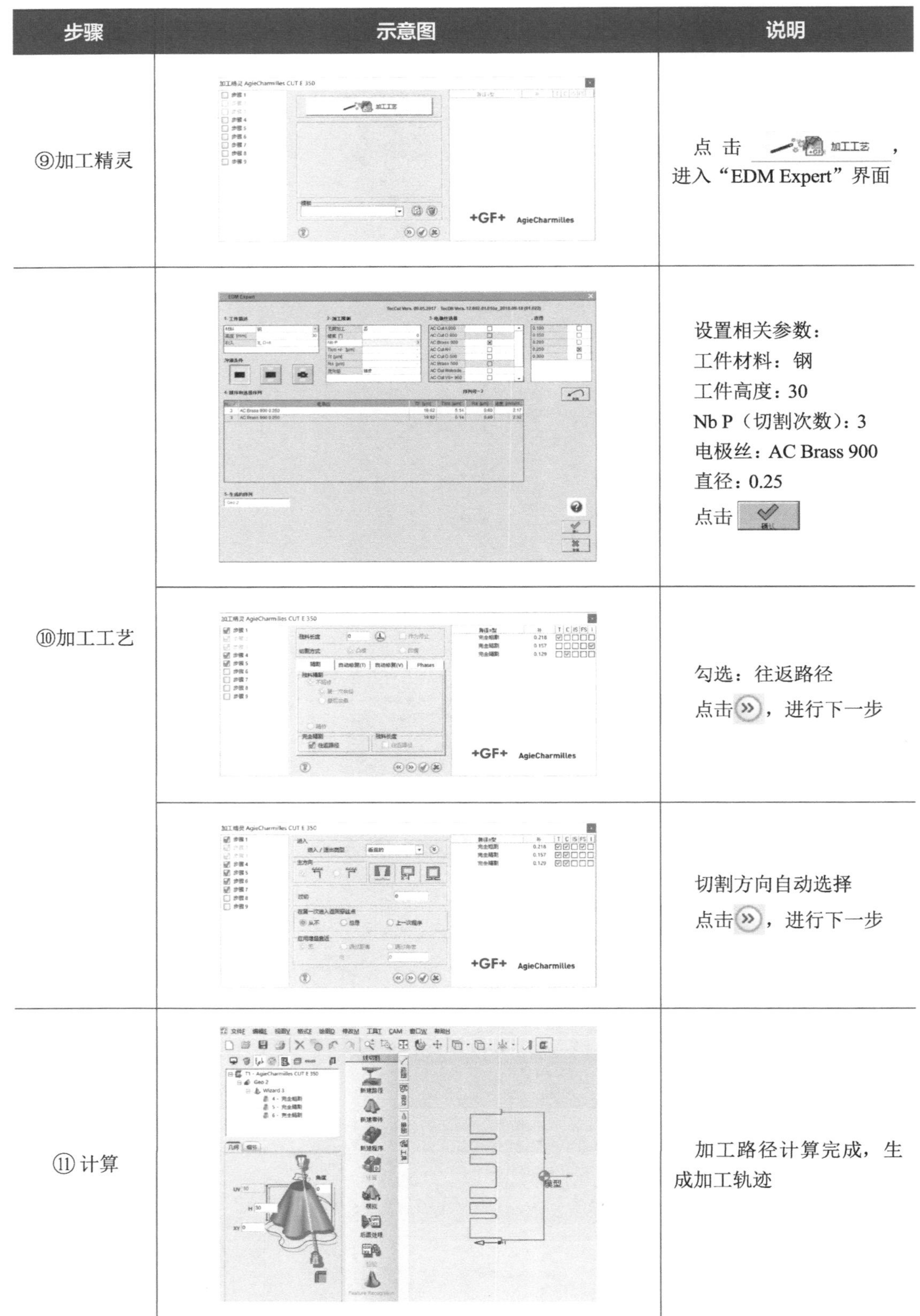

步骤	示意图	说明
⑨加工精灵		点击 加工工艺，进入“EDM Expert”界面
⑩加工工艺		设置相关参数： 工件材料：钢 工件高度：30 Nb P（切割次数）：3 电极丝：AC Brass 900 直径：0.25 点击
		勾选：往返路径 点击»，进行下一步
		切割方向自动选择 点击»，进行下一步
⑪计算		加工路径计算完成，生成加工轨迹

续表

步骤	示意图	说明
⑫ 模拟	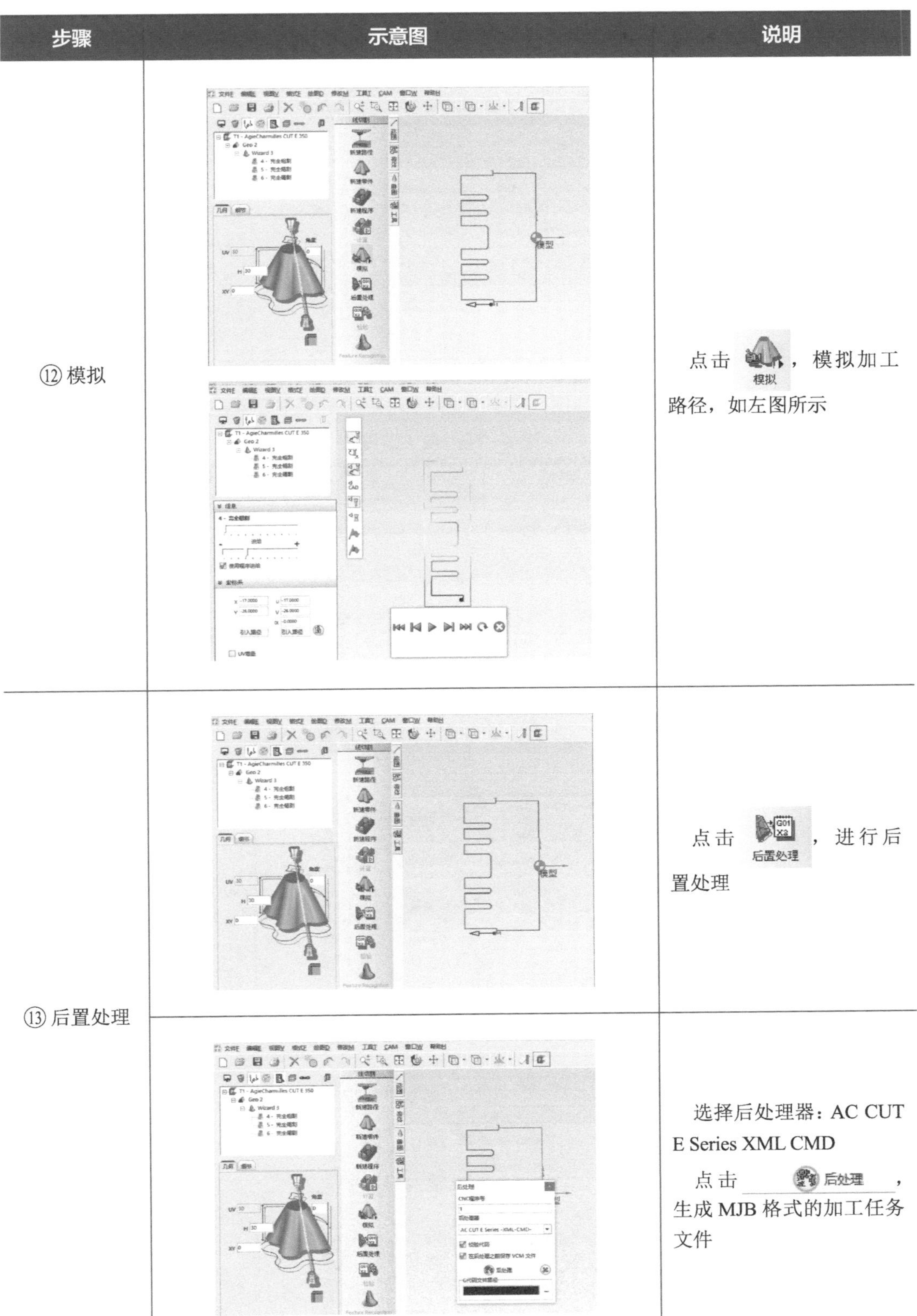	点击 模拟 ，模拟加工路径，如左图所示
⑬ 后置处理		点击 后置处理 ，进行后置处理
		选择后处理器：AC CUT E Series XML CMD 点击 后处理 ，生成 MJB 格式的加工任务文件

续表

步骤	示意图	说明
⑬后置处理	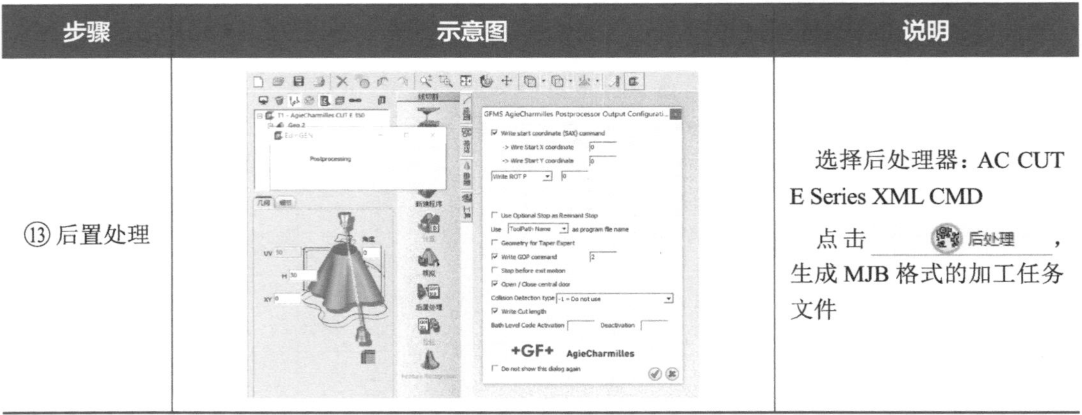	选择后处理器：AC CUT E Series XML CMD 点击后处理，生成 MJB 格式的加工任务文件

⑧加工运行（见表 4-70）。

表 4-70　加工运行

步骤	示意图	说明
①选择程序	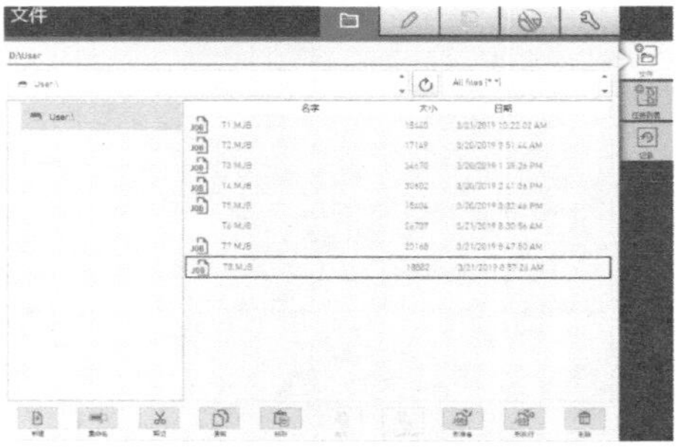	进入“文件”模式 在“文件”界面，选择程序名 T8 点击“到准备”，自动切换到“准备”模式
②程序校验	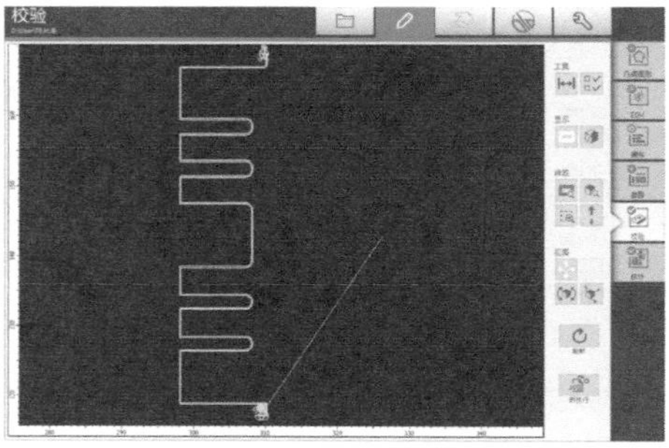	检查补偿方向是否正确，如果没有问题，点击“到执行”，自动切换到“执行”模式，准备开始放电加工
③放电加工	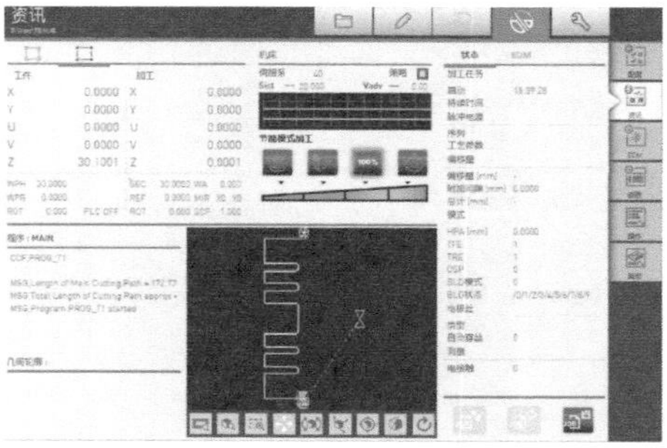	按启动键，开始放电加工

续表

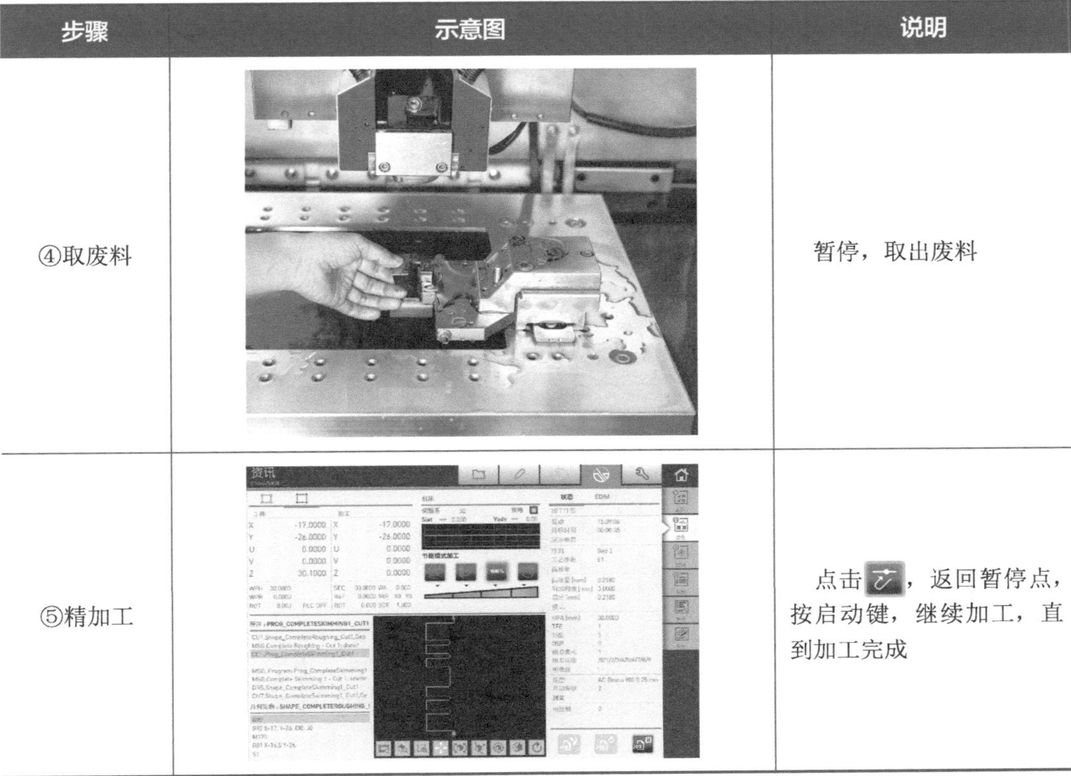

步骤	示意图	说明
④取废料		暂停，取出废料
⑤精加工		点击，返回暂停点，按启动键，继续加工，直到加工完成

⑨ 零件检测（见表 4-71）。

表 4-71　零件检测

步骤	示意图	说明
①清洗工件	清洗液	用清洗液清洗工件
	清水	然后用清水将工件冲洗干净

续表

步骤	示意图	说明
①清洗工件		最后用气枪吹干工件
②测量工件		用投影仪测量，记录数据
③加工完成		合格工件如左图所示

⑩ 关机保养（详见项目二中任务 1 的相关内容）。

【任务评价】

根据掌握情况填写学生自评表，见表 4-72。

表 4-72　学生自评表

项目	序号	考核内容及要求	能	不能	其他
开机操作	1	会开机的基本操作			
回零操作	2	能回机床零点			
安装电极丝	3	能正确激活电极丝			
穿丝	4	会手动穿丝			
	5	会自动穿丝			
校正电极丝	6	会使用 GAJ 校正方式及正确设置相关参数			
安装工件	7	能正确装夹工件			
	8	能正确校正工件			
定位电极丝	9	会使用 EDG 及 EXM 测量工件			

续表

项目	序号	考核内容及要求	能	不能	其他
编辑程序	10	能正确绘制加工零件图			
	11	会开放式的编程			
	12	会设置加工工艺参数			
加工运行	13	会取废料			
	14	能完成零件加工			
零件检验	15	会检测零件			
关机保养	16	会清理和保养机床			
签名	学生签名（　　　）　教师签名（　　　）				

【任务反思】

总结归纳学习所得，发现存在的问题，并填写学习反思内容，见表 4-73。

表 4-73　学习反思内容

类型	内容
掌握知识	
掌握技能	
收获体会	
需解决问题	
学生签名	

【课后练习】

练习题　编写加工程序

加工如图 4-43 所示的零件，加工信息如表 4-74 所示，使用 Fikus 软件进行编程。

表 4-74　加工信息

加工准备	工件	钢（50mm×30mm×30mm 板料）
	夹具	3R 三向找正座、平口钳
加工要求	切割次数	切一修二（*Ra*0.55μm）
	TKM	±0.003mm

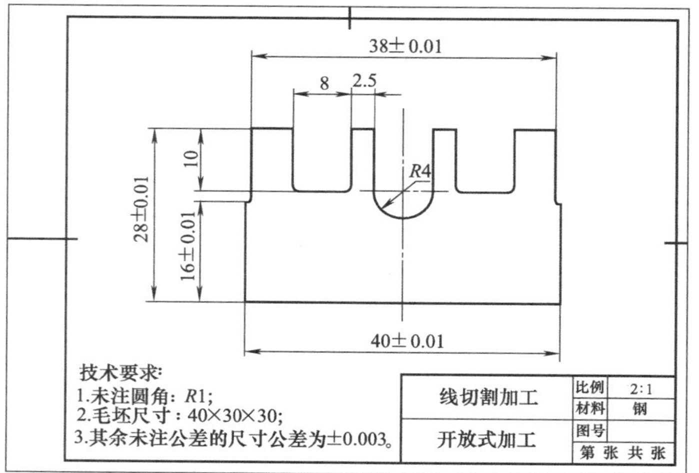

图 4-43 练习题

任务 9 多型孔加工

【工作任务】

多型孔加工零件图如图 4-44 所示。

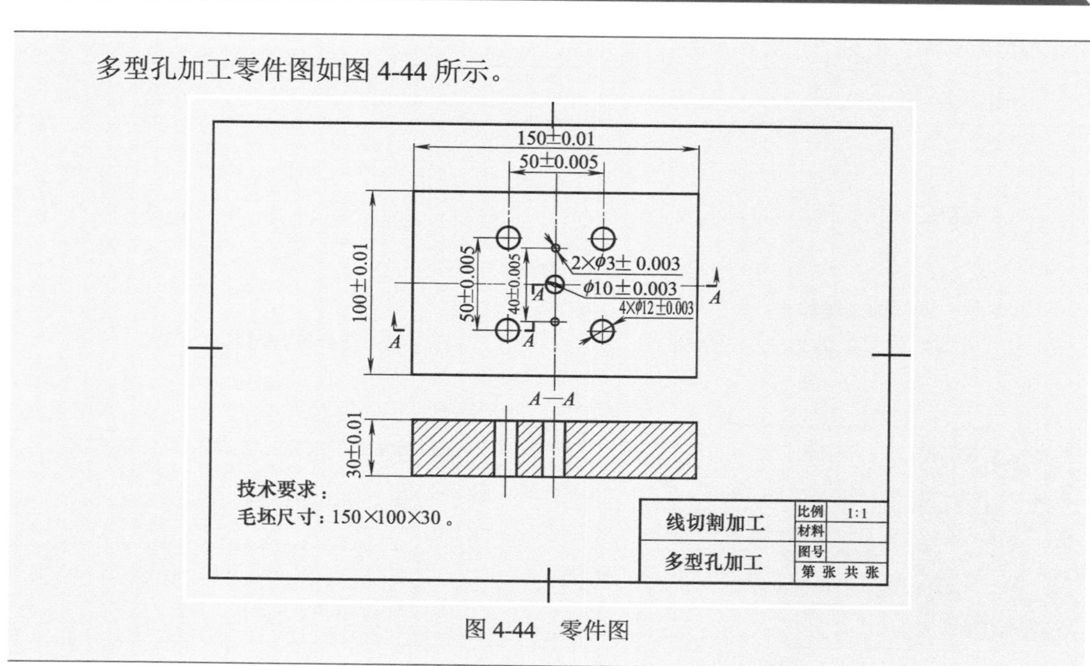

图 4-44 零件图

【知识技能】

知识点 1 多型孔加工编程注意事项

如图 4-45 所示，在一块模板上有多个不同工艺要求的孔需要加工，以工件四个角的四个对称圆孔为例。编程需要注意的问题如下。

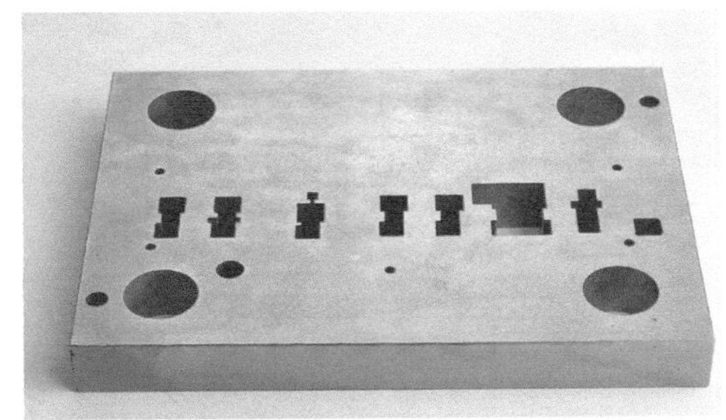

图 4-45 多孔位模板

（1）自动引入路径

在多孔、小孔编程时，可以“选择几何中心”作为引入路径的起始点，自动设置引入路径，提高工作效率，如图 4-46 所示。

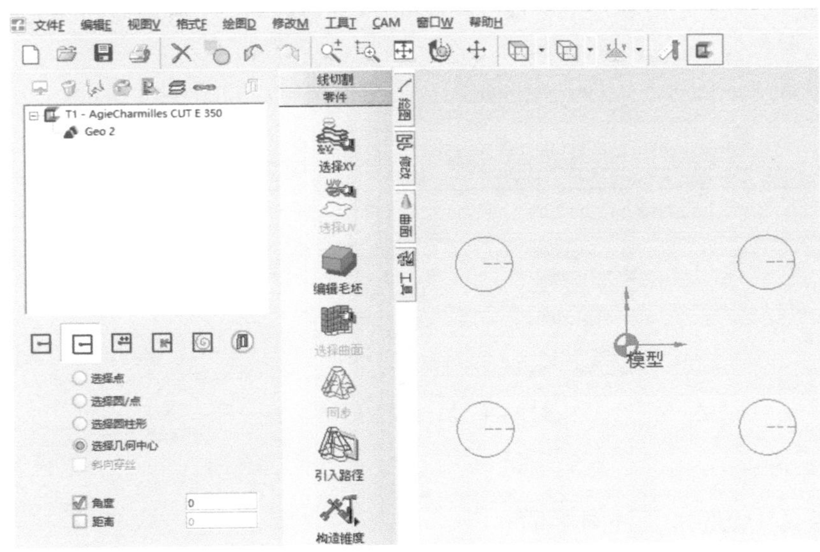

图 4-46 自动引入路径

（2）排序

根据加工要求，在“工具”向导中，点击 排序 ，自由安排孔的先后加工顺序，如图 4-47 所示，设置新的加工顺序。

（3）根据阶段排序

多孔位的模板加工，按照常规加工方法，每个孔粗割、精修，然后再加工下一个孔，这样会造成孔的位置度有偏差。在这种情况下，使用“根据阶段排序”功能，优化加工工艺，将粗割、精修分开，即先将所有孔粗割，取出废料，最后统一精修。

Fikus 软件的粗、精分开切割设置方法：

① 用鼠标点击程序管理器上 （根据阶段排序）。

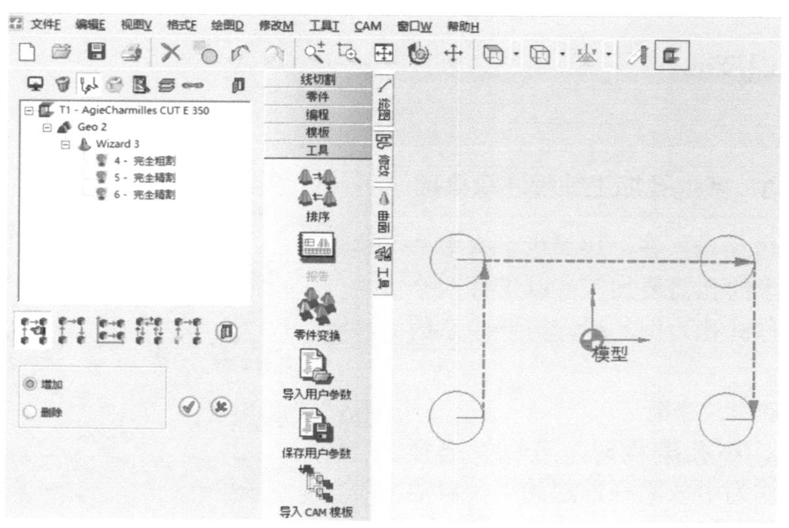

图 4-47　零件排序

② 用鼠标左键点击程序名 T1 - AgieCharmilles CUT E 350 ，然后点击鼠标右键，选择“优化穿丝 / 剪丝”，最后重新计算。

③ 后处理生成的程序，即先全部粗割，再进行精修，如图 4-48 所示。

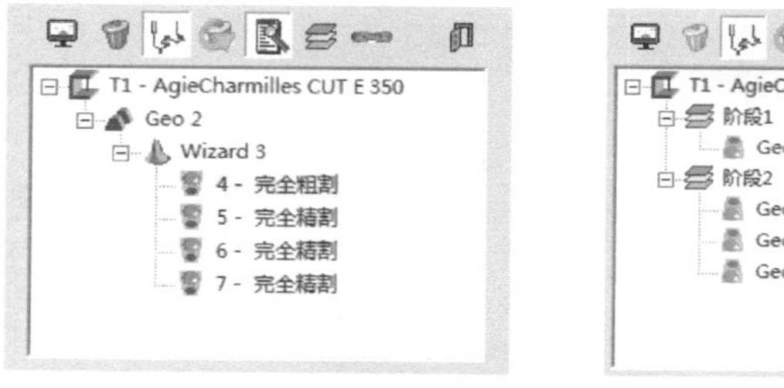

图 4-48　后处理生成的程序

知识点 2　无芯加工注意事项

在加工非常小的孔时，如果采用常规加工方法，主切会产生非常小的废料，容易落入下喷水嘴中，拾取废料困难，在移动轴的时候容易碰坏下喷水嘴，甚至使工件位置发生偏移，造成工件报废。

无芯加工也叫无屑加工，电极丝在孔内以螺旋或者等距偏移的方式切割，把粗加工余量去除，不产生废料，留下精修余量修切。

无芯加工两种方式：螺旋路径和平行路径。

【任务目标】

① 能够选用加工所需工具、量具及夹具。

② 能够编写多型孔、无芯加工程序。
③ 能够操作机床进行零件加工。

【任务实施】

(1)基本要求
① 培养学生良好的工作作风和安全意识。
② 培养学生的责任心和团队精神。
③ 掌握多型孔、无芯加工方法。
(2)设备与器材
实训所需的设备与器材见表 4-75。

表 4-75 设备及器材清单

项目	名称	规格	数量
设备	慢走丝线切割机床	GF 加工方案 CUT E 350	3～5 台
夹具	压板	配套	3～5 个
	3R 三向找正夹具	套装	1 副
电极丝	黄铜丝	ϕ0.25mm、5kg/ 卷	3～5 卷
工具	内六角扳手	配套	3～5 套
	紫铜棒	配套	3～5 个
	杠杆式千分表	0.002mm	1 个
	千分表架	配套	1 副
量具	游标卡尺	0～150mm	3～5 把
	内径千分尺	5～30mm	3～5 把
	外径千分尺	0～25mm	3～5 把

(3)内容与步骤
① 开机(详见项目二中任务 1 的相关内容)。
②安装电极丝(详见项目二中任务 1 的相关内容)。
③ 穿丝(详见项目二中任务 1 的相关内容)。
④ 校正电极丝(详见项目二中任务 1 的相关内容)。
⑤ 装夹及校正工件(详见项目四中任务 1 的相关内容)。
⑥ 电极丝定位(详见项目四中任务 1 的相关内容)。
⑦ 编写加工程序(见表 4-76)。

表 4-76　编写加工程序

步骤	示意图	说明
①打开Fikus 软件	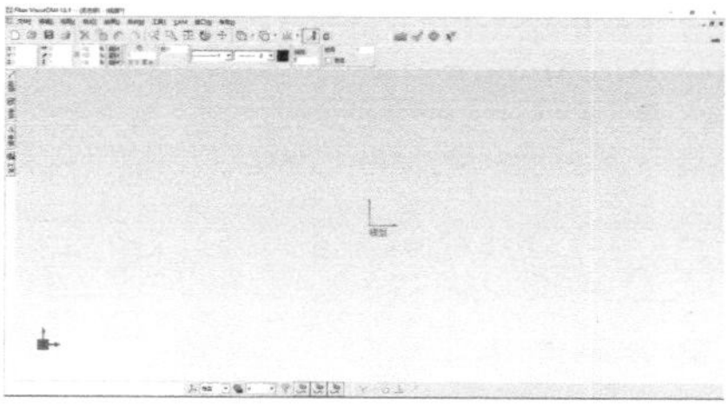	机床上的 AC CAM Easy 软件没有无屑加工功能，在电脑上的 Fikus 软件编程，将程序拷贝到机床上
②绘图	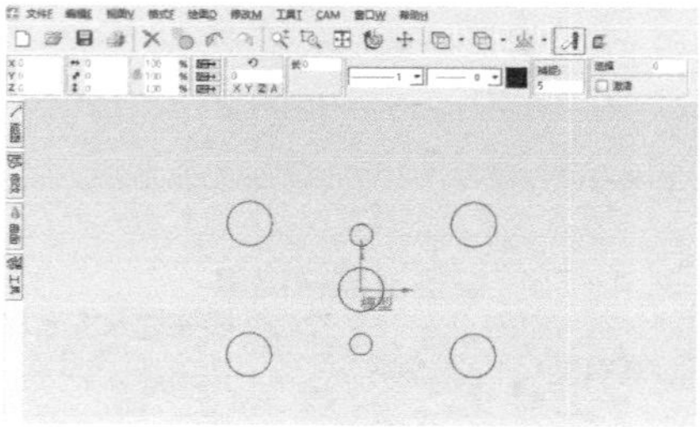	根据加工要求绘制出零件图
③线切割	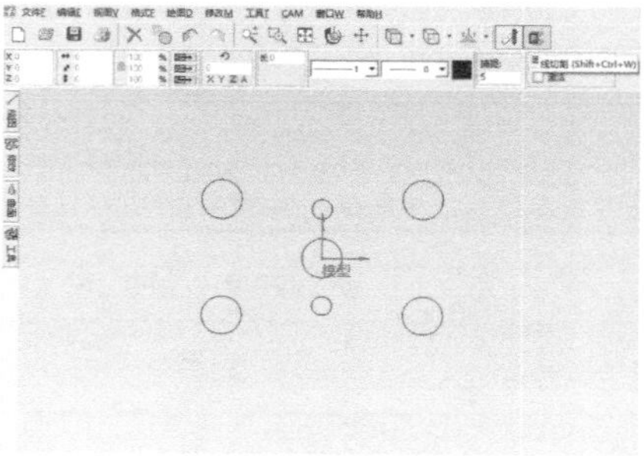	点击（线切割）
	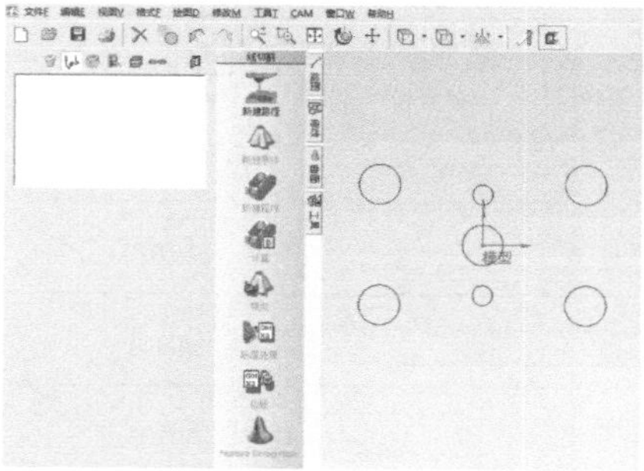	进入编程界面，如左图所示
④新建路径	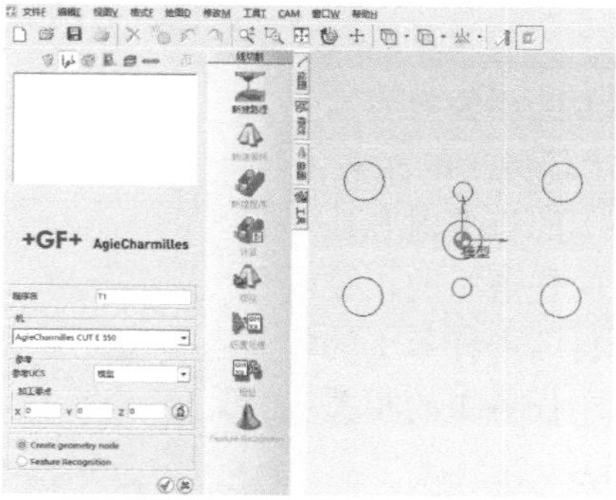	点击  新建路径，弹出新建路径对话框 输入程序名：T1，选择机床型号：CUT E350 点击，确认

续表

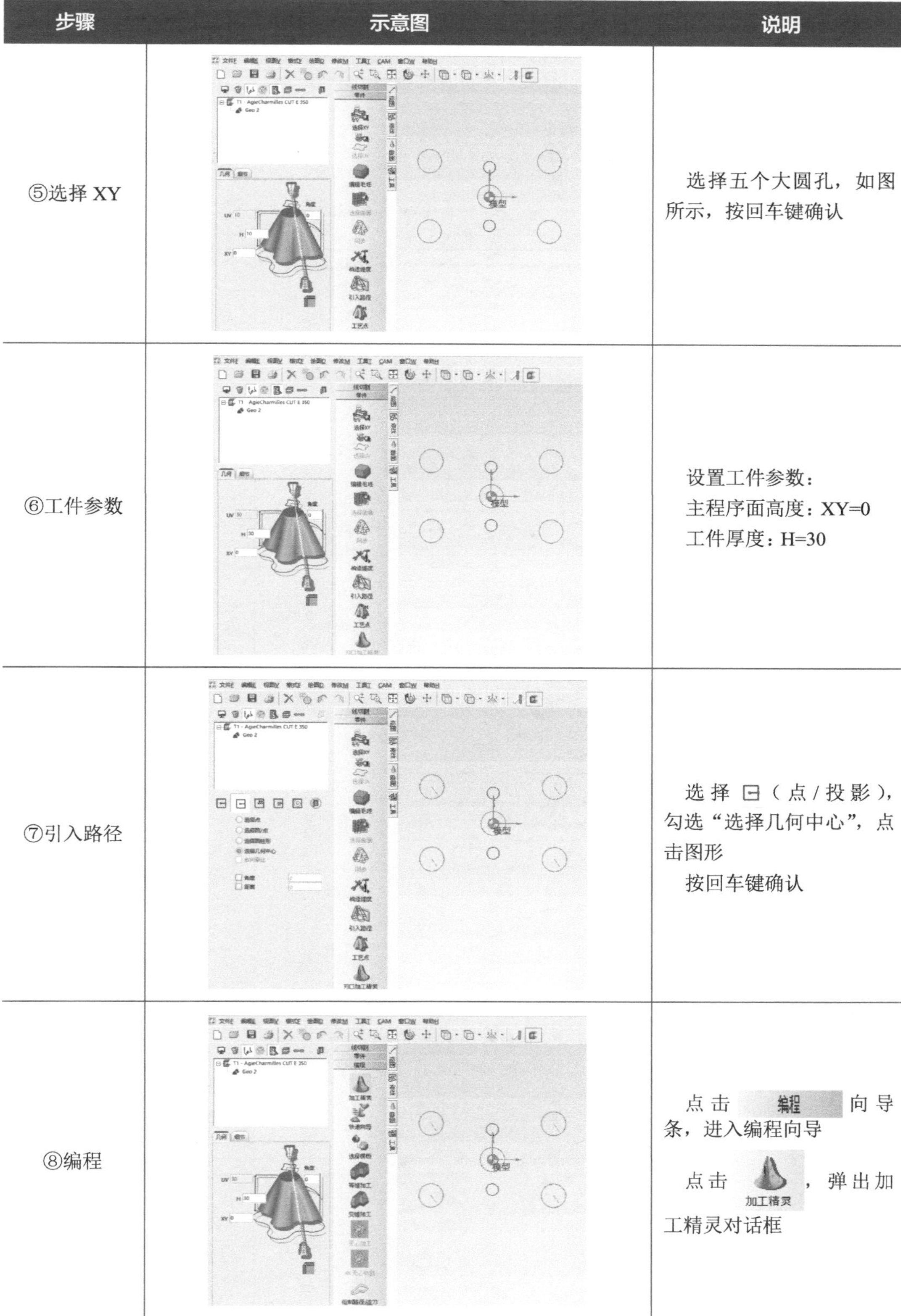

步骤	示意图	说明
⑤选择 XY		选择五个大圆孔，如图所示，按回车键确认
⑥工件参数		设置工件参数： 主程序面高度：XY=0 工件厚度：H=30
⑦引入路径		选择 ⊟（点/投影），勾选“选择几何中心”，点击图形 按回车键确认
⑧编程		点击 编程 向导条，进入编程向导 点击 加工精灵 ，弹出加工精灵对话框

续表

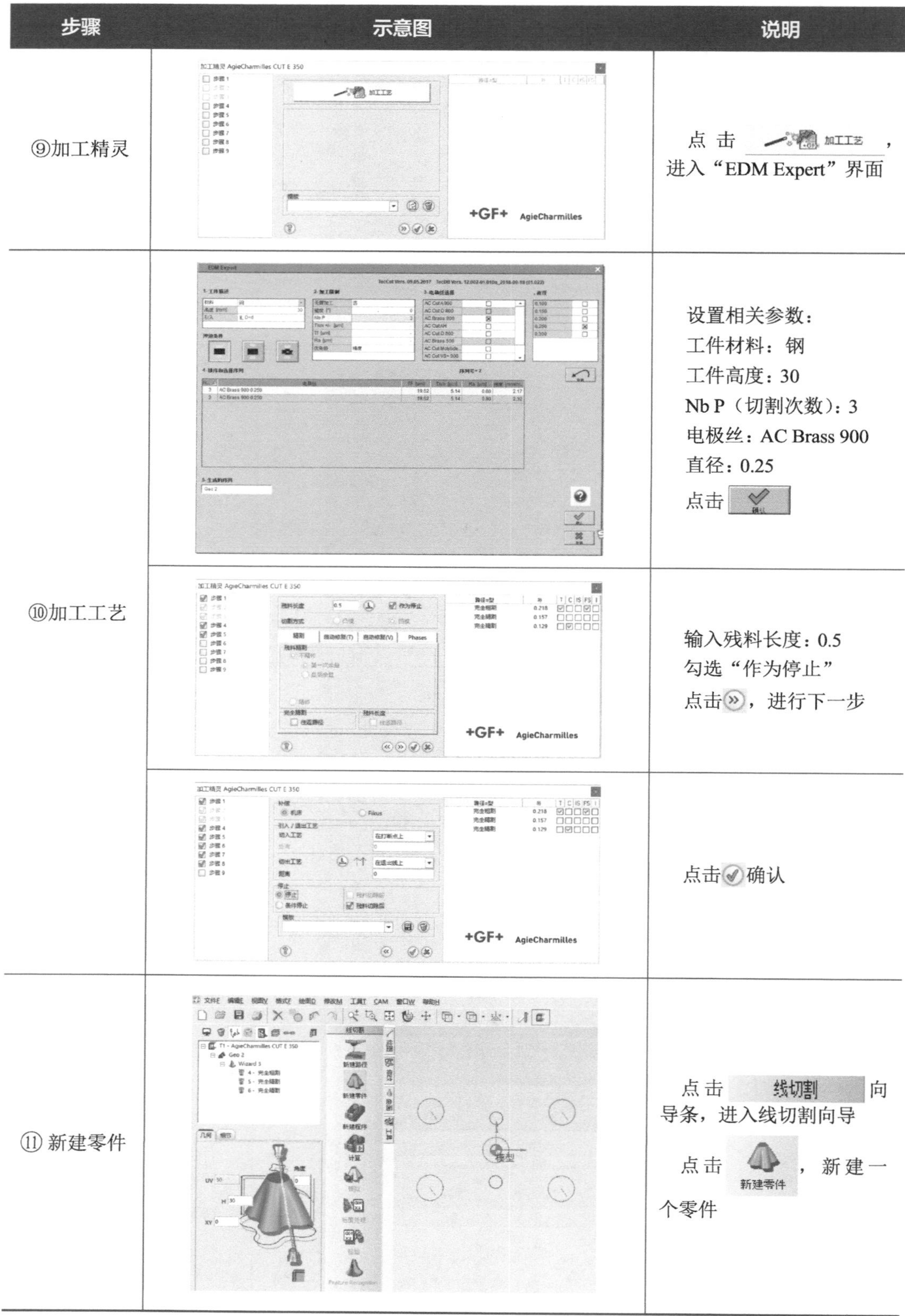

步骤	示意图	说明
⑨加工精灵		点击[加工工艺按钮]，进入“EDM Expert”界面
⑩加工工艺		设置相关参数： 工件材料：钢 工件高度：30 Nb P（切割次数）：3 电极丝：AC Brass 900 直径：0.25 点击[确认按钮]
		输入残料长度：0.5 勾选“作为停止” 点击[»按钮]，进行下一步
		点击[✓按钮]确认
⑪ 新建零件		点击 线切割 向导条，进入线切割向导 点击[新建零件按钮]，新建一个零件

续表

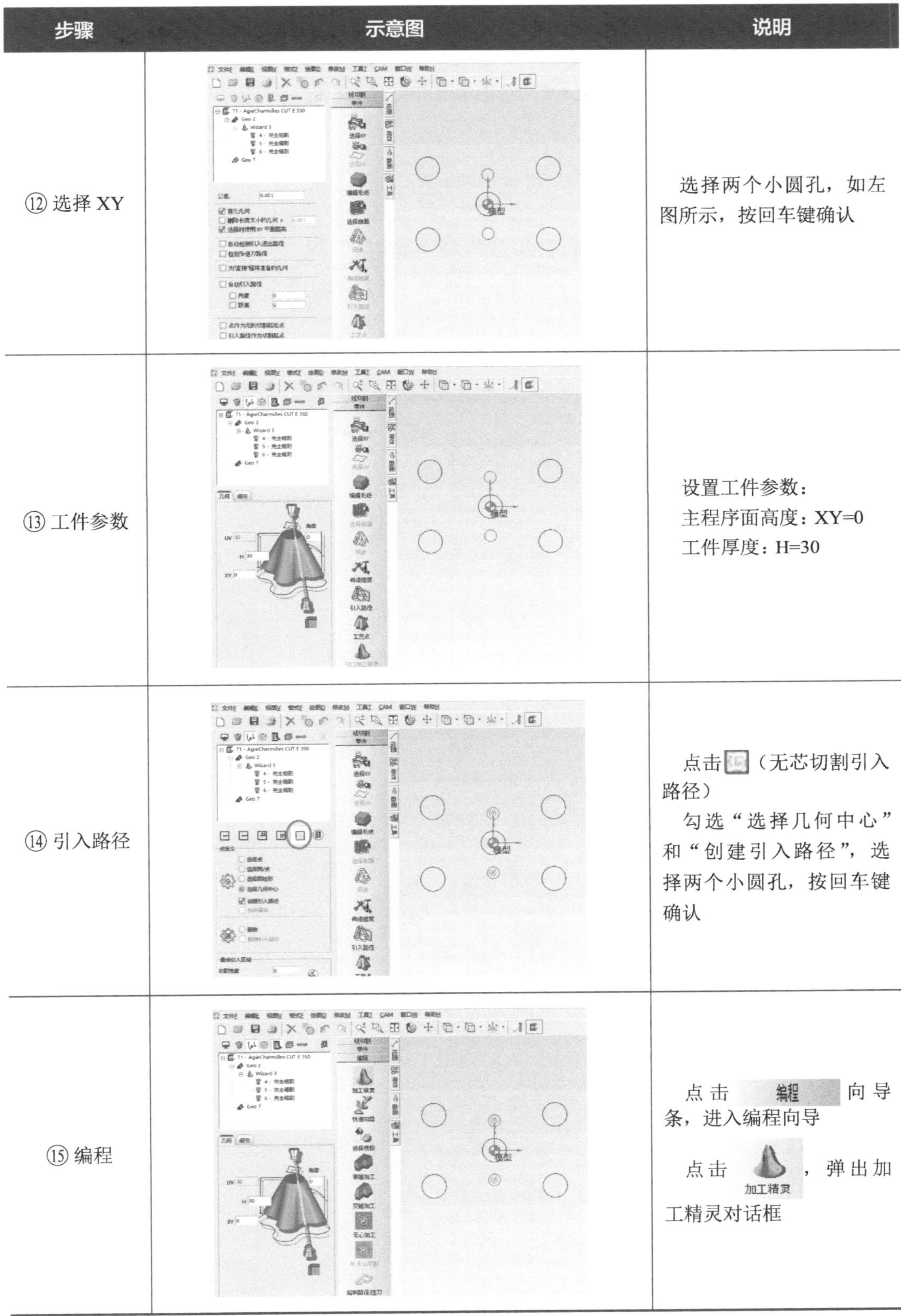

步骤	示意图	说明
⑫ 选择 XY		选择两个小圆孔，如左图所示，按回车键确认
⑬ 工件参数		设置工件参数： 主程序面高度：XY=0 工件厚度：H=30
⑭ 引入路径		点击（无芯切割引入路径） 勾选“选择几何中心”和“创建引入路径”，选择两个小圆孔，按回车键确认
⑮ 编程		点击 编程 向导条，进入编程向导 点击 加工精灵，弹出加工精灵对话框

续表

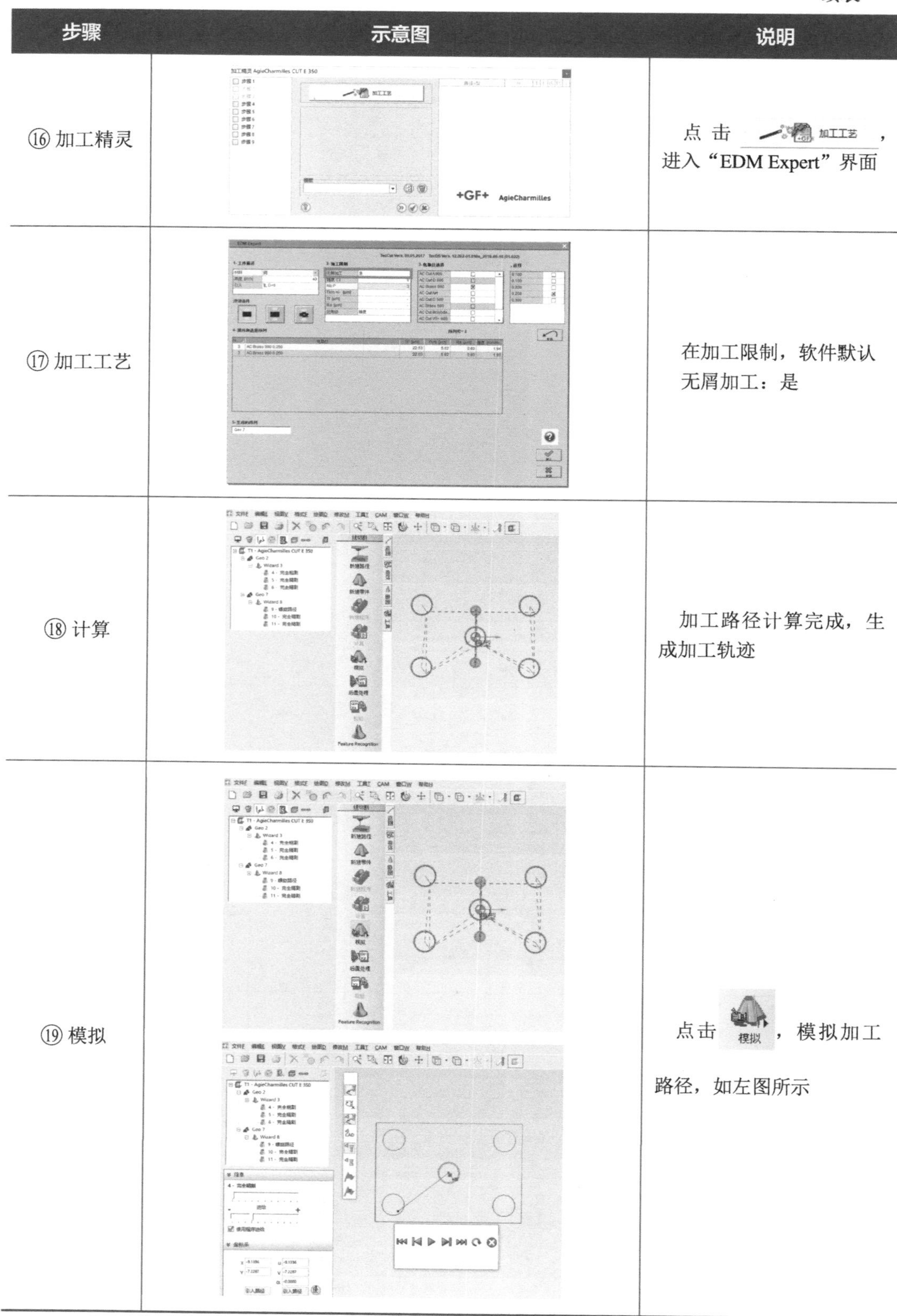

步骤	示意图	说明
⑯ 加工精灵		点击 加工工艺，进入“EDM Expert”界面
⑰ 加工工艺		在加工限制，软件默认无屑加工：是
⑱ 计算		加工路径计算完成，生成加工轨迹
⑲ 模拟		点击 模拟，模拟加工路径，如左图所示

续表

步骤	示意图	说明
	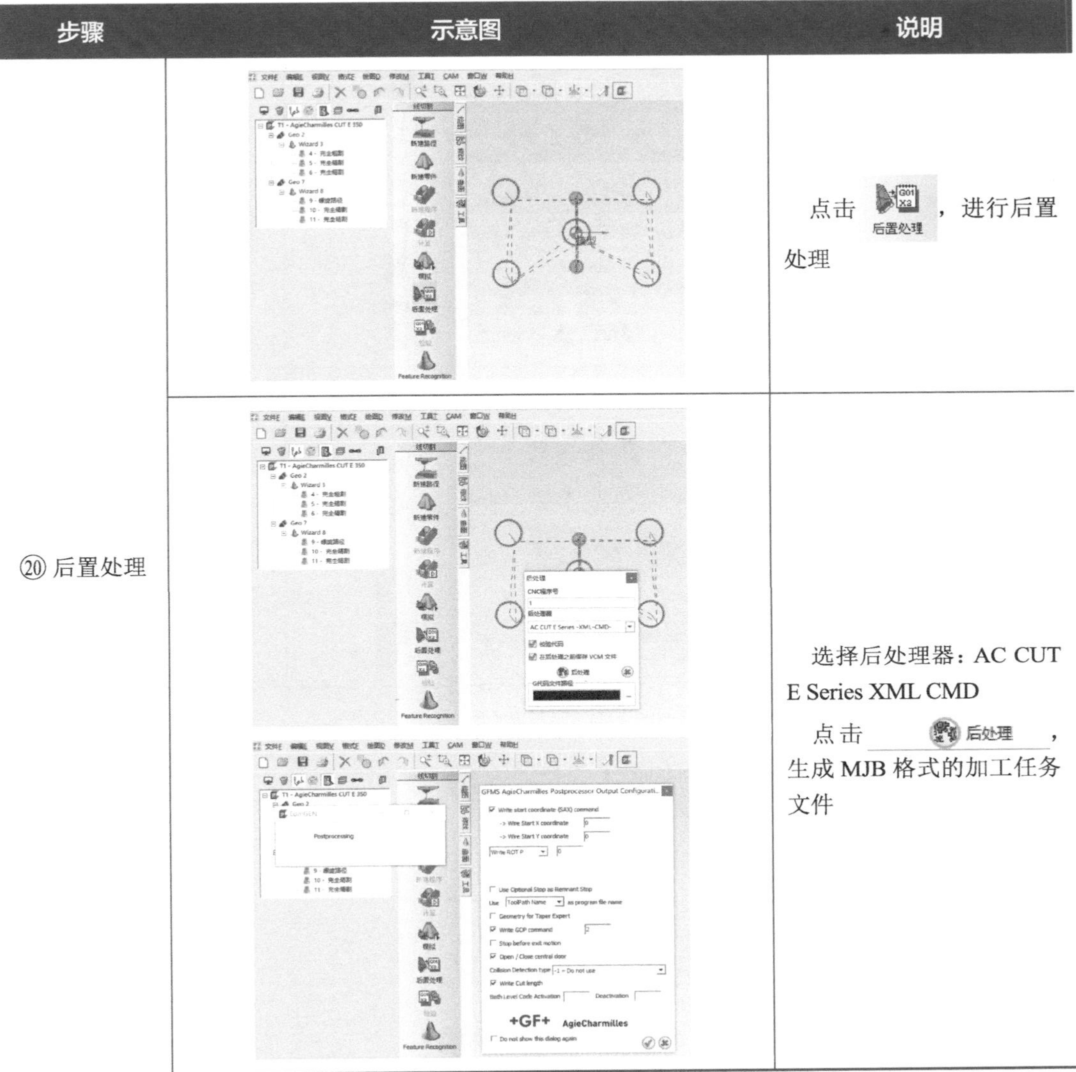	点击后置处理，进行后置处理
⑳ 后置处理		选择后处理器：AC CUT E Series XML CMD 点击后处理，生成MJB格式的加工任务文件

⑧ 加工运行（见表4-77）。

表4-77　加工运行

步骤	示意图	说明
①选择程序		将程序T9拷贝到机床 在“文件”界面，选择程序T9 点击“到准备”，自动切换到“准备”模式

续表

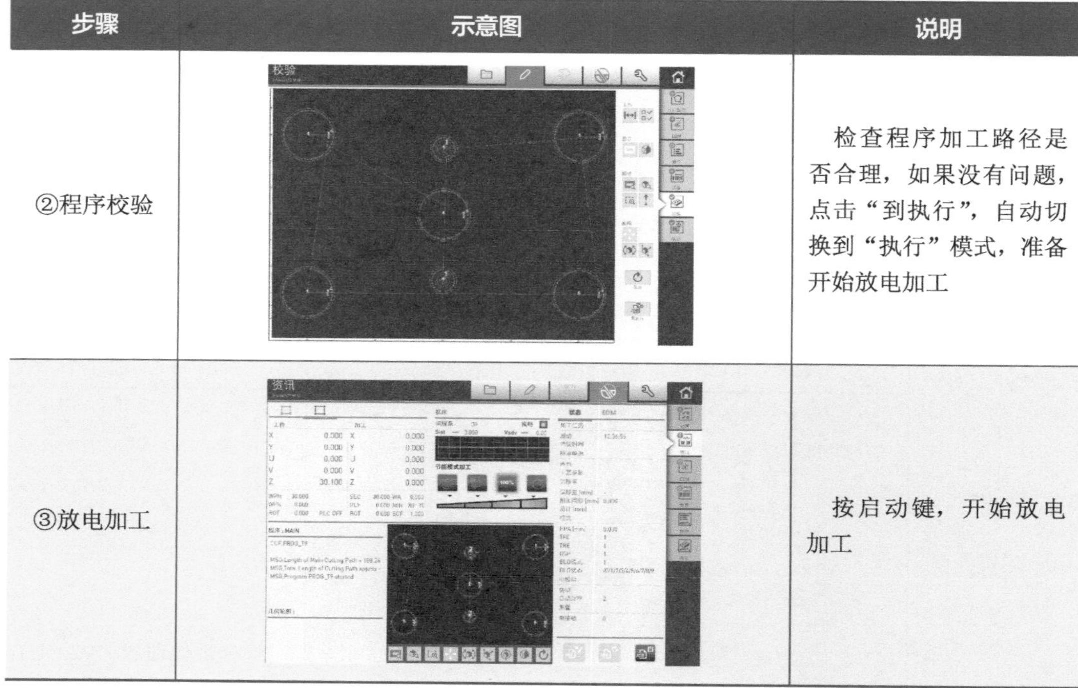

步骤	示意图	说明
②程序校验		检查程序加工路径是否合理，如果没有问题，点击“到执行”，自动切换到“执行”模式，准备开始放电加工
③放电加工		按启动键，开始放电加工

⑨ 零件检测。

⑩ 关机保养（详见项目二中任务 1 的相关内容）。

【任务评价】

根据掌握情况填写学生自评表，见表 4-78。

表 4-78　学生自评表

项目	序号	考核内容及要求	能	不能	其他
开机操作	1	会开机的基本操作			
回零操作	2	能回机床零点			
安装电极丝	3	能正确激活电极丝			
穿丝	4	会手动穿丝			
	5	会自动穿丝			
校正电极丝	6	会使用 GAJ 校正方式及正确设置相关参数			
安装工件	7	能正确装夹工件			
	8	能正确校正工件			

续表

项目	序号	考核内容及要求	能	不能	其他
定位电极丝	9	会使用 CRN 测量工件			
编辑程序	10	能正确绘制加工零件图			
	11	会多型孔的编程			
	12	会设置加工工艺参数			
加工运行	13	会取废料			
	14	能完成零件加工			
零件检验	15	会检测零件			
关机保养	16	会清洁和保养机床			
签名	学生签名（　　　）	教师签名（　　　）			

【任务反思】

总结归纳学习所得，发现存在的问题，并填写学习反思内容，见表 4-79。

表 4-79　学习反思内容

类型	内容
掌握知识	
掌握技能	
收获体会	
需解决问题	
学生签名	

【课后练习】

练习题　编写加工程序

加工如图 4-49 所示的零件，加工信息如表 4-80 所示，使用 Fikus 软件进行编程。

表 4-80　加工信息

加工准备	工件	钢（150mm×100mm×30mm 板料）
	夹具	压板、螺钉
加工要求	切割次数	切一修二（*Ra*0.55μm）
	TKM	±0.003mm

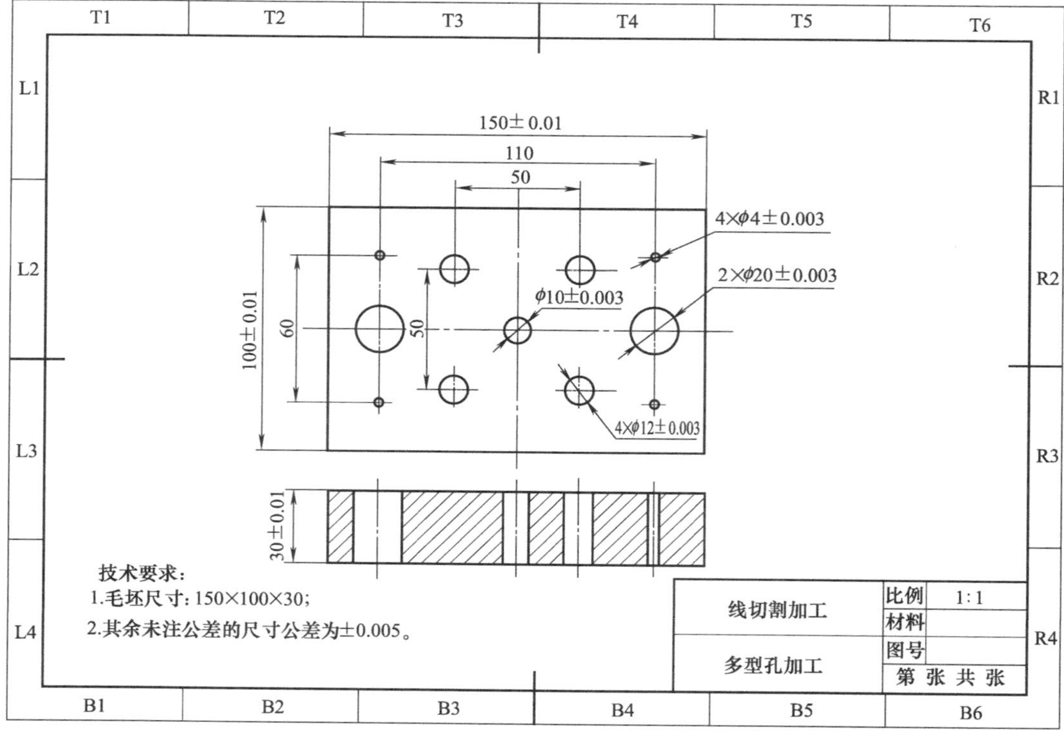
T1
T2
T3
T4
T5
T6
L1
L2
L3
L4
R1
R2
R3
R4
B1
B2
B3
B4
B5
B6
150±0.01
110
50
4×ϕ4±0.003
2×ϕ20±0.003
ϕ10±0.003
100±0.01
60
50
4×ϕ12±0.003
30±0.01
技术要求:
1.毛坯尺寸: 150×100×30;
2.其余未注公差的尺寸公差为±0.005。
线切割加工
多型孔加工
比例
1:1
材料
图号
第 张 共 张

图 4-49　练习题

附录

电切削工国家职业技能标准

1. 职业概况

1.1 职业名称

电切削工[1]

1.2 职业编码

6-18-01-08

1.3 职业定义

操作电火花线切割机床或电火花成型机床，进行工件切割和成型加工的人员。

1.4 职业技能等级

本职业共设五个等级，分别为：五级 / 初级工、四级 / 中级工、三级 / 高级工、二级 / 技师、一级 / 高级技师。

1.5 职业环境条件

室内，常温。

1.6 职业能力特征

具有一定的学习能力、表达能力、计算能力和空间感，形体知觉、色觉正常，手臂、手指动作灵活，动作协调。

1.7 普通受教育程度

高中毕业（或同等学力）。

---

[1] 本职业分为电火花线切割机床操作工、电火花成型机床操作工两个工种。

1.8 职业技能鉴定要求

1.8.1 申报条件

——具备以下条件之一者，可申报五级 / 初级工：

（1）累计从事本职业或相关职业[1]工作 1 年（含）以上。

（2）本职业或相关职业学徒期满。

——具备以下条件之一者，可申报四级 / 中级工：

（1）取得本职业或相关职业五级 / 初级工职业资格证书（技能等级证书）后，累计从事本职业或相关职业工作 4 年（含）以上。

（2）累计从事本职业或相关职业工作 6 年（含）以上。

（3）取得技工学校本专业或相关专业[2]毕业证书（含尚未取得毕业证书的在校应届毕业生）；或取得经评估论证、以中级技能为培养目标的中等及以上职业学校本专业或相关专业毕业证书（含尚未取得毕业证书的在校应届毕业生）。

具备以下条件之一者，可申报三级 / 高级工：

（1）取得本职业或相关职业四级 / 中级工职业资格证书（技能等级证书）后，累计从事本职业或相关职业工作 5 年（含）以上。

（2）取得本职业或相关职业四级 / 中级工职业资格证书（技能等级证书），并具有高级技工学校、技师学院毕业证书（含尚未取得毕业证书的在校应届毕业生）；或取得本职业或相关职业四级 / 中级工职业资格证书（技能等级证书），并具有经评估论证、以高级技能为培养目标的高等职业学校本专业或相关专业毕业证书（含尚未取得毕业证书的在校应届毕业生）。

（3）具有大专及以上本专业或相关专业毕业证书，并取得本职业或相关职业四级 / 中级工职业资格证书后，累计从事本职业或相关职业工作 2 年（含）以上。

具备以下条件之一者，可申报二级 / 技师：

（1）取得本职业或相关职业三级 / 高级工职业资格证书（技能等级证书）后，累计从事本职业或相关职业工作 4 年（含）以上。

（2）取得本职业或相关职业三级 / 高级工职业资格证书（技能等级证书）的高级技工学校、技师学院毕业生，累计从事本职业或相关职业工作 3 年（含）以上；或取得本职业或相关职业预备技师证书的技师学院毕业生，累计从事本职业或相关职业工作 2 年（含）以上。

具备以下条件者，可申报一级 / 高级技师：

取得本职业或相关职业二级 / 技师职业资格证书（技能等级证书）后，累计从事本职业工作 4 年（含）以上。

1.8.2 鉴定方式

分为理论知识考试、技能考核以及综合评审。理论知识考试以笔试、机考等方式为

[1] 相关职业：数控车工、数控铣工、加工中心操作调整工等。

[2] 相关专业：模具制造技术、机械加工技术、数控技术应用、模具设计与制造、数控技术、机械设计与制造、材料成型及控制工程等。

主，主要考核从业人员从事本职业应掌握的基本要求和相关知识要求；技能考核主要采用现场操作、模拟操作等方式进行，主要考核从业人员从事本职业应具备的技能水平；综合评审主要针对技师和高级技师，通常采取审阅申报材料、答辩等方式进行全面评议和审查。

理论知识考试、技能考核和综合评审均实行百分制，成绩皆达 60 分（含）以上者为合格。

1.8.3 监考人员、考评人员与考生配比

理论知识考试中监考人员与考生配比不低于 1 ∶ 15，且每个考场不少于 2 名监考人员；技能考核中考评人员与考生配比不低于 1 ∶ 5，且考评人员为 3 人（含）以上单数；综合评审委员为 3 人（含）以上单数。

1.8.4 鉴定时间

理论知识考试时间：五级 / 初级工、四级 / 中级工不少于 90min，三级 / 高级工、二级 / 技师、一级 / 高级技师不少于 120min；技能考核时间：五级 / 初级工不少于 90min，四级 / 中级工不少于 120min，三级 / 高级工不少于 150min，二级 / 技师、一级 / 高级技师不少于 180min；综合评审时间不少于 60min。

1.8.5 鉴定场所设备

理论知识考试应在标准考场进行，技能考核在配备有相关机床设备、计算机设备和机床辅助设备及必要的工具、量具、夹具的场所进行。

2. 基本要求

2.1 职业道德

2.1.1 职业道德基本知识

2.1.2 职业守则

（1）遵章守法，严于律己。

（2）爱岗敬业，诚实守信。

（3）认真负责，团结协作。

（4）刻苦钻研，精益求精。

（5）勇于探索，开拓创新。

（6）规范操作，安全生产。

2.2 基础知识

2.2.1 基础理论知识

（1）机械识图知识。

（2）公差与配合、表面粗糙度知识。

（3）常用金属材料及热处理知识。

（4）计算机知识。

2.2.2 专业知识

（1）电工知识。

（2）金属切削加工知识。

（3）电切削加工原理、加工工艺知识。

（4）常用电加工设备知识（名称、规格型号、性能、基本结构及维护保养知识）。

（5）工具、量具、夹具的使用与维护知识。

2.2.3 安全与环境保护知识

（1）现场文明生产要求。

（2）安全操作与劳动保护知识。

（3）环境保护知识。

2.2.4 相关法律、法规知识

（1）《中华人民共和国劳动法》相关知识。

（2）《中华人民共和国安全生产法》相关知识。

（3）《中华人民共和国劳动合同法》相关知识。

（4）《中华人民共和国消防法》相关知识。

（5）《中华人民共和国环境保护法》相关知识。

3. 工作要求

本标准对五级 / 初级工、四级 / 中级工、三级 / 高级工、二级 / 技师、一级 / 高级技师的技能要求和相关知识要求依次递进，高级别涵盖低级别的要求。

3.1 五级 / 初级工

本等级分为电火花线切割机床操作工和电火花成型机床操作工两个工种。电火花线切割机床操作工考核第 1、2、3 项职业功能，电火花成型机床操作工考核第 1、2、4 项职业功能。

职业功能	工作内容	技能要求	相关知识要求
1. 工作准备	1.1 识图与读懂工艺文件	1.1.1 能识读基本几何体组成的简单零件图 1.1.2 能读懂上述零件图的工艺文件	1.1.1 基本几何体组成的简单零件图的识读方法 1.1.2 几何公差基本知识 1.1.3 工艺文件的识读知识
	1.2 安全防护	1.2.1 能使用个人劳动保护用品保护个人安全 1.2.2 能按照操作规程要求保证个人及生产安全	1.2.1 劳动保护用品使用知识 1.2.2 电加工机床安全操作规程

续表

职业功能	工作内容	技能要求	相关知识要求
2. 设备维护	2.1 基础操作	2.1.1 能按照操作规程启动及停止机床 2.1.2 能使用设备人机界面上的常用功能键（如回零、手动等） 2.1.3 能进行加工前电、气、液、开关等常规检查	2.1.1 机床操作说明书 2.1.2 机床人机界面功能 2.1.3 加工前常规检查的内容
	2.2 日常维护	2.2.1 能对电加工机床运动部件进行润滑 2.2.2 能更换电加工机床过滤部件	2.2.1 电加工机床本体结构 2.2.2 电加工机床的润滑及常规保养方法
3. 电火花线切割加工	3.1 装夹与定位	3.1.1 能使用电火花线切割机床通用夹具装夹工件 3.1.2 能使用百（千）分表校正工件 3.1.3 能完成穿丝操作 3.1.4 能完成工件定位	3.1.1 通用夹具定位与夹紧的方法 3.1.2 校正工件的方法 3.1.3 穿丝的操作步骤 3.1.4 机床测量循环功能使用方法
	3.2 编制程序	3.2.1 能使用移动存储器复制图档和程序 3.2.2 能使用 CAD/CAM 软件绘制直线、圆、方等简单图形 3.2.3 能使用 CAD/CAM 软件进行直线、圆、方等简单图形的编程 3.2.4 能读懂加工程序	3.2.1 图档、程序的复制方法 3.2.2 CAD/CAM 软件简易绘图的方法 3.2.3 CAD/CAM 软件生成加工程序的流程 3.2.4 常用程序代码的含义
	3.3 加工工件	3.3.1 能输入加工程序 3.3.2 能中断加工并正确恢复加工 3.3.3 能加工圆、方等简单形状的凸模 3.3.4 能加工圆、方等简单形状的凹模 上述加工达到如下要求： （1）表面粗糙度：*Ra*2.5μm （2）公差等级：IT8	3.3.1 电加工的基本原理 3.3.2 电火花线切割加工特点及应用范围 3.3.3 电火花线切割加工的工艺指标 3.3.4 加工程序的输入方法 3.3.5 程序中断与恢复加工的方法 3.3.6 凸模加工的方法 3.3.7 凹模加工的方法
	3.4 检测工件	3.4.1 能使用游标卡尺、千分尺测量工件的尺寸 3.4.2 能判断工件线性尺寸和角度尺寸是否达到技术要求	3.4.1 游标卡尺、千分尺的使用与保养知识 3.4.2 工件线性尺寸和角度尺寸的检测方法

续表

职业功能	工作内容	技能要求	相关知识要求
4. 电火花成型加工	4.1 装夹与定位	4.1.1 能使用电火花成型机床通用夹具装夹工件和电极 4.1.2 能使用百（千）分表校正工件和电极 4.1.3 能预设工件坐标系	4.1.1 通用夹具定位与夹紧的方法 4.1.2 工件和电极校正的方法 4.1.3 坐标系的知识
	4.2 编制程序	4.2.1 能读懂常用程序代码 4.2.2 能按照机床操作规程完成编程	4.2.1 常用程序代码知识 4.2.2 机床操作规程
	4.3 加工工件	4.3.1 能选用冲液方式 4.3.2 能中断加工并正确恢复加工 4.3.3 能使用单电极加工浅表面型腔 4.3.4 能使用粗、精电极加工简易型腔 上述加工达到如下要求： （1）表面粗糙度：*Ra*2.5μm （2）公差等级：IT8	4.3.1 电加工的基本原理 4.3.2 电火花成型加工的特点及应用范围 4.3.3 电火花成型加工的工艺指标 4.3.4 电火花成型加工流程 4.3.5 冲液的方式 4.3.6 程序中断与恢复加工的方法 4.3.7 放电参数基本知识 4.3.8 多电极更换成型工艺
	4.4 检测工件	4.4.1 能使用游标卡尺、千分尺、深度游标卡尺测量工件的尺寸 4.4.2 能判断工件线性尺寸和角度尺寸是否达到技术要求	4.4.1 游标卡尺、千分尺、深度游标卡尺的使用与保养知识 4.4.2 工件线性尺寸和角度尺寸的检测方法

3.2 四级 / 中级工

本等级分为电火花线切割机床操作工和电火花成型机床操作工两个工种。电火花线切割机床操作工考核第 1、2、3 项职业功能，电火花成型机床操作工考核第 1、2、4 项职业功能。

职业功能	工作内容	技能要求	相关知识要求
1. 工作准备	1.1 识读机械图样	1.1.1 能读懂零件的三视图、局部视图、剖视图 1.1.2 能读懂单工序模具装配图	1.1.1 零件三视图、局部视图和剖视图的表达方法 1.1.2 单工序模具装配图表达方法
	1.2 制定加工工艺	1.2.1 能读懂零件的加工工艺文件 1.2.2 能编制基本几何体组成的简单零件的加工工艺文件	1.2.1 加工工艺知识 1.2.2 加工工艺文件制定基础知识

续表

职业功能	工作内容	技能要求	相关知识要求
2. 设备维护	2.1 日常维护	2.1.1 能读懂电加工机床数控系统报警信息 2.1.2 能进行电加工机床的机械、电、气、液、冷却、数控系统等日常维护与保养	2.1.1 电加工机床数控系统常见报警信息 2.1.2 电加工机床日常维护与保养知识
	2.2 机床精度检验	2.2.1 能进行电加工机床水平的检查 2.2.2 能利用量具、量仪等检验机床几何精度	2.2.1 水平仪的使用方法 2.2.2 机床垫铁的调整方法 2.2.3 机床精度检验的内容及方法
3. 电火花线切割加工	3.1 装夹与定位	3.1.1 能根据加工位置预先加工穿丝孔 3.1.2 能根据加工要求选择合适的电极丝直径与材质 3.1.3 能完成电极丝的安装与校正 3.1.4 能使用机床的定位功能	3.1.1 穿丝孔的加工方法及意义 3.1.2 电极丝的类型及应用 3.1.3 电极丝的安装与校正步骤 3.1.4 常用的定位方法
	3.2 编制程序	3.2.1 能使用 CAD/CAM 软件绘制二维零件图 3.2.2 能根据加工要求，使用 CAD/CAM 软件编制二维零件的数控程序 3.2.3 能使用 CAD/CAM 软件的模拟功能实施加工过程仿真、加工代码检查与干涉检查 3.2.4 能手工编制二维轮廓（曲线除外）的加工程序	3.2.1 使用 CAD/CAM 软件绘制二维零件图的方法 3.2.2 使用 CAD/CAM 软件进行二维零件图后处理的方法 3.2.3 数控加工仿真功能的使用方法 3.2.4 手工编程的各种功能代码的使用方法 3.2.5 电极丝补偿的作用及计算方法
	3.3 加工工件	3.3.1 能一次加工成型凸凹模复合零件 3.3.2 能加工锥度零件 3.3.3 能加工多型孔模板 3.3.4 能根据加工要求合理选择加工工艺条件 3.3.5 能判断加工过程的放电稳定性 上述加工达到如下要求： （1）表面粗糙度：*Ra*1.6μm （2）公差精度：IT7	3.3.1 电加工的物理过程 3.3.2 影响工艺指标的主要因素 3.3.3 工艺参数的含义 3.3.4 凸凹模复合零件、锥度零件等加工方法 3.3.5 锥度加工的设置 3.3.6 多型孔加工工艺及优化 3.3.7 暂留量的处理与跳步加工的方法 3.3.8 常见加工异常问题及处理方法

续表

职业功能	工作内容	技能要求	相关知识要求
3.电火花线切割加工	3.4 检测工件	3.4.1 能选择量具测量工件尺寸 3.4.2 能使用常用量具进行零件的几何精度检验	3.4.1 常用量具的使用方法 3.4.2 几何公差的基本知识 3.4.3 零件精度检验方法
4.电火花成型加工	4.1 电极准备	4.1.1 能判断电极结构设计的合理性 4.1.2 能选择电极材料 4.1.3 能选定电极尺寸缩放量	4.1.1 常见电极的结构形式 4.1.2 电极材料的特性及应用 4.1.3 电极尺寸缩放量的确定方法
	4.2 装夹与定位	4.2.1 能选择定位基准找正工件 4.2.2 能手动校正电极 4.2.3 能使用机床定位功能	4.2.1 工件找正的方法 4.2.2 手动校正电极的方法 4.2.3 常用的定位方法
	4.3 编制程序	4.3.1 能根据加工要求设定放电任务清单 4.3.2 能选用平动方式 4.3.3 能根据加工精度要求选择加工策略	4.3.1 加工形状、电极编号、工件编号、型腔编号、加工阶段的设定方法 4.3.2 平动加工的类型及应用 4.3.3 加工策略的确定方法
	4.4 加工工件	4.4.1 能进行程序校验、空运行、单步执行 4.4.2 能判断加工过程中的放电稳定性 4.4.3 能进行侧向放电加工 4.4.4 能进行深槽型腔放电加工 上述加工达到如下要求： （1）表面粗糙度：*Ra*1.6μm （2）公差精度：IT7	4.4.1 电加工的物理过程 4.4.2 影响工艺指标的主要因素 4.4.3 程序检验、空运行、单步执行的方法 4.4.4 异常放电的判断方法 4.4.5 多型腔、多工件自动运行的方法，均衡控制电极损耗的工艺 4.4.6 侧向放电加工的方法
	4.5 检测工件	4.5.1 能使用表面粗糙度样板进行表面对比 4.5.2 能使用常用量具进行零件的精度检验	4.5.1 表面粗糙度样板的使用方法 4.5.2 零件精度检验方法

3.3 三级 / 高级工

本等级分为电火花线切割机床操作工和电火花成型机床操作工两个工种。电火花线切割机床操作工考核第 1、2、3 项职业功能，电火花成型机床操作工考核第 1、2、4 项职业功能。

职业功能	工作内容	技能要求	相关知识要求
1. 工作准备	1.1 读图与绘图	1.1.1 能读懂装配图及技术要求 1.1.2 能读懂机床传动及控制原理图 1.1.3 能利用 CAD/CAM 软件将三维模型转为工程图	1.1.1 装配图的画法及技术要求的注写 1.1.2 机床传动及控制原理基础知识 1.1.3 CAD/CAM 软件将三维模型转工程图的方法
	1.2 制定加工工艺	1.2.1 能编制零件的加工工艺文件 1.2.2 能选择零件加工工艺方案	1.2.1 制定零件加工工艺文件的程序 1.2.2 加工工艺方案选择方法
2. 设备维护	2.1 机床精度检验	2.1.1 能安装调试电加工机床 2.1.2 能通过试切来检验电加工机床精度	2.1.1 安装调试机床的知识 2.1.2 机床试切检验的内容和方法
	2.2 故障诊断	2.2.1 能监督检查电加工机床的日常维护状况 2.2.2 能判断电加工机床机械系统故障	2.2.1 电加工机床维护管理基本知识 2.2.2 电加工机床机械系统故障的诊断方法
3. 电火花线切割加工	3.1 装夹与定位	3.1.1 能使用快速装夹夹具装夹工件 3.1.2 能通过 3D 测量建立倾斜坐标系 3.1.3 能设计夹具装夹特殊零件	3.1.1 快速装夹夹具的原理及使用方法 3.1.2 通过 3D 测量建立倾斜坐标系的方法 3.1.3 特殊零件的装夹、定位、测量知识 3.1.4 夹具的设计方法
	3.2 编制程序	3.2.1 能使用 CAD/CAM 软件编制变锥度、无屑加工和分阶段加工等加工程序 3.2.2 能使用废料管理、废料连接功能 3.2.3 能手工编制固定循环程序、子程序和变量程序	3.2.1 变锥度、无屑加工和分阶段加工等编程方法 3.2.2 废料管理、废料连接功能的运用 3.2.3 固定循环程序、子程序和变量程序的编程方法
	3.3 加工工件	3.3.1 能加工间隙单边小于 10μm 的配合件 3.3.2 能加工上下异形零件、狭长零件和大锥度零件 3.3.3 能根据加工要求修改程序 3.3.4 能判断加工状态，处理加工异常上述加工达到如下要求： （1）表面粗糙度：*Ra*0.8μm （2）公差等级：IT6	3.3.1 脉冲电源放电参数知识 3.3.2 配合件加工的方法 3.3.3 上下异形加工的设置 3.3.4 防止工件变形的方法 3.3.5 大锥度零件加工的方法 3.3.6 检查程序的要点 3.3.7 加工状态判断及异常处理方法 3.3.8 加工精度的控制方法

续表

职业功能	工作内容	技能要求	相关知识要求
3. 电火花线切割加工	3.4 检测工件	3.4.1 能使用在线光学测量系统检验工件 3.4.2 能通过修正程序减少加工误差	3.4.1 在线光学测量系统的使用方法 3.4.2 加工误差产生的主要原因及其消除方法
4. 电火花成型加工	4.1 电极准备	4.1.1 能提出电极设计、制造方案 4.1.2 能使用 CAD/CAM 软件进行含曲面电极的实体建模	4.1.1 电极的设计方法与原则 4.1.2 电极的制造方法 4.1.3 CAD/CAM 软件实体建模、曲面建模的方法
	4.2 装夹与定位	4.2.1 能使用快速装夹夹具装夹电极与工件 4.2.2 能建立倾斜坐标系 4.2.3 能使用基准球工具完成精密定位 4.2.4 能操控电极、工件自动更换装置	4.2.1 快速装夹夹具的原理及使用方法 4.2.2 倾斜坐标系建立的方法 4.2.3 电极偏心的概念 4.2.4 基准球精密定位的方法 4.2.5 电极、工件自动更换装置的操控方法
	4.3 编制程序	4.3.1 能编制程序模板 4.3.2 能优化专家系统生成的放电参数 4.3.3 能通过优化加工余量来控制加工速度与表面质量 4.3.4 能手工编制二维轮廓（曲线除外）的数控程序 4.3.5 能手工编制固定循环程序、子程序和变量程序	4.3.1 编制程序模板的方法 4.3.2 放电参数的含义及调整方法 4.3.3 优化加工条件与余量的方法 4.3.4 直线与圆弧插补原理 4.3.5 固定循环程序、子程序和变量程序的手工编程方法
	4.4 加工工件	4.4.1 能完成螺纹型腔的放电加工 4.4.2 能加工亚光表面和镜面 4.4.3 能完成斜向及多轴联动放电加工 4.4.4 能判断加工状态，处理加工异常 上述加工达到如下要求： （1）表面粗糙度：*Ra*0.8μm （2）公差等级：IT6	4.4.1 脉冲电源放电参数 4.4.2 螺纹型腔放电加工方法 4.4.3 亚光表面和镜面的加工方法 4.4.4 斜向及多轴联动放电加工方法 4.4.5 加工状态判断及异常处理方法
	4.5 检测工件	4.5.1 能使用百（千）分表进行在线测量 4.5.2 能通过修正程序减少加工误差	4.5.1 在线测量的方法 4.5.2 加工误差产生的主要原因及其消除方法

3.4　二级 / 技师

职业功能	工作内容	技能要求	相关知识要求
1. 工作准备	1.1 读图与绘图	1.1.1 能读懂装配图、拆画零件图 1.1.2 能读懂常用电加工机床脉冲电源、控制系统原理图	1.1.1 零件的测绘方法 1.1.2 根据装配图拆画零件图的方法 1.1.3 常用电加工机床脉冲电源、控制系统原理图
	1.2 制定加工工艺	1.2.1 能编制高难度、精密、特殊材料零件的加工工艺文件 1.2.2 能对零件加工工艺进行合理性分析，并提出改进建议	1.2.1 高难度、高精密零件的工艺分析方法 1.2.2 特殊材料零件的加工方法 1.2.3 加工工艺方案合理性分析方法及改进措施
2. 设备维护	2.1 机床精度检查	2.1.1 能使用量具、量仪对机床定位精度、重复定位精度、导轨精度等进行检验 2.1.2 能使用示波仪对机床脉冲电源的放电波形进行精度检验	2.1.1 机床定位精度检验、重复定位精度检验的内容及方法 2.1.2 机床导轨垂直度与平行度的检验方法 2.1.3 示波仪检测脉冲电源波形的方法
	2.2 故障诊断	2.2.1 能排除电加工机床轴驱动报警等一般故障 2.2.2 能判断电加工机床脉冲电源与控制系统的一般故障	2.2.1 电加工机床轴驱动报警等一般故障的排除方法 2.2.2 电加工机床脉冲电源与控制系统故障的诊断方法
3. 零件加工	3.1 工装设计与装夹工件	3.1.1 能设计、制作异形工件工装夹具 3.1.2 能对现有的夹具进行误差分析并提出改进建议	3.1.1 工装夹具的设计知识 3.1.2 异形工件的装夹方法 3.1.3 夹具定位误差的分析与计算方法
	3.2 编制程序	3.2.1 能使用 CAD/CAM 软件进行复杂电极的建模 3.2.2 能编制涡轮、叶片等复杂零件的多轴联动程序	3.2.1 CAD/CAM 设计电极的方法 3.2.2 涡轮、叶片等复杂零件加工的编程方法
	3.3 加工工件	3.3.1 能加工硬质合金、钛合金等特殊材料 3.3.2 能加工薄板、易变形等零件 3.3.3 能使用混粉电火花成型技术加工大面积镜面 3.3.4 能使用电火花线切割机床进行油割加工 3.3.5 能解决工件超出机床加工范围等实际难题	3.3.1 特殊材料的材料学知识及电加工特性 3.3.2 电火花加工影响因素的消除、控制方法 3.3.3 混粉电火花成型加工的原理与应用 3.3.4 油割加工的方法 3.3.5 超出机床加工范围工件的加工方法
4. 技术管理和培训	4.1 技术管理	4.1.1 能进行操作过程的质量分析与控制 4.1.2 能协助制订生产计划，进行调度及人员管理	4.1.1 质量管理知识 4.1.2 质量分析与控制方法 4.1.3 生产管理基本知识 4.1.4 多人协同作业组织方法
	4.2 培训与指导	4.2.1 能指导本职业三级 / 高级工及以下等级人员的实际操作 4.2.2 能讲授本职业的专业技术知识	4.2.1 培训教学的基本方法 4.2.2 操作指导书的编制方法

3.5　一级 / 高级技师

职业功能	工作内容	技能要求	相关知识要求
1. 工作准备	1.1 读图与绘图	1.1.1 能绘制工装装配图 1.1.2 能读懂常用电加工机床的原理图及装配图 1.1.3 能组织本职业二级 / 技师及以下等级人员进行工装协同设计	1.1.1 常用电加工机床电气、机械原理图 1.1.2 协同设计知识
	1.2 制定加工工艺	1.2.1 能对高难度、高精密零件的电加工工艺方案进行合理性分析，提出改进意见，并参与实施 1.2.2 能推广应用新知识、新技术、新工艺、新材料	1.2.1 零件电加工工艺系统知识 1.2.2 新知识、新技术、新工艺、新材料知识
2. 设备维护	2.1 机床精度检查	2.1.1 能使用激光干涉仪对机床定位精度、重复定位精度、导轨精度等进行检验 2.1.2 能通过调整机床参数对可补偿的机床误差进行精度补偿	2.1.1 激光干涉仪的使用方法 2.1.2 误差统计和计算方法 2.1.3 数控系统中机床误差的补偿方法
	2.2 故障诊断	2.2.1 能组织并实施电加工机床的大修与改装 2.2.2 能分析电加工机床故障产生的原因，并能提出改进措施减少故障率 2.2.3 能查阅电加工机床的外文技术资料	2.2.1 电加工机床大修与改装方法 2.2.2 电加工机床脉冲电源、控制系统的常见故障及排除方法 2.2.3 电加工机床专业外文知识
3. 零件加工	3.1 工装设计与装夹工件	3.1.1 能设计复杂夹具 3.1.2 能对零件加工误差提出改进方案，并组织实施	3.1.1 微细、精密电火花成型加工技术 3.1.2 工装及方法 3.1.3 复杂夹具的误差分析及消减方法
	3.2 编制程序	3.2.1 能根据加工要求独立创建放电参数数据库 3.2.2 能解决高难度、异形零件加工的编程技术问题	3.2.1 创建放电参数数据库的方法 3.2.2 解决技术难题的思路和方法
	3.3 加工工件	3.3.1 能使用电火花成型机床加工角部 $Ra<8\mu m$ 的极限清角 3.3.2 能使用电火花线切割机床加工 $D=20\mu m$ 的电极丝 3.3.3 能通过改变放电参数来获得不同的微观表面形貌	3.3.1 微细、精密电火花线切割加工技术 3.3.2 电加工微观表面形貌与放电参数的关系

续表

职业功能	工作内容	技能要求	相关知识要求
4. 技术管理和培训	4.1 技术管理	4.1.1 能评审产品的质量 4.1.2 能借助网络设备和软件系统实现电加工机床网络化管理 4.1.3 能组织实施技术改造和创新，并撰写相应的论文	4.1.1 产品质量评审的质量指标 4.1.2 质量体系知识 4.1.3 电加工机床网络接口及相关技术 4.1.4 技术论文的撰写方法
	4.2 培训与指导	4.2.1 能指导本职业二级 / 技师及以下等级人员的实际操作 4.2.2 能对本职业二级 / 技师及以下等级人员进行技术理论培训	4.2.1 培训讲义的编写方法 4.2.2 培训计划与大纲的编制方法

4. 权重表

4.1 理论知识权重表

项目 \ 技能等级		五级 / 初级工（%）	四级 / 中级工（%）	三级 / 高级工（%）	二级 / 技师（%）	一级 / 高级技师（%）
基本要求	职业道德	5	5	5	5	5
	基础知识	25	20	20	15	10
相关知识要求	工作准备	15	15	15	20	20
	设备维护	10	15	20	20	20
	电火花线切割加工 电火花成型加工	45	45	40	—	—
	零件加工	—	—	—	30	30
	技术管理和培训	—	—	—	10	15
合计		100	100	100	100	100

注：五级 / 初级工、四级 / 中级工、三级 / 高级工考核时，按电火花线切割加工和电火花成型加工任选其中一项进行考核。

4.2 技能要求权重表

项目 \ 技能等级		五级 / 初级工（%）	四级 / 中级工（%）	三级 / 高级工（%）	二级 / 技师（%）	一级 / 高级技师（%）
技能要求	工作准备	10	15	15	15	15
	设备维护	10	10	15	20	20
	电火花线切割加工 电火花成型加工	80	75	70	—	—
	零件加工	—	—	—	55	55
	技术管理和培训	—	—	—	10	10
合计		100	100	100	100	100

注：五级 / 初级工、四级 / 中级工、三级 / 高级工考核时，按电火花线切割加工和电火花成型加工任选其中一项进行考核。

参考文献

[1] 曹凤国．电火花加工［M］．北京：化学工业出版社，2014．

[2] 伍端阳，梁庆．数控电火花线切割加工实用教程［M］．北京：化学工业出版社，2015．

[3] 张学仁．数控电火花线切割加工技术［M］．哈尔滨：哈尔滨工业大学出版社，2019．

[4] 中华人民共和国人力资源和社会保障部．电切削工国家职业技能标准．2019．